张景中 / 主编

"十一五"国家重点图书出版规划项目

走进教育数学

Go to Educational Mathematics

走进教育数学

（第二版）

沈文选 / 著

科学出版社

北京

内 容 简 介

本书引入并诠释了“教育数学”这一新学科的全新概念，探讨了“教育数学”的思想源头与内涵．提出了走进教育数学，可从教材数学、竞赛数学、测评数学、文化数学四个方面进入，并依次介绍了其研究的三、四、五、六个着眼点．为教育优化数学，本书从整合创新、返璞归真着手，介绍了一些优化数学的方法和手段：基本概念的重新定义、体系结构的恰当调整、思想方法的归结提升、切换透视的灵活处置、移植拓广的适时运用、陈述呈现的方式改变、对称性考虑、充要性探究、求简性追求、寻找本质、揭示联结、演绎深化、发掘中巧等．全书还介绍了作者创新改造的大量案件及对中学数学研究的大量成果．

本书可启迪读者的思维，开阔读者的视野，供中学以上文化程度的学生和教师、科技工作者和数学爱好者参考．

图书在版编目(CIP)数据

走进教育数学／沈文选著．—2版．—北京：科学出版社，2014.12
(走进教育数学／张景中主编)

ISBN 978-7-03-042222-4

Ⅰ．走…　Ⅱ．沈…　Ⅲ．数学-普及读物　Ⅳ．O1-4

中国版本图书馆CIP数据核字（2014）第243258号

丛书策划：李　敏

责任编辑：李　敏／责任校对：胡小洁

责任印制：吴兆东／整体设计：黄华斌

科学出版社 出版

北京东黄城根北街16号

邮政编码：100717

http://www.sciencep.com

北京虎彩文化传播有限公司 印刷

科学出版社发行　各地新华书店经销

*

2009年8月第一版　开本：720×1000　1/16

2014年12月第二版　印张：14 3/4　插页：2

2023年5月第六次印刷　字数：250 000

定价：58.00元

（如有印装质量问题，我社负责调换）

“走进教育数学”丛书编委会

主　编　张景中

委　员　(按汉语拼音排序)

李尚志　林　群　沈文选　谈祥柏

王鹏远　张奠宙　张景中　朱华伟

总 序

看到本丛书，多数人会问这样的问题：

“什么是教育数学?”

“教育数学和数学教育有何不同?”

简单说，改造数学使之更适宜于教学和学习，是教育数学为自己提出的任务.

把学数学比作吃核桃. 核桃仁美味而富有营养，但要砸开核桃壳才能吃到它. 有些核桃，外壳与核仁紧密相依，成都人形象地叫它们“夹米子核桃”，如若砸不得法，砸开了还很难吃到. 数学教育要研究的，就是如何砸核桃吃核桃. 教育数学呢，则要研究改良核桃的品种，让核桃更美味、更有营养、更容易砸开吃净.

“教育数学”的提法，是笔者 1989 年在《从数学教育到教育数学》一书中杜撰的. 其实，教育数学的活动早已有之，如欧几里得著《几何原本》、柯西写《分析教程》，都是教育数学的经典之作.

数学教育有很多世界公认的难点，如初等数学里的几何学和三角函数，高等数学里面的微积分，都比较难学. 为了对付这些难点，很多数学老师、数学教育专家前赴后继，做了大量的研究，写了很多的著作，进行了广泛的教学实践．多年实践，几番改革，还是觉得太难，不得不“忍痛割爱”，少学或者不学．教育数学则从另一个角度看问题：这些难点的产生，是不是因为前人留下来的知识组织得不够好，不适于数学的教与学？能不能优化数学，改良数学，让数学知识变得更容易学习呢？

知识的组织方式和学习的难易有密切的联系．英语中12个月的名字：January，February，…．背单词要花点工夫吧！如果改良一下：一月就叫Monthone，二月就叫Monthtwo，等等，马上就能理解，就能记住，学起来就容易多了．生活的语言如此，科学的语言——数学——何尝不是这样呢？

很多人认为，现在小学、中学到大学里所学的数学，从算术、几何、代数、三角函数到微积分，都是几百年前甚至几千年前创造出来的．这些数学的最基本的部分，普遍认为是经过千锤百炼，相当成熟了．对于这样的数学内容，除了选择取舍，除了教学法的加工之外，还有优化改革的余地吗？

但事情还可以换个角度看．这些进入了课堂的数学，是在不同的年代、不同的地方、由不同的人、为不同的目的而创造出来的，而且其中很多不是为了教学的目的而创造出来的．难道它们会自然而然地配合默契，适宜于教学和学习吗？

看来，这主要不是一个理论问题，而是一个实践问题．

走进教育数学，看看教育数学在做什么，有助于回答这类问题．

随便翻翻这几本书，就能了解教育数学领域里近20年来做了哪些工作．从已有的结果看到，教育数学有事可做，而且能做更多的事情．

比如微积分教学的改革，这是在世界范围内被广为关注的事．丛书中有两本专讲微积分，主要还不是讲教学方法，而是讲改革微积分本身．

由牛顿和莱布尼茨创建的微积分，是第一代微积分．这是说不清楚的微积分．创建者说不清楚，使用微积分解决问题的数学家也说不清楚. 原理虽然说不清楚，应用仍然在蓬勃发展. 微积分在说不清楚的情形下发展了 130 多年.

柯西和魏尔斯特拉斯等，建立了严谨的极限理论，巩固了微积分的基础，形成了第二代微积分. 数学家把微积分说清楚了. 但是由于概念和推理烦琐迂回，对于绝大多数学习高等数学的人来说，是听不明白的微积分. 微积分在多数学习者听不明白的情形下，又发展了 170 多年，直到今天.

第三代微积分，是正在创建发展的新一代的微积分. 人们希望微积分不但严谨，而且直观易懂，简易明快. 让学习者用较少的时间和精力就能够明白其原理，不但知其然而且知其所以然. 不但数学家说得清楚，而且非数学专业的多数学子也能听得明白.

第一代微积分和第二代微积分，在具体计算方法上基本相同；不同的是对原理的说明，前者说不清楚，后者说清楚了.

第三代微积分和前两代微积分，在具体计算方法上也没有不同；不同的仍是对原理的说明.

几十年来，国内外都有人从事第三代微积分的研究以至教学实践. 这方面的努力，已经有了显著的成效. 在我国，林群院士近 10 年来在此方向做了大量的工作. 本丛书中的《微积分快餐》，就是他在此领域的代表作.

古今中外，通俗地介绍微积分的读物极多，但能够兼顾严谨与浅显直观的几乎没有.《微积分快餐》做到了. 一张图，一个不等式，几行文字，浓缩了微积分的精华. 作者将微积分讲得轻松活泼、简单明了，而且严谨、自洽，让读者在品尝快餐的过程中进入了高等数学的殿堂.

丛书中还有一本《直来直去的微积分》，是笔者学习微积分的心得. 书中从“瞬时速度有时比平均速度大，有时比平均速度小”这个平凡的陈述出发，不用极限概念和实数理论，“微分不微，积分不积”，直截了当地建立了微积分基础理论. 书中概念与《微积分快餐》中的逻辑等价，呈现形式不尽相同，殊途同归，显示出第三代微积分的丰富多彩.

回顾历史，牛顿和拉格朗日都曾撰写著作，致力于建立不用极限也不用无穷小的微积分，或证明微积分的方法，但没有成功. 我国数学大师华罗庚所撰写的《高等数学引论》中，也曾刻意求新，不用中值定理或实数理论而寻求直接证明"导数正则函数增"这个具有广泛应用的微积分基本命题，可惜也没有达到目的.

前辈泰斗是我们的先驱. 教育数学的进展实现了先驱们简化微积分理论的愿望.

丛书中两本关于微积分的书，都专注于基本思想和基本概念的变革. 基本思想、基本概念，以及在此基础上建立的基本定理和公式，是这门数学的筋骨. 数学不能只有筋骨，还要有血有肉. 中国高等教育学会教育数学专业委员会理事长、全国名师李尚志教授的最新力作《数学的神韵》，是有血有肉、丰满生动的教育数学. 书中的大量精彩实例可能是你我熟悉的老故事，而作者却能推陈出新，用新的视角和方法处理老问题，找出事物之间的联系，发现不同中的相同，揭示隐藏的规律. 幽默的场景，诙谐的语言，使人在轻松阅读中领略神韵，识破玄机. 看看这些标题，"简单见神韵"、"无招胜有招"、"茅台换矿泉"、"凌波微步微积分"，可见作者的功力非同一般！特别值得一提的是，书中对微积分的精辟见解，如用代数观点演绎无穷小等，适用于第一代、第二代和第三代微积分的教学与学习，望读者留意体味.

练武功的上乘境界是"无招胜有招"，但武功仍要从一招一式入门. 解数学题也是如此. 著名数学家和数学教育家项武义先生说，教数学要教给学生"大巧"，要教学生"运用之妙，存乎一心"，以不变应万变，不讲或少讲只能对付一个或几个题目的"小巧". 我想所谓"无招胜有招"的境界，就是"大巧"吧！但是，小巧固不足取，大巧也确实太难. 对于大多数学子而言，还要重视有章可循的招式，由小到大，以小御大，小题做大，小中见大. 朱华伟教授和钱展望教授的《数学解题策略》，踏踏实实地从一招、一式、一题、一法着手，探秘发微，系统地阐述数学解题法门，是引领读者登堂入室之作. 作者是数学奥林匹克领域的专家. 数学奥林匹克讲究题目出新，不落老套. 我看了这本书里的不少例题，看不出有哪些似曾相识，真不知道他是从哪里搜罗来的！

朱华伟教授还为本丛书写了一本《从数学竞赛到竞赛数学》. 竞赛数学当然就是奥林匹克数学. 华伟教授认为，竞赛数学是教育数学的一部分. 这个看法是言之成理的. 数学要解题，要发现问题、创造方法. 年复一年进行的数学竞赛活动，不断地为数学问题的宝库注入新鲜血液，常常把学术形态的数学成果转化为可能用于教学的形态. 早期的国际数学奥林匹克试题，有不少进入了数学教材，成为例题和习题. 竞赛数学与教育数学的关系，于此可见一斑.

写到这里，忍不住要为数学竞赛说几句话. 有一阵子，媒体上面出现不少讨伐数学竞赛的声音，有的教育专家甚至认为数学竞赛之害甚于黄、赌、毒. 我看了有关报道后第一个想法是，中国现在值得反对的事情不少，论轻重缓急还远远轮不到反对数学竞赛吧. 再仔细读这些反对数学竞赛的意见，可以看出来，他们反对的实际上是某些为牟利而又误人子弟的数学竞赛培训机构. 就数学竞赛本身而言，是面向青少年中很小一部分数学爱好者而组织的活动. 这些热心参与数学竞赛的数学爱好者（还有不少数学爱好者参与其他活动，例如，青少年创新发明活动、数学建模活动、近年来设立的丘成桐中学数学奖），估计不超过两亿中小学生的百分之五. 从一方面讲，数学竞赛培训活动过热产生的消极影响，和升学考试体制以及教育资源分配过分集中等多种因素有关，这笔账不能算在数学竞赛头上；从另一方面看，大学招生和数学竞赛挂钩，也正说明了数学竞赛活动的成功因而得到认可. 对于青少年的课外兴趣活动，积极的对策不应当是限制堵塞，而是开源分流. 发展多种课外活动，让更多的青少年各得其所，把各种活动都办得像数学竞赛这样成功并且被认可，数学竞赛培训活动过热的问题自然就化解或缓解了.

回到前面的话题. 上面说到“大巧”和“小巧”，自然想到还有“中巧”. 大巧法无定法，小巧一题一法. 中巧呢，则希望用一个方法解出一类题目. 也就是说，把数学问题分门别类，一类一类地寻求可以机械执行的方法，即算法. 中国古代的《九章算术》，就贯穿了分类解题寻求算法的思想. 中小学里学习四则算术、代数方程，大学里学习求导数，学的多是机械的算法. 但是，自古以来几何命题的证明却千变万化，法无定法. 为了找寻几何证题的一般规律，从欧几里得、笛卡儿到希尔伯特，前赴后继，孜孜以求. 我国最高科学技术奖获得者、著名数学家吴文俊院士指出，希尔伯特是第一个发现了几何证明机械化算法的人. 在《几何基础》这部名著中，希尔伯特对于只涉及关联性质的这类几何命题，给出了机械化的判定算法. 由于受时代的局限性，希尔伯特这一学术成果并不为太多人所知. 直到 1977 年，吴文俊先生提出了一个新的方法，可以机械地判定初等几何中等式型命题的真假. 这一成果在国际上被称为“吴方法”，它在几何定理机器证明领域中掀起了一个高潮，使这个自动推理中最不成功的部分变成了最成功的部分.

吴方法和后来提出的多种几何定理机器证明的算法，都不能给出人们易于检验和理解的证明，即所谓可读证明. 国内外的专家一度认为，机器证明的本质在于“用量的复杂克服质的困难”，所以不可能机械地产生可读证明.

笔者基于 1974 年在新疆教初中时指导学生解决几何问题的心得，总结出用面积关系解题的规律. 在这些规律的基础上，于 1992 年提出消点算法，和周咸青、高小山两位教授合作，创建了可构造等式型几何定理可读证明自动生成的理论和方法，并在计算机上实现. 最近在网上看到，面积消点法也多次在国外的不同的系统中实现了. 本丛书中的《几何新方法和新体系》，包括了面积消点法的通俗阐述，以及笔者提出的一个有关面积方法的公理系统，由冷拓同志协助笔者整理而成. 教育数学研究的副产品解决了机器证明领域中的难题，对笔者而言实属侥幸.

基于对数学教育的兴趣，笔者从 1974 年以来，在 30 多年间持续地探讨面积解题的规律，想把几何变容易一些. 后来发现，国内外的中学数学教材里，已经把几何证明删得差不多了. 于是"迷途知返"，把三角函数作为研究的重点. 数学教材无论如何改革，三角函数总是删不掉的吧. 本丛书中的《一线串通的初等数学》，讲的是如何在小学数学知识的基础上建立三角函数，从三角函数的发展引出代数工具并探索几何，把三者串在一起的思路.

在《一线串通的初等数学》中没有提到向量. 其实，向量早已下放到中学，与传统的初等数学为伍了. 在上海的数学教材里甚至在初中就开始讲向量. 讲了向量，自然想试试用向量解决几何问题，看看向量解题有没有优越性. 可惜在教材里和刊物上出现的许多向量例题中，方法略嫌烦琐，反而不如传统的几何方法简捷优美. 如何用向量法解几何题？能不能在大量的几何问题的解决过程中体现向量解题的优越性？这自然是教育数学应当关心的一个问题. 为此，本丛书推出一本《绕来绕去的向量法》. 书中用大量实例说明，如果掌握了向量解题的要领，在许多情形下，向量法比纯几何方法或者坐标法干得更漂亮. 这要领，除了向量的基本性质，关键就是"回路法". 绕来绕去，就是回路之意. 回路法是笔者的经验谈，没有考证前人是否已有过，更没有上升为算法. 书稿主要由彭翕成同志执笔，绝大多数例子也是他采集加工的.

谈起中国的数学科普，谈祥柏的名字几乎无人不知. 老先生年近八旬，从事数学科普创作超过半个世纪，出书 50 多种，文章逾千篇. 对于数学的执著和一生的爱，洋溢于他为本丛书所写的《数学不了情》的字里行间. 哪怕仅仅信手翻上几页，哪怕是对数学知之不多的中小学生，也会被一个个精彩算例所显示的数学之美和数学之奇深深吸引. 书中涉及的数学知识似乎不多不深，所蕴含的哲理却足以使读者掩卷遐想. 例如，书中揭示出高等代数的对称、均衡与和谐，展现了古老学科的青春；书中提到海峡两岸的数学爱好者发现了千百年来从无数学者、名人的眼皮底下滑过去的“自然数高次方的不变特性”，这些生动活泼的素材，兼有冰冷的思考与火热的激情，无论读者偏文偏理，均会有所收益．

沈文选教授长期从事中学数学研究、初等数学研究、奥林匹克数学研究和教育数学的研究．他的《走进教育数学》和本丛书同名（丛书的命名源于此），是一本从学术理论角度探索教育数学的著作．在书中他试图诠释“教育数学”的概念，探究“教育数学”的思想源头与内涵；提出“整合创新优化”、“返璞归真优化”等优化数学的方法和手段；并提供了丰富的案例．笔者原来杜撰出“教育数学”的概念，虽然有些实例，但却凌乱无序，不成系统．经过文选教授的旁征博引，诠释论证，居然有了粗具规模的体系框架，有点学科模样了．这确是意外的收获．

本丛书中的《情真意切话数学》，是张奠宙教授和丁传松、柴俊两位先生合作完成的一本别有风味的谈数学与数学教育的力作．作者跳出数学看数学，以全新的视角，阐述中学数学和微积分学中蕴含的人文意境；将中国古诗词等文学艺术和数学思想加以连接，既有数学的科学内涵，又有丰富的人文素养，把数学与文艺沟通，帮助读者更好地理解和亲近数学．在这里，老子道德经中“道生一，一生二，二生三，三生万物”被看成自然数公理的本意；“前不见古人，后不见来者．念天地之悠悠，独怆然而涕下”解读为“四维时空”的遐想；“春色满园关不住，一枝红杏出墙来”用来描述无界数列的本性；而“孤帆远影碧空尽，唯见长江天际流”则成为极限过程的传神写照．书中把数学之美分为美观、美好、美妙和完美 4 个层次，观点新颖精辟，论述丝丝入扣．在课堂上讲数学如能够如此情深意切，何愁学生不爱数学？

浏览着这风格不同并且内容迥异的 11 本书，教育数学领域的现状历历在目．这是一个开放求新的园地，一个蓬勃发展的领域．在这里耕耘劳作的人们，想的是教育，做的是数学，为教育而研究数学，通过丰富发展数学而推进教育. 在这里大家都做自己想做的事，提出新定义新概念，建立新方法新体系，发掘新问题新技巧，寻求新思路新趣味，凡此种种，无不是为教育而做数学.

为教育而做数学，做出了些结果，出了这套书，这仅仅是开始. 真正重要的是进入教材，进入课堂，产生实效，让千千万万学子受益，进而推动社会发展，造福人类. 这才是作者们和出版者的大期望. 切望海内外同道者和不同道者指正批评，相与切磋，共求真知，为数学教育的进步贡献力量.

张景中

2009 年 7 月

第二版前言

1994 年，张景中院士的划时代著作《教育数学探索》（其 2005 年版为《从数学教育到教育数学》）一出版，笔者便读到了，深深被这种新颖的理念所吸引，并马上意识到：作为一名数学教育工作者，有责任宣传教育数学思想，有必要深入研究教育数学的理论体系．教育数学的提出，是数学教育发展的必然结果，这与从数学基础的研究发展而形成基础数学、数学计算的大量需要而发展形成计算数学、数学应用的广泛深入而发展形成应用数学一样，是水到渠成的事．自此之后，笔者开始了近 20 年的教育数学理论体系探讨与实践，于 1998 年便把“教育数学研究”作为研究生选修课程开设并编写讲义，边教边改，后来形成《走进教育数学》第一版的书稿，在这其中，自己的认识也是逐步深入的．在《走进教育数学》第一版中，认为教育数学的研究可从教材数学、竞赛数学、测评数学方面入手，现在看来，还有文化数学不可少．数学教育不仅有学校教育，还有社会教育及学校与社会相结合的教育，开展数学文化教育是各个层面的教育，因此，文化数学的研究也就成为必然．如何进行文化数学研究是一个非常重要的研究课题，因而本版增加了这部分内容．本书第二版在删去第一版第5章中的3节后，对原书作了较多修改并按教育数学的研究理念进行整合而成．限于作者的水平，书中存在这样或那样的不足，敬请读者批评指正．

要特别感谢的是张景中院士，在本书的修改中他一直给予指导，并挤时间审读修改稿，使本书增色不少．也要感谢李敏编辑，为修改此书，她花了不少心血．还要感谢彭翕成老师，他为本书的修改提出了很多建议供参考．

沈文选

2014年8月

第一版前言

我国基础教育已全面铺开新一轮的课程改革，数学教育改革已逐渐形成新的格局．数学教育改革的突破口除了选取从教学法和学习论入手外，还提出了从改造创新优化数学内容入手．新的形势、新的挑战、新的要求，使得“教育数学”的思想适时宜地传播开来，越来越多的人认识到：“教育数学”理念有可能较好地处理数学教育的基本矛盾，“教育数学”思想可以充分体现国家基础课程改革的理念，进行数学课程改革是深入进行教育数学研究的良好契机．数学教育改革实践已初步显示：“教育数学”思想作为一种新的数学教育观的反映，既可以吸收现代教育科学研究的成果，又对数学研究成果材料进行改造创新优化，揭示各类数学知识之间的紧密联系，发现数学规律形成的优化过程，提炼数学思想，选择最优呈现形式，发掘普适性解决数学问题的方法，让学习者容易地学习数学知识的同时，掌握数学本质，提高数学素养，培养数学能力．因此，许多人或显意识或潜意识地已走进教育数学研究的大门．

走进教育数学，就是运用“教育数学”的思想，脚踏实地进行深入艰苦的探索．为此，笔者在教育数学研究的领域中，经过十多年的努力，系统而深入地探讨了“教育数学”的思想源头与内涵，摸索出了一些可采用的途径和方法，改造创新出了一些案例，获得了一系列的成果．笔者将这些案例与成果整理，便形成了本书的主要内容．

沈文选

2009 年 2 月

目 录

第 1 章
四大群落的数学宫殿

1.1　从《0 的争论》到 0 的宏论

我国当代作家叶永烈是“科学寓言”创作的高手，他写过一篇有趣的寓言《0 的争论》. 下面是其中的片段：

意想不到，一个小小的“0”，掀起了一起轩然大波……

风波是由一位化学家引起的. 他写了一本关于氧气的书，封面上印着一个巨大的“O”.

化学家在书中写道：“O 是氧的化学符号. 没有氧就没有生命，O 是一切生物的命根子.”

数学家对此提出异议，认为 0 明明是什么都没有的 0！一切从 0 开始，没有 0 就没有一切！

英文教师对此加以否定，肯定 O 是英文字母，也就是 OK 中的 O，没有 OK，世界哪里还有诗意.

运动员的见解更加新颖：他指出这是运动场中的跑道. 任何一个运动场里，都有一个巨大的“0”！

天文学家也许更为高瞻远瞩：他发现这是地球绕太阳公转，寒来暑往，在浩瀚的太空中画出的轨迹.

……

以上争论说明，同一对象从不同的角度可以有不同的结论. 这些不同的结论是人的认识不断深化的结果，也是各学科工作者用学科语言对这个符号的生动描述.

下面，我们从数学的角度谈谈人们对“0”这个符号的不断深化认识的历程.

“0”是人们较早创造并较早使用的一个数学符号.

随着数学科学的发展，人们在使用这个数学符号的过程中逐渐认识了这个数学符号的奇妙丰富内涵，并且有“横看成岭侧成峰”的数学科学中的基础学科的奠基宏论.

首先，人们应用这个符号“0”表示没有，表示占据着一个空位. 继而，应用这个符号“0”表示一个数，表示一个非常独特的数，即零，它既不是正数也不是负数，它小于一切正数而大于一切负数，是正数与负数的界限数. 人们又在初步的数字计算、数学应用、数学教育中认识到这个数字的特殊性质及它的特殊运算性质：零是偶数、阴数，零的相反数是它本身，零的绝对值是零，零没有倒数，零没有对数；零不能作除数，零与其他数的和、差不改变结果，零与其他数的积为零，零除以一个不为零的数商为零，零的正数次幂得零，零的正数方根是零，零的负数次、零次幂及零次方根均没有意义；1 的对数为零，两个相反数的和为零，若干个数的乘积为零时，其中至少有一个因数为零；等等.

在数学学科发展成数学科学的过程中，数学知识、数学计算、数学应用、数学教育相互依存、水乳交融，它们从不同的侧面，以不同的基点，对数学科学各分支的理论建设作出贡献.

进而，在数学科学辉煌发展的过程中，又使得人们认识了这个符号“0”的数学基础地位、数学计算作用、数学应用功能、数学教育意义.

在数学基础研究中，“0”是代数学中的方程与方程组中不可缺少的元素，“0”是数论中模 m 的一个剩余类，“0”是近世代数加群中的一个元素，“0”是微积分学中一切无穷小变量的极限，等等. 在现代数学中，零涉及了众多的概念：零元、零元素、零多项式、零次多项式、零向量、零矩阵……有了这些概念，数学基础理论的研究内容丰富多彩.

例如，对于式子 $ax^2+bx+c=0$（其中 a，b，$c\in\mathbf{R}$），若视这个式子右端的符号“0”为零多项式，则 x 可取任意实数，而 a、b、c 只能取实数零. 若视这个式子右端的符号“0”为数字 0，则这个式子为方程，x 的值由 a、b、c 确定，且 x 的值至多有两个不同；若有三个或三个以上的 x 的值使得这个方程式成立，则这个方程式又变成零多项式了.

这也说明，数学中的一些基本对象，有时可以同条共贯，但却不能等量齐观. 基础数学的理论就是这样在研究数学基础知识的基点上发展起来的.

在数学计算研究中，“0”是计数的起点，用“0”与不用“0”表示事物的“无”与“有”，计数就是从无到有，由少到多；“0”是数轴的原点，“0”是解析几何中坐标轴的原点坐标，有了坐标，数就是点，点就是数，变动的点就是变动的数，变动的数就是变动的点，于是变数与图形结合在一块了，几何问题可以转化为代数问题了，这也就奠定了今天几何定理机器证明的基础；“0”是布尔代数中两种状态之一的表示，正因为如此，这为电器电子屏上的数码表示找到了切入点，采用 7 条小光管组成的“日”字状态表示数码：把小光管亮时状态用“1”表示，不亮时状态用“0”表示，一个由“0”和“1”组成的 7 个字的数组来表示光管的一种状态，就得到一个 7 位的二进制数，根据这些二进数设计出 7 条小光管的电路就可以表示出 10 个不同数码 0，1，…，9，这就是电器电子屏中的数码表示. 由此也加速了计算机的迅猛换代，计算数学的高度发展也就成为必然.

在数学应用研究中，用“凑零”以达到数字运算的简便，用“添零”表两个相反符号式的代数和达到代数式的巧妙变形，“0”是概率论中不可能事件的概率，“0”是模糊数学中一个特殊隶属度，“0”是组合数学图论中（0，1）联络矩阵的两虎将之一；“0”是数字化时代常用的一个重要数码，随着人类生活质量的提高、生产力的发展和科学文化的进步，数码的应用迅速介入一切领域. 因而，当今社会日趋数学化，以至于高技术就是数学技术，一门科学现代化的水平近似地可以用该学科的研究与表述当中所消耗的数学含量来度量，从而，应用数学的强大阵营中的众多分支让人目不暇接.

在其他学科应用研究中，《0 的争论》片段中已呈现了一部分，它还有广泛的应用. 例如，在音乐的简谱中它是休止符……

在数学教育研究中，“0”对素质教育、文化教育都有重要意义.

在《0 的争论》片段中体现了对人的科学探索精神、数学理性精神的引导；数 0 占据着数位，多一个“0”或少一个“0”，数据就会扩大 10 倍或缩小 10 倍，差之毫厘，谬以千里就是这么来的，这要求人们具有细心、严谨的科学态度. “0”也可告诫人们要有一种戒骄戒躁的美德：一切从零开始！也告诫人们：在身体条件允许下，用“0”表示自己的学习或工作成绩，应追求这个符号占据自己人生道路的密度. “0”展示了素质教育的功能.

在自然数理论的教育中，“0”有着特殊的意义. 根据 1996 年颁布的《中华人民共和国国家标准 · 物理学科和技术中使用的数学符号》的规定：第一个自然数已经不再是 1，而是 0，所以我国所有的数学出版物，包括大、中、小学数学教材，都要或将要把自然数集合记为

$$\mathbf{N}=\{0,1,2,3,\cdots\},$$

正整数集合才记为

$$\mathbf{N}_{+}=\{1, 2, 3, 4, \cdots\}.$$

这就意味着：一切要从零开始!

为什么要把“0”作为自然数呢？数（shù）是数（shǔ）出来的，所要数（shǔ）的对象从无到有，由少到多，因为多了才需要数（shǔ），由数（shǔ）才产生1，2，3等自然数. 所以，无论从序数（先后顺序）的观点，还是从基数（多少）的观点来看，把“0”放在“1”之前，“一切从零开始”都是很自然的事情.

这也说明，为了数学教育的需要，要对有关数学知识进行整合改造或再创造. 显然，这就提示了研究教育数学的必要.

在此，也让我们领会到了《0的争论》片段中，数学家的言论是多么地深刻!

综上，也使我们看到了：人们对于数“0”的认识与研究是整个数学科学发展的一个缩影.

如果把数学科学比作巍峨雄伟的宫殿，是吸引人们前往观光的旅游胜地，则需要我们首先对这个宫殿作一个大致的介绍，这个宫殿现由四大群落殿组成：

从数学基础到基础数学，
从数学计算到计算数学，
从数学应用到应用数学，
从数学教育到教育数学.

显然，研究基础数学是为了更好地呈现数学的基础地位，研究计算数学是为了更好地发展数学计算的作用，研究应用数学是为了更好地突出数学应用的功能，研究教育数学是为了更好地展示数学教育的意义.

1.2 从数学基础到基础数学

“日”字是一个比较典型的象形文字. 古日字的写法是“㊀”或“㊀”，外面圆圆的像个太阳，中间加上一横线，按照《说文》的说法：“实也，太阳之精不亏，从○一”. 即“○，象其轮廓；一，象其中不亏”. 古人观察到了“月有阴晴圆缺”，但太阳则永远不会有盈亏，所以要在○中再加上一横，以象其实. 随着汉字书法的嬗变，外围的轮廓也慢慢地“化圆为方”了. 所以，“日”字就成了今天的形状. 基础数学学科的成长也有类似的经历.

数学是人类最古老的精神文明之一．原始部落的人们每天都离不开数与量的活动：氏族部落的成员经常发生变化，增多或减少；每次狩猎归来，需计算猎物的多少，分配食物需将食物数量和部落成员加以比较．由于大江大河经常洪水泛滥，洪水退去后，人们需重新丈量土地．修建住所、堤坝和一些建筑，需计算各种图形的面积及物体的体积，从而渐渐地认识一些正整数和简单的几何图形．人类对自然界，乃至宇宙的认识，自始至终都是和数学联系在一起的．人类对自身的认识与教育，也是与数学分不开的．从古以来，人们受教育的最低要求就是“能写、会算”，这“算”就是数学．进入 20 世纪以后，全世界的基础教育都是以母语和数学为两门最重要的课程来开设的．因此，数学是人类生存的需要、教育的主体．也就是说，在人们的生活、学习、工作中都要具备一定量的数学基础知识，并随着时代的前进，这种数学基础知识也越来越宽广，越来越厚实.

数学的这种基础地位，也就决定了人们对数学的学习与研究的重视程度，因而人们为此投入了巨大的热情和艰苦的奋斗．今天，宽广、厚实的基础数学就是人类智慧与热情的结晶.

基础数学又分为公众基础数学与专业基础数学．公众基础数学内容将在教育数学中的教材数学、文化数学等章节中介绍，在此主要介绍一点专业基础数学的有关内容.

专业基础数学中，又有纯粹数学、核心数学等的称呼.

纯粹数学主要包括代数与数论、几何与拓扑、分析学等几大部分．核心数学是指纯粹数学的核心.

数学是一个整体，一些最有价值的数学问题、具有重大发展潜力的数学基础理论和方法构成一个时期的“核心数学”（蒋文蔚，1993）．从 19 世纪的数学来看，复数理论因负数开方引起，伽罗瓦的群论来源于方程的根式解，罗巴切夫斯基的非欧几何学起始于对欧氏几何的第五公设的研究，而数学分析的严密化进程则源于无限小量之比的不确定性．这些数学内部提出的问题深刻地反映了客观世界的数量关系，揭示了丰富的数学内涵．另外，许多应用性问题，也成了核心数学的重大分支，例如，傅里叶从热传导提出的三角级数展开．傅里叶分析、傅里叶变换、傅里叶算子、群上调和分析、非交换调和分析，其影响至今不衰，始终是核心数学的重要组成部分．在 20 世纪的上半叶，相对论和量子力学诞生，与之相应的黎曼几何、李群和泛函分析也属于那时的核心数学范围．传统的函数论、数论等基本的数学工具，仍然是那时核心数学的一部分．此时，组合拓扑学，以一般理想论为代表的抽象代数等，虽然并不和数学内部需要相联系，却以旺盛的生命力迅速发展，也构成核心数学的中坚．另外，盛极一时的射影几何学、特殊函数论、方程式论、四元数解析等学科虽然是纯粹数学，但渐渐淡出核心数学的范围．到了20世纪下半叶，计算机的出现导致数理逻辑、逼近论等学科的发展，与此同时，微分几何学受到拓扑学的影响产生了整体微分几何，又和规范场论等数学物理课题相结合，从非主流数学进入主流数学．微分方程求解历来是核心数学的重要部分，流形上的分析、多元复分析、动力系统、指标定理等成为世人关注的数学课题，完全受数学内部需要而发展的代数数论、代数几何，更以费马大定理的证明而达到高潮．面向21世纪，基础数学的发展将会更快．非线性数学问题、离散数学问题、解析数论、代数数论、代数几何、群与代数及表示理论、流形与变形拓扑学、整体微分几何、随机分析和无穷维分析以及应用数学、计算数学的基础理论等都将有更大发展．

核心数学的重大进展和其成果的实际应用都是难以预计的．核心数学课题一旦有所突破，常常会产生不可估量的影响．如伽罗瓦提出的群论，源于代数，后来扩展到几何变换群、拓扑学中的同伦群和同调群、微分方程中的李群、有限群和典型群、物理学中的对称群、规范群，其覆盖面几乎是整个数学．至于群论直接用于密码编制，成为一种特殊的数学技术，更是始料不及了．

1.3 从数学计算到计算数学

德国著名数学家高斯幼年时代有一个脍炙人口的故事，当他还在念小学一年级的时候，有一天数学老师出了一道较复杂的计算题：

$$1+2+3+\cdots+98+99+100=?$$

当同学们正在凝神苦算，满头大汗的时候，聪明的小高斯早已写出了正确的答案5050，使老师也大吃一惊．原来小高斯并没有一项一项地逐项相加，而是运用了特殊的计算方法：他把原算式倒过来写为 $100+99+98+\cdots+3+2+1$，再与原式中的加项依次配对相加，这样每对的和为101，共配了100对，再求得这100对数的和，取其一半即得结果．

显然，配对时也可发挥数零的作用，由 $1+99=100$，$2+98=100$，…，用两数凑成100配对，这样配对共得到99个100，再加上2个100，取其一半即得结果．

这个小小故事说明了一个道理，数学计算是有其计算方法值得探讨的. 一般说来，对于前 n 个正整数的和：

$$1+2+3+\cdots+n=?$$

同样可引入另一个和式（即原式的倒写式）：

$$n+(n-1)+(n-2)+\cdots+2+1.$$

把对应的项相加（或错一位对应项相加），其和均为 $n+1$（或 n），此时共有 n 个（或 $n+1$ 个）对应项，得其和为 $(n+1)n$，取其一半即得 $1+2+3+\cdots+n=\frac{1}{2}n(n+1)$.

有了上述公式，若对每一个加项加上同一个数或每一个加项同乘以一个倍数，均可迅速求得其结果. 这个公式还可以看成特殊三角形的面积公式. 如此等等，便构成了数学计算的理论成果.

数学计算是人类文明史的发源地.

人类使用数字比使用文字还要早. 在洞穴时代，人类就已经用棒头与石头表示数字，最早用石头挖一洞，把棒头放进去计数. 人类为了生活和生产的需要，由计数发展为计算. 人们在计算中，一方面，由手指、刻符、结绳计算而发展为使用工具，工具又由初级发展到高级，直至发展到今天的计算机. 另一方面，也促进了数学本身的发展，由算术发展到了代数. 方程论是代数的中心问题. 在历史上，代数方程的求解计算实际上是沿着下面三个方向进行的：一是关于根的存在问题. 二是不通过解方程，而直接由方程的系数去考察根的性质：是否有实根？有多少个等. 三是研究根的近似计算. 不管是发展计算工具也好，还是研究的近似计算也好，在数学史上，人们研究计算方法是投入了相当精力的，以致我国古代就把数学称为“算术”，甚至到了近代还把数学称为“算学”. 从而直到现在，有相当一部分人，把演算就看成是数学的本质. 当然，这也从一个侧面说明了计算在数学中的地位. 数学计算在数学的发展中扮演着极为重要的角色.

随着社会的发展，人们要求计算方法能容易掌握并能熟练操作，而且要求计算速度更为迅速，计算结果更加精确，随之而来的是逐渐形成了数学的一门新的组成部分——计算数学.

随着社会的经济发展，各个领域都涉及大量的计算，不论是会计、财税、金融、计划、统计、业务核算等，都有大量的计算工作要做，由于计算机的出现并迅猛发展，计算数学也迅速发展起来.

计算数学的重要任务之一，就是研究算法：用于解决各类问题的方法和一步步的过程. 在烹调中，在把混杂的一组原料变换成可口糕饼的过程中，食谱就是烹调的算法. 数学的每一步发展都与算法离不开，在经典几何学中，古代希腊人只使用直尺和圆规作为工具，他们设计了大批程序（即算法）以完成各种几何技艺，这包括角的平分线和作出像六角形那样的正则图形. 以后数学先人们又花去大量的时间寻找有效计算 π、发现对数、确认素数，并完成无数其他数学工作的算法.

由于计算机的使用爆炸性增长，大大促进了对算法的研究. 因为计算机是在一个小的内部运算集合的基础上运转，指导它们的是程序，而程序从本质上说就是算法，该程序必须尽可能的有效和可靠，所以算法的研究极为关键. 算法在数学上的研究已产生称为计算复杂性的领域，研究者试着去探讨，当问题的规模增大而问题的细节改变时解决此问题的算法如何变化，无论此问题涉及的是诸如找出联结某些城市的最短路线，或是推算把物体合适地装入一组已知容量的容器中去等，关注的是该问题有多少种不同的算法，从而科学计算也就顺势而迅猛发展起来.

科学计算已成为继实验与理论分析之后的第三种科学研究手段，用计算机近似求解阶数很高的代数方程组（或很复杂的微分方程）的高精度、低费用的计算能力，对许多科技领域的进展至关重要，这种需求随着科技的发展显得更加迫切. 人类的计算能力是计算工具的性能和计算方法效率的总和. 历史证明：计算方法对提高计算效率所起的作用是重要的. 科技发展中的大量技术问题，它们的解决不仅要求相应的新算法和数值分析方法，而且还需要进行必要计算数学理论研究，这也是用以指导未来新型计算机的研究需要.

计算数学不仅建立了常用的数值方法和建立数值方法的基本原理，建立了常用的数值逼近方法（插值法、数值积分法和 Chebyshev 多项式及其应用）、数值代数（线性和非线性方程的数值解法、特征值的计算方法等），以及常微分方程和偏微分方程数值解法等方法，还形成了一些专门算法，诸如并行算法、进化算法、遗传算法等. 计算数学与应用数学相结合，还发展出了一系列综合学科，如计算物理学、计量史学、数量心理学、数理社会学等.

传统物理学分为理论物理和实验物理两大分支，它们相辅相成地推动着整个物理学科的发展，但也有许多问题在这两种范围内很难获得满意的解决. 如研究太阳的演化，从理论上它涉及核反应过程、光子输运过程、物质状态变化过程等，问题极为复杂，想用理论分析的办法求解这类问题是毫无效果的，用实验的办法也无能为力，实验室无法模拟如此庞大而复杂的现象. 又如流体力学问题，它牵涉到质量、能量与动量三个守恒定律以及关于压强、密度、温度之间的物态方程. 这些方程虽能推导出来，但求解这组非线性偏微分方程也是很困难的. 类似于这样的问题还有很多，如气象、海洋等方面的一些问题，由于情况复杂，很难从理论分析或模拟实验方面获得很好的解决. 于是，人们便借助于计算机，物理与计算机的结合诞生了物理学的第三个分支——计算物理学.

计量史学是一门运用计算方法研究历史、探索历史发展客观规律的历史学分支学科，它是现代计算机及其技术在历史研究中广泛应用的产物. 最早出现在 20 世纪 50 年代末的美国，很快传播到世界各国，对各国史学产生了深刻的影响.

计量史学的核心内容是历史数量研究的理论与方法问题. 当代史学研究所采用的计量方法，与以往史学研究中经常运用的以数字作为论据说明历史现象的方法有着根本的区别，它是利用计算机系统地收集、整理和储存史料(其过程主要步骤是：用算式列出所研究的问题，将收集到的各种数据公式化、符号化，然后存入计算机记忆，利用计算机计算获得学术资料)；它运用统计学和数学原理，对历史数据资料进行数量分析. 其目的是找出研究对象中相对稳定的关系，它的结果通常是用统计图表或数学公式表示. 当代计量史学所运用的统计分析，大多是属于推测统计学领域的更先进的方法，如随机抽样的方法. 在许多历史课题的研究上，还广泛地运用了线性代数、判别式分析、解析几何、微分、积分、概率单位分析和逻辑分析等方法. 近年来，很多计量史学内容还试图采用模糊数学、博弈和决策理论、曲线拓扑理论等更先进的数学方法来分析历史研究中所遇到的社会、经济等复杂结构. 运用计算机和数学的理论和方法，主要是建立各种数学模型和编制其算法，开展对历史现象与过程的模拟研究.

把数学方法引入心理学研究，已有一百多年的历史. 由于心理学对数学的主要需求在于处理大量的数据资料，因此，统计学的应用一直成为主流. 而数理心理学除运用统计学外，还研究用数学形式来表现心理学的方式方法，它的内容已经超出了单纯处理数据的统计方法的范围，是一门心理学方法论的新兴学科. 数理心理学领域内使用了大量的数学模型及其算法. 例如，根据感觉、记忆等心理学对象的各类进行分类，建立有关视觉和听觉的一系列模型、有关智能测试的模型等. 研究所涉及的领域有仿生学、社会心理学等方面的决策问题，行为科学方面的消费者行为问题，以及表现具体心理现象的纯公理方式. 又如，根据决定论或确率论等数学理论的性质进行分类，分析决定和确率过程. 前者包括运用解析法、函数方程、线性代数、微分几何等内容和方法，后者是目前最流行的模式之一. 再如，根据采用生理学术语和纯粹心理学术语的模式的全体进行分类. 一种类型采用由生理学术语构成的模式，用来“说明”心理学现象. 这是由于当与心理现象相对称的生理现象（如神经过程、光化学反应物质）比较明确的时候，往往可以采取数学模型表达形式，这种数学模型表达形式能够使这种生理过程具有具体的形象．另一类型为采用纯粹心理学术语构成的模式．数理心理学的任务一方面在于通过新的心理学实验来验证模型所预言的事物，从而使一个模型尽可能多地包容一些心理现象；另一方面，随着计算机的普遍使用，要进行处理模型算法的综合研究．

数理社会学是运用数学的概念、理论和方法来描述和研究社会现象的一门社会学方法论学科．运用数学来研究社会现象的思想虽然由来已久，但长期以来，社会学家们只把数学看成是辅助性工具，仅是运用一些统计分析方法进行社会调查研究工作．随着数学理论和方法的发展，人们对社会现象的研究达到多变量的相关分析和定量研究的水平．特别是计算机的普遍使用，为数学方法与科学研究的紧密结合提供了强大的物质手段，使社会学研究方法发生了质的变化，进一步推动了数理社会学的产生和发展．

数理社会学的主要研究内容为：建立数理社会学的合理化体系；社会现象和过程的数学模型和数学分析；社会学数据的统计分析处理；建立社会学数据库和社会设计；社会管理的系统分析；人口数据的统计分析和预测等．数理社会学的成果已在不断为社会学的应用研究提供新武器．例如，建立在随机过程模型基础上的时序分析法，以代数结构为基础的模型结构块，以及其他数学模型．这不仅使社会学的应用研究跳出了传统的统计假设检验的狭隘的框架，而且通过贡献大量的小型模型理论和中层模型理论，有力地推动了社会学理论的发展．

显然，在数理社会学中，有大量数学模型的处理、大量统计数据的分析处理，计算数学在这里发挥了举足轻重的作用．

1.4　从数学应用到应用数学

俄罗斯大文豪列夫·托尔斯泰不仅是一个伟大的文学家，而且还十分喜爱数学问题．他非常欣赏并经常向人推荐下面的“割草人”问题：

“一组割草人要割完两块土地上的草，大的一块的面积是小的一块的 2 倍．全组人员在大草地上割草半天之后，下午把人员均分成两半，一半仍留在大草地上，一半去小草地上割草．到了傍晚，大草地上的草已全部割完，小草地上还剩一小块，第二天正好 1 个人 1 天割完，这组割草人共有多少人？”

这类问题一般假定每个人的割草效率是一样的.

这是道非常有趣的数学应用问题. 托尔斯泰采用数学推理并辅以图形寻求到了很简便的解法如下：

如图 1-1 所示，左边的长方形代表大草地，右边的小长方形代表小草地. 设大草地的面积为 1，则小草地的面积为$\frac{1}{2}$. 根据题设条件，一半组员用了 3 个半天恰好割完大草地的草，所以一半组员半天恰好割$\frac{1}{3}$的面积. 小草地第二天还需割的面积为$\frac{1}{2}-\frac{1}{3}=\frac{1}{6}$，这恰好是一个人的割草工作量. 由图知全组人员 1 天共割完草的面积为 4 个$\frac{1}{3}$. 所以全组的人数是

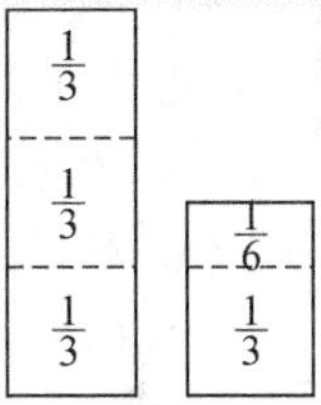

图 1-1

$$4\times\frac{1}{3}\div\frac{1}{6}=8\text{（人）}.$$

当然，这道问题也可以用代数方程求解：

设全组人数为 x，大草地的面积为 1，小草地的面积为$\frac{1}{2}$. 根据题设条件，一半组员用了 3 个半天恰好割完大草地的草，知每个组员半天的割草效率为 $1\div\left(3\times\frac{x}{2}\right)=\frac{2}{3x}$. 于是得方程：

$$\frac{1}{2}-\frac{2}{3x}\times\frac{x}{2}=2\times\frac{2}{3x}\text{(一天的效率)}.$$

求得 $x=8$（人）.

我们还可以采用高斯小时候计算那道数学题用的配对方法来求解这道问题：

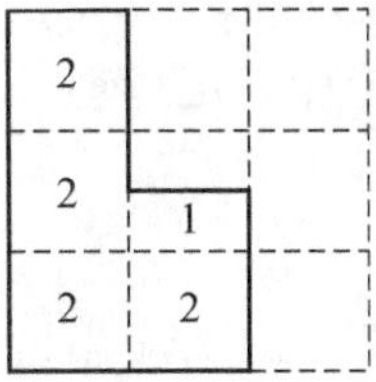

图 1-2

如图 1-2 所示，再把两块同样大小的草地和原来的草地合在一起，由题设条件，便组成了一个矩形. 又根据一半组员用了 3 个半天恰好割完大草地的草，这个矩形便可分割为 3×3 的井字小块. 中间的一块的一半恰好需要 1 人 1 天割完，那么每一块就需要 2 人 1 天割完，全组人半天割了两块，刚好完成 4 人 1 天的工作量，故全组共有 8 人.

这道实例说明了数学知识在实际生活中有着广泛的应用，数学知识越丰富处理问题的手段越多，也越简便.

由上述事例，也说明了托尔斯泰之所以成为伟大的文学家，可能与他喜爱数学有关，有可能数学助了他一臂之力.

数学无处不在，无时不用. 衣食住行、三百六十行，几乎没有一行和数学无关；量体裁衣需要数学帮助计算用料、度量尺寸、画线落料、绘制图样；淘米下锅，量米计水也有数学；菜肴烹饪，调味辅料、营养成分、装盘图式等也离不开数学；建筑楼宇房舍，都要丈量土地、设计图纸、建筑施工、配套设施，哪一件离得开数学；交通发展的每一步，从野外勘测，到航线或路线选定、道路建设、立交桥、交通网络没有一项可以少得了数学的.

数学的实际应用越来越多，越来越广泛. 例如，对于数论中素数的研究，传统上认为它几乎没有什么实用价值，然而，当今密码学方面的新进展完全改变了这种看法. 数学的高度抽象导致了广泛的应用，由于数学抽象的程度越来越高，它的概念与方法空前广泛地渗透到数学之外的其他学科领域. 如果过去进行科学实验只需定性分析，如今则要求定量分析，这就少不了数学.

在科学技术各个领域，数学的应用遍及每一个角落. 例如，精确科学中的力学、热学、电磁学、天文学、化学等，都需要数学的表述，用数学的符号、公式法则来表述这些学科的定律和定理. 特别是宇宙航行的时代，航天技术的发展，人造地球卫星的上天，航天飞机的返回等高技术领域中，从宇宙速度的计算、火箭推力的计算、卫星形状的设计、卫星轨道的确定，无一不与高深的数学发生关系. 时至今日的生物科学已是数学十八般武艺大显身手的重要领域，生物工程、遗传变异、生物优选、遗传基因、生物统计、生物医学、CT 扫描的医疗设备等各个领域都广泛地应用着数学的丰硕成果.

数学在经济学研究中，在促进经济发展中发挥着极为重要的作用. 每一个经济问题，都要涉及大量的数据. 企业的管理、规划到质量分析、生产过程控制等方面要运用到数学中的规划论、控制论、泛函分析、微分方程等各方面的知识. 因而有人说“经济学如果没有数学将不是真正的经济学”.

数学在工程学研究中的作用也是不言而喻的. 材料的选择与定量地预测其状态和性能，仪器的安装与测试，工程的设计与实施等各方面都离不开数学技术. 甚至组织大规模战争的运筹方案也离不开数学技术.

数学在社会科学，如语言学、心理学、考古学中都有着广泛的应用，成为数学大显身手的领域.

综上可知，如果没有数学的应用，全部现代科学、现代技术都将成为不可能. 因而可以说，一切高技术都可归结为数学技术，现代化就是数学化. 正因为如此，我国著名的数学家、数学教育家华罗庚教授早于 1959 年 5 月在《人民日报》上发表了"大哉数学之为用"，精彩地描述了数学的各种应用：宇宙之大、粒子之微、火箭之速、化工之巧、地球之变、生物之谜、日用之繁等各个方面无处不有数学的重要贡献.

数学的广泛应用，反过来也促进了数学本身的发展，形成了数学的一个重要组成部分——应用数学. 一般地，应用数学的基础部分常包括这样的内容：确定性动力模型和方法、随机性模型和方法、优化规划模型和方法. 应用数学除了比较成熟的运筹学、控制论、数理统计等分支外，又发展出了经济数学、生物数学等强大的分支，还发展出了一系列边缘学科.

数理经济学、计量经济学是经济数学的重要分支.

数理经济学是从数学的机理分析出发来研究经济学，计量经济学则是从数据的统计分析出发来研究经济学. 因此，我们可以说数理经济学主要是研究微观经济学的，计量经济学虽然从其本身研究的对象来说，不能认为就是研究宏观经济学的，但是由于宏观经济学的统计数据较多，而内在机理又很难数学模型化，这就使得宏观经济学更多地应用计量经济学的方法. 在宏观经济学中，一般是先确定国民经济的组成要素（如国民生产总值、消费、积累、利率、失业率等），然后假设它们之间有某种数学关系，并利用已知数据和数理统计方法来算出这些数学关系中的系数，由此来模拟国民经济某个方面的运转.

在日常生活各领域中，与我们直接相关的有银行利率问题、证券市场问题、保险问题、日常消费和市场预测等问题，还有广告、有奖销售、彩票等问题. 在这些问题中，都抽象出了大量的数学模型. 例如，仅就银行利率问题来说，就涉及单利、复利、年金终值、年金现值、分期付款等模型. 这些模型都是一些典型的数学问题. 在这些数学问题的深入研究中，不管是涉及宏观经济学还是涉及微观经济学的，经济数学得到了极大发展.

在微观和宏观经济学中，用函数来表示经济关系有很多好处，因此，需求函数、供给函数、成本函数、生产函数等都是被研究的主要经济函数. 用函数表示经济关系，并不仅仅是为了用此函数来计算相应的因变量的数值，更重要的是为了构造经济关系的数学模型，以此为根据来分析经济结构，从而用来进行预测、对策、决策等各项工作.

人们在研究将数学的理论和方法用于表达真实的生态过程或生态系统的行为动态定量关系的过程中，发展出了生物数学（李金平和苏淳，1988）. 数学多元分析理论的发展和聚类分析方法的出现，为生物分类中引用数学知识奠定了基础，加之计算机技术的兴起和普及，为分类学和数学的结合创造了有利条件，一个新的生物数学分支——数值分类学诞生了. 概率论和数理统计理论更为广泛和深入地渗透到遗传学领域，逐步形成了群体遗传学和统计学，又诞生了一个新的生物数学分支——数学遗传学. 如此等等. 数学知识在这些新兴的分支中得到了重要发展：诸如发展随机过程来模拟飞蛾的趋光特性；发展控制论来研究生态系统的调节和管理以及动物个体行为的飞行定向；发展信息论来分析群落生态的多样性与稳定性以及植物、动物、栖境、生态系统的分类；发展博弈论探讨害虫控制对策；发展多元分析的聚类分析、判别分析和因子分析来研究生态地理的特征分类，动物、植物的类群分类；发展系统论的最优化来研究害虫的控制与预测，以及水域、森林、草原的合理利用；发展蒙特卡罗方法来模拟种群的生死过程、竞争过程及昆虫的飞行轨迹等；发展集合论和模糊数学来描述生态环境的分类；发展拓扑学研究遗传的机制、死亡的机制、视觉和听觉的机制以及生物钟现象等. 生物科学为发展数学科学提出了崭新的课题，获得了独具一格的理论成果，使得生物科学和数学科学的结合运动在前所未有的深度和广度上开展起来. 生物数学已成为最振奋人心的前沿之一，最突出的还有霍特金-哈克斯莱（Hodgkin-Huxley）方程，这是一组描述神经脉冲传导的方程，有关的工作曾获诺贝尔奖；我国数学家宋健、于景元等把微分方程、泛函分析和控制论应用于人口理论；张任、张春霆应用几何学和计算机图形学研究 DNA 序列获得许多新成果，开创了一个利用几何学分析和研究 DNA 序列的崭新内容.

1.5　从数学教育到教育数学

首先看两则寓言（欧阳维诚，2001）：

第一则：

从前，有一位老人，在临终的时候，把他的 7 个儿子召集到床前，给每个儿子 1 根竹筷，让他们折断. 每个儿子都毫不费力地把它折断了. 接着老人又将 7 根竹筷捆作 1 束交给他们，看谁能把这 1 束竹筷折断，7 个儿子都试了一遍，谁也没有这个本领. 于是老人抓住这个事例语重心长地教育孩子们说：如果你们 7 兄弟能够团结一致，同心协力，就可以产生巨大的力量，克服一切困难，外人谁也不敢欺侮你们. 如果你们互不团结，勾心斗角，就会被外人各个击破，受到欺侮.

第二则：

吐谷浑的国王阿豺有 20 个儿子，他在临终之前，惟恐儿子们在自己死后争权夺利，互相残杀．便把 20 个儿子都召到床前，吩咐每人去取 1 支箭来，大家共取来 20 支箭摆在地上．阿豺命令他的弟弟慕利延（大将军）说："你拿 1 支箭折断给他们看看．"慕利延拿起 1 支箭轻轻一折就断了．阿豺又命令说："你把那 19 支箭捆成 1 束一起折断吧！"慕利延用尽了吃奶的力气也不能折断．阿豺便对儿子们说："你们都看见了吧！单者易折，众则难摧．你们只有努力同心，团结一致，我们的国家才能长治久安啊！"说罢便溘然长逝了．

这是两则用数学知识教育人增长才干，使人变得更聪慧的寓言故事．

"单者易折，众则难摧"这个平凡而深刻的道理，是人人都懂得的．这两篇寓言，同工异曲，都是为了说明这个道理．不过，话说回来，"单者易折，众则难摧"也并非绝对的真理．一夫当关，可以万夫莫开；而乌合之众，则不堪一击．折断 1 根竹筷所需的力量和折断 7 根竹筷所需的力量究竟相差有多大呢？如果折断 7 根竹筷所需的力量只是折断 1 根竹筷所需力量的 7 倍，对于大多数人来说，应该还是可以办到的．为什么老人的 7 个儿子，没有一个人能把捆成 1 束的 7 根筷子折断呢？同样地，能征惯战的吐谷浑大将军慕利延，为什么也折不断捆成了 1 束的 19 支箭呢？简单的数学计算，可以帮助我们理解这个道理．

细心的读者也许已经注意到了，这两篇寓言所要说明的道理完全相同，所用的方法也完全一样，但是在细节描写上却有一点微小的差别．老人有 7 个儿子，所以要儿子们同时折断 7 根竹筷，来证明 7 个人团结一起能产生巨大的力量．阿豺有 20 个儿子，按理应该让他们同时折断 20 支箭，来体会一下 20 个人团结一致的力量．但是阿豺却只用 19 支箭，这是什么原因呢？原来也与下面将谈到的一个数学原理有关．大概古人从长期的生活实践中，已经观察到了这个数学原理．

要折断 1 根横截面为圆形的竹筷（或竹箭）需要多大的力量呢？根据力学的知识，当外力作用于竹筷时，竹筷会产生一个"挠度"f，当挠度达到极限时，竹筷就会断裂．挠度 f 按下面的公式计算：

$$f=\frac{4}{3}\times\frac{Pl^3}{E\pi d^4},$$

其中：

P——作用的外力；

l——竹筷的长；

E——弹性模量，与竹筷的材质有关；

d——竹筷的横截面直径．

由公式可知，当竹筷的长度、材质一定时，折断1根竹筷所用的力和折断1束竹筷所用的力之比，等于1根竹筷与1束竹筷的直径的4次方之比.

为简便计，设1根竹筷的直径为1，那么"1束"竹筷的直径是多少呢？当然，当1束竹筷接近于圆形时，其直径就比较容易估计了. 众所周知，1个圆恰能被6个同它一样大小的圆环绕一层。换句话说，7根圆形的竹筷捆作1束时比较接近于圆形. 再扩大1层，恰好用19根竹筷捆作1束时最接近圆形. 即任意1个圆可以用6个相等的圆环绕1层，可用18个相等的圆环绕2层，用36个相等的圆环绕3层（图1-3）. 一般说来，用

$$6(1+2+3+\cdots+n)=3n(n+1)$$

个相等的圆可以环绕 n 层.

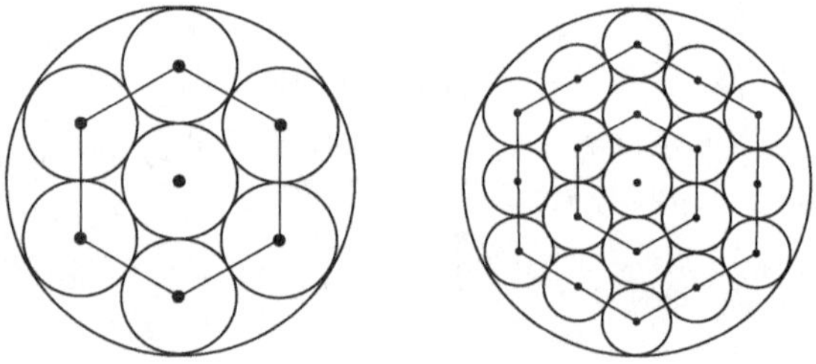

(a) (b)

图1-3

现在我们再来看看，折断7根1束或19根1束的竹筷所用的力是折断1根竹筷所用的力的多少倍？设折断1根竹筷所用之力为 P_1，竹筷的直径为 $d_1=1$. 折断7根1束的竹筷所用之力为 P_7，直径为 d_7；折断19根竹筷所用之力为 P_{19}，直径为 d_{19}. 由图1-3可知，d_7 可以近似地看成等于3，d_{19} 可以近似地看成等于5. 于是

$$P_1:P_7=d_1^4:d_7^4=1^4:3^4=1:81,$$

$$P_1:P_{19}=d_1^4:d_{19}^4=1^4:5^4=1:625.$$

这意味着，折断7根竹筷所需之力是折断1根竹筷所需之力的81倍；而折断19支竹箭所需之力为折断1支竹箭所需之力的625倍。

这就是为什么"单者易折，众则难摧"的道理!

数学教育在很大程度上是一种人的素质教育. 我国古代把数学教育列为"六艺"之一，古希腊学者柏拉图（Plato，公元前427～前347）在他的学园门口悬挂着一块写着"不懂几何学的人不准入内"的牌子，是不是柏拉图学园所学的课程与几何学有密切关系呢？其实柏拉图学园里开设的都是一些关于社会学、政治学和伦理学之类的课程，与几何学并没有什么直接的联系.

他要求学生学习几何学显然是出于素质的考虑．他认为，一个没有足够的数学训练的学生，是无法创造性地学好他所开设的课程的．据说，英国的律师在大学里要学习许多高深的数学知识，并不是这些数学知识对未来的律师们所从事的工作有什么直接的用途，而是学校当局深信不疑地认为，只有通过数学的训练，才能培养未来律师们所需要的那种坚忍不拔、缜密细致、临危不乱、公平公正的品质；才能使他们在头绪纷纭的各种案件中，迅速理清案情的脉络，抓住问题的要害．

数学教育伴随着人类社会实践活动而产生与发展．随着社会的发展，数学本身的发展，教育科学研究的深入，在国际国内，数学教育及其研究成为最活跃的领域之一．数学教育改革的浪潮一个接一个．例如，20 世纪 60 年代的“新数学”运动，80 年代的“大众数学”口号，20 世纪末开始全面启动的课程改革均在数学教育发展史上留下了深深的足迹；数学教育理论从研究数学教授法到研究数学教学法，从中学数学教材教法研究到数学学科教学论研究，从数学教育整合到数学教育学的研究．数学教育学的研究经历了从无到有的创业时期，从小到大的生长时期，从模糊到清晰的现代发展时期．分析我国的数学教育学研究的过程，展现了“以分化—综合—分化的模式流变”、“从理论移植到自我理论开发的沿革”、“从理论思辨到理论与实践相结合的位移”的发展特征．

在数学教育改革浪潮中，不断涌现出了一系列新理念、新思想、新成果．其中比较有特色的是张景中院士的从数学教育到教育数学的新思想（张景中和曹培生，2005）．他说：数学教育已经成为一门受到广泛重视的学科．数学教育学的对象是数学教学，而不是数学本身．数学教育学面临的两大主要问题是：①教什么——教学内容问题；②怎样教——教学方法问题．但是，方法与内容又是紧密联系的，肯定了“教什么”，才能研究“怎么教”的问题．于是，数学教育学要靠数学提供材料．当然，这材料还不是教材．要把材料变成教材，按照教育学的说法必须对材料进行“教学法的加工”．但是，仅仅进行“教学法的加工”就够了吗？……教育是大事．未来高素质的劳动者、科技工作者、医生、工程师、科学家、诗人和将军，都是从学校走出来．数学应当提供“最好”的材料，为了尽可能最好，“在教学法加工”之前，就应当进行数学的加工，数学的再创造．为了数学教育的需要，对数学成果进行再创造，这已不是数学教育学的任务了，这主要是数学工作者（作者认为，数学教育工作者也是数学工作者中的一部分）的责任，是数学的任务．为完成这一任务而进行的研究活动，如果发展起来，形成方向或学科，就是教育数学．他还进一步地说明：所谓教育数学，就是为教育而做数学，它和数学教育有关系，但又不相同．数学教育着眼于教学法和如何对数学材料进行教学法的加工，是为了数学而做教育，并不承担数学上的创造工作，也就是并不做数学；教育数学则实实在在是要做数学的．他的这个理念，始于20世纪70年代，形成于20世纪80年代．

张景中院士还就教育数学的新思想的提出，从各种不同的侧面系统地阐述了其缘由①：

近几十年来，数学教育在世界各国遭遇到了不同程度的困难．学生对数学的兴趣降低，解题能力下降，成绩优秀的中学生报考数学系的人数日益减少，许多数学竞赛的优胜者不肯去学数学．国外有个大学的数学系因招不到学生而关了门．数学教师和数学教育家们在众多的改革方案之间徘徊争论而莫衷一是．

在我国，许多专家和教师在各级教育行政部门领导下进行了积极的探索和稳步的教改试验，有了一定的效果．但是，数学教育的困难局面并未根本改观．数学习题难做而且量大是学生负担沉重的重要因素之一．有关数学解题方法的文章书籍之多，流行之广，也说明了这一问题．在20世纪90年代初期，有些数学专家认为造成这种局面的重要原因是高考指挥棒下的应试教育．例如，严士健教授说："按现在的高考办法，数学教育改革几乎不可能进行．"但是，高考也考别的课程，如英语，而英语教育却不像数学教育有这么多困难．在美国，几乎不存在高考问题，数学教育的改革也是举步维艰．在我国，大学生也没有高考问题，数学仍被看成一门困难而不受欢迎的课程．特别是经过20多年的高考改革，数学教育的这种困难局面仍未改观．可见，数学教育的困难，必定还有它另外的更为深刻的原因．

一方面是社会经济的现实原因．"空气哺育万物而自身无偿，数学教育众人而报酬极低"．支持数学研究和数学教育的经费相对较少，数学工作者的报酬相对较低，学数学的人很难找到好的工作，甚至找不到工作．"学习数学又难，成为拔尖人物更难．无怪乎现代青年人大都不愿学数学，即使有数学天才者也避而远之"．付出多而回报低，数学当然受到冷遇．但是，中小学学生和非数学专业的大学生并不存在以数学为职业的问题，却也不像几十年前那么喜欢数学，这是为什么呢？

看来，这里还有另一方面的原因：数学是一门具有特殊重要地位的非学不可的课程，而且越来越难学了．这一情形出现的根本原因，是由于当代科学技术特别是计算机技术的发展，使数学思想和数学方法渗透到了每个科学

---

① 参考张景中院士2003年12月教育数学成立筹备会的讲话与资料．

技术领域以及人文学科. 社会对人们的数学素质提出了更高的要求. 又由于数学本身的发展, 数学知识日益丰富. 一些过去被认为是高等数学的内容, 被下放到中学. 数学竞赛和考试中产生出来的难题妙招, 年复一年地渗透到补充习题之中. 过去是数学家研究的内容, 现在已经写入大学的教材. 学生要学的数学知识多了, 时间并没有增加 (物理、化学、生物各科内容也更加丰富, 要求更高. 学生课外还有更多有趣的活动). 当然显得紧张了.

时间少、内容多、难题多, 学生没有反复琢磨品味的余地, 自然难于产生浓厚的兴趣. 数学方法又灵活多变, 学了些定理公式却往往做不出那千变万化的题目, 难于体验到成功的快乐. 于是 "对大多数学生来说, 数学学习就意味着每天准时到校, 坐在教室里安安静静地听那些他既不理解, 也根本不感兴趣的事". "最终完全丧失了对于数学学习的兴趣和信心." 更为严重的是, 美国数学教育家戴维斯教授就曾指出, 一些学生正是由于数学学习失败而丧失了对于整个人生的信心——从而, 在这样的意义上, "我们的学校已接近于毁灭年轻的一代". 也许, 特别是在中国, 事情还没有到如此悲惨的境地. 但数学被认为是一门难学的课程, 数学测试难得高分, 已经是不争的事实.

几十年来, 人们付出了很大的努力以改善数学教育.

一方面, 人们下了很大功夫改革数学教学的内容, 即改革数学教材, 改革数学测评的方式. 在西方, 20 世纪 60 年代开展了一场轰轰烈烈的 "新数学运动", 企图以现代数学思想改造传统数学教育内容. 在苏联, 世界级的数学大师柯尔莫哥洛夫提出简化了的平面几何公理系统, 并主持编写了中学几何教材. 在我国, 出现了农村版、内地版、项武义体系等多种数学教材, 删繁就简, 减少抽象性和逻辑推理, 增加直观性和实际应用. 不少国家和地区在中学中增加了微积分初步、向量、统计等内容.

另一方面, 人们不遗余力地研究和改革数学教学的方法, 改革教学评估方法. 在西方, 先是提出 "程序教学", 又提倡 "问题解决". 我国也有许多研究和试验, 如启发式、讨论式、精讲多练、淡化概念、重视实验操作、重视感性认识到理性的过渡和提高等. 这些工作丰富了我们对数学教学的认识, 不同程度地改善了数学教育.

但是, 这些努力没有超出数学教育活动的范围, 没有改善数学本身. 数学教材的改革, 以及测评方法的改革, 只是选择现成的数学材料与测评方式并加以排列组合, 下功夫做出一个好的拼盘. 而教法与测评方法的研究, 只是变着法儿引导学生如何把拼盘吃下去, 吃得有味、消化得好. 如果食品的原料本来缺少某种营养, 或含有某种不利于健康的物质, 那就不是做拼盘和讲吃法能解决的问题了. 当然，做拼盘也是一种了不起的技术，吃法也必须讲究. 但这并不能解决全部问题.

也就是说，如果数学教育面临的困难来自于数学知识本身的缺陷或不足，这困难就不可能由数学教育的努力而从根本上加以克服. 只有数学上的创造活动，才可能解决问题.

举个简单的例子. 英语中十二个月各有自己的名字，要记住这十二个单词必须花一定的力气. 这里，删繁就简是无能为力的，总不能只要六个月吧. 直观引路，把十二个月和花儿草儿联系起来似乎也无大帮助. 这是知识本身的缺陷. 如果像汉语那样，把十二个月叫做一月、二月等，就可立竿见影地收到化难为易的效果. 可惜语言太难改革，这只是说说而已.

在数学中，类似的情形不少，要是用罗马数字作加减乘除，无论如何去编教材，去研究教学法，总会困难重重. 改用阿拉伯数字和十进制记数法，问题迎刃而解. 算术里的四则应用题，一题一法，做得学生焦头烂额. 而代数方程一来，摧枯拉朽，使人进入了更高的数学境界. 学习数学的困难，一是不会解题，二是不会应用数学本身的进步. 新的数学思想、新的方法、新的算法的创立，能够最有效地化难为易，提供更有效的解题工具并灵活运用，消除数学教育的难点，其结果是数学教学的效率大大提高. 现在中学生的数学知识，远比古代的大学士丰富，主要是由于数学本身的进步，而不是由于教育学的进步.

可是，长期以来，数学创造的活动已经集中在数学发展的前沿. 从小学到大学低年级所学的数学，被认为是完全成熟了的、定型了的知识. 这样就形成了一种思维定式，只想到教材的取舍和教学方法的改进以及测评方式的改革，而没去想想数学知识本身是否有可能改进. 这是数学教育中的某些老大难问题长期存在的一个重要的原因.

教育数学，正是针对这种局面而提出来的. 为了数学教育的需要，对数学的成果进行再创造，改造数学的内容、体系及表述、呈现形式使之更适于学习与评价，是教育数学的任务.

教育数学是一门将数学的原始形态、学术形态、应用形态转变为教育形态的学科（张奠宙，2005）. 这门数学学科要遵循教育的规律，针对不同环境下的教育对象安排不同的通过改造的数学知识，以利于教和学以及评价，以期达到各种不同的教育目标和功能，要对数学成果进行改造或再创造，提炼出适合供人们学习的可作为教育任务的数学，成为每个人在不同时期可获得的数学，促使不同的人在数学上得到不同的发展.

关于教育数学的内容体系，我们将在后续章节中探讨. 在此，还想介绍作者的一个观点：教育数学称呼可能是比较适宜的学科专业名称.

在 2006 年全国高师教育学术交流会上，作者有一篇交流论文，题目是“二议数学教育与教育数学”. 文中提到：高师院校的数学教育教研专业，由过去的教材教法改变为教学学科教学论，再又统一归口到教育学中的课程与教学论. 对于这个称呼，笔者总觉得有点像欧氏几何中的第五公设一样，名称中的字词较多，又似乎没有真正体现专业特色，能否用更适宜的称呼替代它呢？对此，笔者认为，正式名称改为“教育数学”可能会更适宜一些. 各高师院校的数学科学学院的专业设置一般为基础数学、计算数学、应用数学、数学学科教学，有些院校又把数学学科教学归口到数学与应用数学，还有些院校还归口到教科院学科教育专业. 如果用教育数学替代数学学科教学，这些专业名称摆在一起可更和谐. 这是其理由一. 又各高师院校的数学学科教研专业的课程大多为：数学教育学导论（或数学教学论、学习论、课程论）、初等数学研究、解题研究、数学思想史、竞赛数学、初等数论、数学方法论（或数学哲学）、数学教育心理学、数学教育评价与测量等课程．这个课程体系用数学学科教学或课程与教学论来统摄总觉得有点不协调，统摄不了. 如果用教育数学来统摄这个课程体系，不仅协调一些，也名副其实一些．这是其理由二.

另外，把数学学科教研专业的教学管理归口到教育类管理的现实情况是表面上多重管理，实际上都不管. 该专业的教研人员在申请研究课题、评定职称等方面遇到众多困难. 正因为如此，这个专业的教研人员的社会地位并没有多大改善. 在数学科学学院内，总认为搞不好数学研究的就去搞教学研究. 而搞学科研究的在教育类研究中只是个陪衬，在两边都没有地位. 如果将数学学科教研专业管理归口到数学类（其编制也在数学科学学院内），用教育数学作为专业名称，情况有可能会不一样. 因为数学学科教研人员大多对初等数学研究、竞赛数学研究、数学史研究等都是很在行的，而初等数学研究、竞赛数学研究、数学史研究也是整个数学研究的一部分，何况教育数学本身就是数学的一个重要分支. 用教育数学名称，可以规范数学学科教研专业的教学管理. 这又是一条理由.

综上，教育数学的专业称呼是对数学学科教学专业的一个比较适当的学科定位.

第2章 正在兴建的教育数学群落殿

兴修一个雄伟的建筑群，首先要有设计图纸，当然包括为什么这样设计，其次就是对建筑材料的品质及规格、对施工的队伍及设备等提出要求．相应地，对于教育数学群落殿的兴建，我们将讨论其宗旨诠释、思想溯源、特征探营、标准探讨等问题．

2.1 教育数学讲优化，整合、返璞来诠释

为教育而优化数学，优化数学教材内容、优化数学竞赛内容、优化数学测评内容、优化数学文化内容（包括社会教育内容）等．这可以说是教育数学的主体内容，也就是教育数学群落殿的四大殿堂．建造这四大殿堂的关键技术是“优化”，优化是教育数学研究的宗旨．为了诠释这个宗旨，张景中院士提出了“进行数学的再创造”和“把数学变得容易些”（康武，1998）的口号．再创造也是一种整合创新优化方式．

2.1.1 整合创新优化是把数学变得容易一些的行动纲领

在数学教育改革的研究中，如何进行改革是一个研究得较多的课题，但要找到一个适当的突破口却非易事．现有的研究多从教学法和学习论入手．我们认为，“教育数学”思想为数学教育改革提供了一个新的突破口．新一轮数学课程改革要实现“人人都获得必需的数学；不同的人在数学上得到不同的发展”并非易事，数学内容必然要按照数学为人们所要求的先进性、现

实性和普适性的高标准来进行选择. 而教育数学中的数学课程内容正是从新点（新知识）、实点（面临的现实情况）、难点（教与学的困难内容）入手来进行研究，因而教育数学研究以“整合创新优化”改造数学内容来适应我国数学教育的各种不平衡性，实现数学课程内容的选择性和弹性化，以及培养科研型数学教师直至实现数学教师专业化和数学教育专业化都提供了一个切实可行的方向（沈文选，2005）.

1）整合创新优化就要使数学概念平易近人，数学问题言之有理，数学道理感悟真情.

例如，方程是一个基本概念，数学教材中叙述为：含有未知数的等式称为方程. 为了使这个概念容易理解，我们可以这样考虑：为了寻找未知量，通过与已知量之间建立等量关系，借助数学运算得到结果. 正如我们不认识某人，需要由熟人介绍，然后和某人相识那样. “方程”概念的本质在于建立关系，为了认识“未知数”先生，必须请“已知数”先生为媒介，找到一种关系，根据关系就能认识“未知数”先生了.

又如，对数学的认知程度不同，就会产生不同的学习态度.

“数学是什么”？对它的认知直接影响着数学的学习. 如果仅仅认为数学是真理的集合，那么就会采取较机械化的学习态度来学习. 当学习遇到困难时，便会认为自己不是“学习数学的材料”，从而减低学习数学的动力，甚至逐渐讨厌数学. 如果把数学活动看成是人类的一种创造性活动，学数学就像农民种粮食一样最为人类所需；数学是一个由无数问题组成并进行研究的学问，不问就学不好数学；学数学的一个明显特点就是必须做习题，还要做大量的练习，这些习题或练习，有的是训练你熟悉有关内容，有些是训练你掌握某种方法，有些就是训练你提出问题，有些是训练你的思维……数学不仅仅是工具，它还可以融入人自身，成为人的重要素质，成为人的一种修养，数学不仅考验了人，而且也锻炼了人，还造就了人的精神. 如果用这样观念创新来认识数学，不仅可以激发学习数学的兴趣，还会产生强大的学习动力，来刻苦地钻研数学，在数学上得到较大的发展.

2）整合创新优化，就要恰当地改变数学形式化的表述方式.

形式化是数学的特征之一，数学教材中的数学知识大多是形式地摆在那儿的，准确的定义、逻辑的演绎、严密的推理，一个字一个字地印在纸上. 这种形式地、演绎地呈现出来的数学知识形式需要根据具体情形恰当地创新改变，数学知识需要形式化的表述，但学生掌握数学知识需要适度的非形式化方法，需要经过朴素的、生动活泼的思考.

例如，对于极限定义中的式子：$|x_n - A| < \varepsilon$，这是一个非常简捷、经

典的式子，也是一个形式化的式子．要使学生掌握它，必须创设非形式化的语言来表述：对于任意一个给定无论多么小的正数 ε，使得 x_n 与 A 的差的绝对值都小于 ε，即要求 x_n 与 A 越来越靠近，要多近就有多近．

3）整合创新优化，就要适宜地“淡化形式”，着实地“关注实质”．

针对数学教学中出现的过分追求形式严密性的现象，陈重穆和宋乃庆两位教授于 1993 年提出了“淡化形式，注重实质”（陈重穆和宋乃庆，1993）的真知灼见．我们认为，“教育数学”思想与“淡化形式，注重实质”有着重要的内在联系．

一方面，“教育数学”思想赋予了“淡化形式，注重实质”一个很好的诠释，并进一步丰富了它的含义．教育数学通过数学上的“再创造”来“让数学变容易些”，这本身就是“淡化形式，注重实质”的具体表现．“再创造”改变知识的呈现形式，注重“做数学”的探索过程，因而恰如其分地诠释了“淡化形式，注重实质”的本质含义．同时，在“教育数学”思想视角下，“淡化形式，注重实质”的含义不仅包括知识呈现形式的多样化，还应包括以下两层含义（吕松军和沈文选，2005）：

（i）淡化公理化思想下的形式与机械化思想下的形式之间的壁垒．吴文俊院士曾指出，数学的发展有两个中心思想，一是公理化思想，另一是机械化思想，前者主要对应于存在性数学的潮流，后者则主要对应于构造性数学的潮流．存在性数学和构造性数学组成了数学发展的两股潮流，它们相互交织，相互促进，相辅相成，因而若人为地将它们分割开来，势必不利于数学的发展和数学教育的进步．因此，中小学数学中某些学科体系的恰当整合值得我们关注．

（ii）善待技巧，注重数学思想深度．提高教学质量，不在于用奇妙的技巧装点，而在于把本质的东西搞清楚．有许多技巧是值得关注的，但不要一味地在一些“奇妙”的技巧上大做文章，这势必舍本逐末．只有善于透过形形色色的形式，挖掘其思想深度，把握其数学实质，才能够举一反三，触类旁通．譬如，长期以来，面积法仅仅被看成一种特殊技巧．而通过挖掘其思想深度，张景中院士提出了作为一般工具系统的面积法，进而系统运用面积方法在平面几何体系重建和几何定理可读证明的自动生成上相继取得了突破．另外，作为教育数学研究成果之一的“连续归纳法”，也是通过深挖自然数数学归纳法的本质，发展、引入到微积分之中的，而它们却分属于两个迥然不同的数学领域之中！这正如刘徽《九章算术注》自序所指出：“事类相推各有攸归，故枝条虽分而同本干者，知发其一端而已．”

反过来，“淡化形式，注重实质”为教育数学研究指明了一个现实的具体行动．即是：对通常以非构造方式进行研究的某些数学领域，如果从构造性的角度出发，是有可能“把数学变得容易一点”的．存在性数学的表现形式往往单调而统一，而构造性数学表现形式往往可以多种多样．因此，对某些数学成果以构造性方式进行“再创造”，是教育数学研究有效的行动之一．当然，我们在此并不主张在数学教学中刻意倾向于构造性数学，也无意卷入直觉主义与形式主义的数学基础论争之中．正如吴文俊院士所指出的，作为数学两种主流的公理化思想与机械化思想，对数学的发展都曾起过巨大的作用，理应兼收并蓄，不可有所偏废．

4）整合创新优化，就要把数学的原始形态、学术形态、应用形态转化为教育形态，启发学习者高效率地进行火热的思考，把人类数千年积累的数学知识体系，使学习者在较短的时段内容易地接受．

2.1.2　返璞归真优化是寻求数学本原的主要途径

数学本原在这里主要是指数学的本质与价值．数学的本质可以从诸多侧面进行描述，但其内涵主要包括：数学知识的内在联系、数学规律的形成过程、数学思想方法的提炼、数学理性精神的体验等诸多方面．数学的价值也是多方面的，有工具价值、育人价值、文化价值等．

寻求数学本原就要进行数学再创造，而返璞归真既是一种责任，也是一种自释，还是进行数学再创造的主要途径．

1）返璞归真优化，就要帮助学习者恢复原始的、火热的思考过程，从而使学习者领会数学的本质．

例如，对于立体几何中的祖暅原理，教科书是先给出原理，然后利用原理的结论推出柱体体积公式，学习者是从铺好的路上平稳走过．这样从原理到公式的表述，数学本质被掩盖了．返璞归真，颠倒过来思考，问“幂势相同，则积不容异”的原理是从哪里来的？这就是引发学习者思考的关键所在．于是可引导学习者从以下实验开始：现有一副扑克牌，可以把它摆成一个长方体，稍微用力一推又可以做成一个斜柱体．当学习者观察长方体和斜柱体的体积之间的关系时，就会从体积“守恒”的思考出发，重新创造出祖暅原理．这样，冰冷的、似乎从天上掉下来的祖暅原理，成为学习者火热的思考过程的结果．

2）返璞归真优化，就要通过再创造把数学化的过程尽可能变成适合学习者的可操作的活动．

因为，借助操作活动可显示数学的内在特征，暴露数学的实质内涵，以及朴素的数学思考过程. 冰冷的美丽可以转化为火热的思考，抽象的数学形式，能够形成数学的教育形态.

人们在观察现实世界时，运用数学的方法来分析研究各种具体现象，并加以整理组织，这个过程称为数学化. 数学的发展经历了一次又一次的抽象，这抽象的过程也就是数学化的过程. 返璞归真，就是要把数学有血有肉地表现出来，既让学习者可视可觉，使视觉的天赋成为无价的盟友，又经受"抽象"炼狱的考验，以掌握数学知识的学术形态.

3）返璞归真优化，就要帮助学习者揭示数学的内在联结.

数学是一种知识体系，通过概念的引入、分析、延伸和组织，形成一个和谐的整体. 因此，返璞归真，就是要把教科书中线性排列的知识"重组"，同时融合不同学科的相关知识，由内在的联结将它们串起来，建立网络. 这样，学习者火热的思考就在于凸现思维网络的"结点"，在纷繁复杂的干扰中寻找本质的、感性的信息，从而达到对数学内在本质的认识.

例如，我们可以揭示勾股定理与托勒密（Ptolemy）定理有内在的联结关系：由 $a^2+b^2=c^2$，可以写成 $a\cdot a+b\cdot b=c\cdot c$，这便成为圆中矩形时的托勒密定理，进而又可探求是否有 $a\cdot d+b\cdot b=c\cdot c$，这便成为圆中梯形时的托勒密定理，于是再继续探求是否有 $a\cdot d+b\cdot e=c\cdot f$ 成立. 这便是一般情形的托勒密定理了. 这样由特殊到一般，从勾股定理探讨出了托勒密定理，并将两个定理联结起来了.

这也可以看出：返璞归真寻求数学的本质，找到数学知识网的结点，就能纲举目张，以一当百.

4）返璞归真优化，就要从数学史的角度加深对数学本质的理解.

翻开科学的历史，我们看到，人类从远古时代开始，在原始意义最早形成的科学是三门：天文学、数学和力学. 数学发展的历史可以说与整个人类的文明史一样悠久. 因此，一部数学发展的历史，就是数千年人类认识世界和改造世界的整个过程的一个侧面. 如果站在历史的角度去看数学的每一项富有意义的成果，那么我们看到的就不只是概念和结果，而是世代相继不断创造的艰苦曲折的漫长道路. 一部数学发展的历史，是人类在追求真理、追求理想，始终不渝地求实、创新的生动写照. 而这种精神就体现了数学的理性精神. 迄今，一直是我们时代所需求的精神.

在数学的发展中，数学符号起到了关键性的作用. 克莱因指出：代数上的进步是由于引进了较好的符号体系，这对它本身的发展和分析的发展比16世纪技术的进步更为重要. 事实上，采取了这一步，才能使代数成为一门科学. 数学中大量的运算和推理都是通过数学符号进行的. 数学符号是一种特殊的数学语言，它能够清楚地表达数学概念、运算过程和人的思维过程，在叙述上起着节约时间的作用，而且还能精确而深刻地表述着某种概念、方法与逻辑的关系. 伟大的德国数学家莱布尼茨（Leibniz）说过："符号（指数学符号）的巧妙和符号的艺术，是人们绝妙的助手，因为它们使思考工作得到节约……在解释说明上有所方便，并且以惊人的形式节省了思维." 正是如此，可以肯定地说，假如没有莱布尼茨的精巧而合理的符号，微积分就不可能成为如此有力的工具. 又如，李善兰是我国清末数学家，他是同文馆理科教习中的唯一中国人. 也是最早懂得微积分的东亚人. 但是，他使用的符号非常奇怪，结果无法走远.

因此，《数学课程标准》中也指出：符号表示是人类文明发展的重要标志之一，数学课程的一个重要任务就是使学生感受和拥有使用数学符号的能力.

5）返璞归真优化，就要以本原问题驱动展现数学本质.

数学中充满着问题. 大家都喜欢引用哈尔莫斯（Halmos）的话："问题是数学的心脏." 但是数学问题多种多样，有些问题是纯粹数学课题，有明确的条件和结论，找准解释策略之后，依靠一些技巧获得解决或部分解决. 还有一种问题是数学本原问题，着重数学思维，建立数学概念，构造数学体系，形成数学思想，还可以从数学解题规律提升为数学本质的揭示. 张奠宙教授撰文指出："初中阶段的函数思想，是利用变量之间的依存关系定义的. 到了高中，则从非常一般的集合之间的对应出发，将函数看做数集之间的一种取唯一值的对应. 如果仅是如此这般的讲下来，贬低'变量说'拔高'对应说'，且美其名日'现代化'，就成了只是为'冰冷的美丽'唱赞歌，那么火热的思考在哪里？实际上，'变量说'是函数思想的根本. 数学家和科学工作者主要是从事物运动中把握变量之间的依赖关系. 工程师看函数，必然采用变量说，对应说不便于对运动事物的考察. 但是，对应说也有其长处. 函数思想的建立，就必须两种定义兼顾，在强调对应说的时候，倒过来也重视变量说. 因此，恢复'火热的数学思考'，绝不能停留在教材的形式化的表面处理上." 这也说明要抓住数学本原问题，数学本原问题是处理数学教学，揭示数学本质的灵魂、剑法.

6）返璞归真优化，就要将火热的思考提高到"数学思想方法"的高度.

张奠宙教授指出："像一切科学一样，数学也是一门由特定的思想方法组成的学问. 数学不等于逻辑，数学要远远多于逻辑. 形式化不是数学的起源，也不是最终的目标. 掌握数学思想方法，认识客观世界的数量变化规律，并用于认识世界和改造世界，才是数学科学的真谛．因此，通过数学学习，使学生理解数学的价值，经受思想方法的训练，是返璞归真的重要一环．”

思想是客观存在反映在人的意识中经过思维活动而产生的结果．它是从大量的思维活动中获得的产物，经过反复提炼和实践，如果一再被证明为正确，就可以反复地应用到新的思维活动中，并产生出新的结果．因此，思想就是那些颠扑不破、屡试不爽的思维产物，思想是学习者进行思维活动的细胞和基础．而数学思想是指现实世界的空间形式和数量关系反映到人的意识之中，经过思维活动而产生的结果，它是对数学事实与数学理论（概念、定理、公式、法则、方法等）的本质认识．首先，数学思想比一般说的数学概念具有更高的抽象和概括水平，后者比前者更具体、更丰富，而前者比后者更本质、更深刻．其次，数学思想、数学观点、数学方法三者密不可分：如果人们站在某个位置，从某个角度并运用数学知识观察和思考问题，那么这种思维产物就是数学观点，对于数学方法来说，思想是相应方法的精神实质和理论基础，方法则是实施有关思想的技术手段．中学数学中出现的数学观点（如方程观点、函数观点、统计观点、几何变换观点、向量观点等）和各种数学方法，都体现着一定的数学思想．

在数学思想方法的训练上，我们可采用如下一系列方式方法：诸如在确定教学目的、实施教学过程、落实教学效果中，有意识地体现数学思想方法；在掌握学习重点、突破学习难点中，有意识地运用数学思想方法；在阶段小结、复习中，有意识地画龙点睛，适时点拨数学思想方法；逐步地宏观把握，逐级地使用“平台”，逐渐地建立模型来领悟数学思想方法．

“新课标”提出了过程目标的理念，落实过程目标的理念是将火热的思考提高到“数学思想方法”高度的有效措施．要培养一个人的创新能力，就必须提高他的数学思想方法水平，就必须注意过程教学来启发思考，总结经验，学会反思．过程的教育不是指在授课时要讲解，或者让学生经历知识产生的过程，甚至不是指知识的呈现方法，而是让学生经历探究的过程、思考的过程、抽象的过程、预测的过程、推理的过程、反思的过程等．认识知识产生是必要的，但是不能把知识的产生过程都重复一遍，重要的是加深对问题本身的理解．抓住问题的本质，启发新的思考．世界上有许多东西是不可传递的，只能靠亲身经历，如智慧，智慧并不完全依靠知识的多少，而依靠知识的运用，依赖经验，只能在实际操作过程中磨炼，在磨炼的过程中去感悟、积累，去反思．

重视过程目标，这也可以说是教育科学研究成果借用“生物发生律”的指导．“生物发生律”说的是：个体的发育过程简短地重复族群发展进化的过程．通过类推，人们认为人类个体的认识过程，就是简捷地重复人类发生、发展、延革、完善的过程．关注过程，将有助于学习者深入理解和掌握数学思想方法．

2.1.3　教育数学探究的“整合创新”与“返璞归真”正是教育数学自身成长的必由路径

教育数学探究的“整合创新”与“返璞归真”相辅相成，相存相依．探究教育数学除了要吸引数学家、数学教育家和数学教育相关研究人员参与到教育数学研究中来以外，更重要的是，要向广大一线教师宣传“教育数学”思想，使他们逐渐从教育数学研究成果的“受众”转变成“授众”，从教“现成的”转变到教“经过自己‘再创造’的”，从“授人以鱼”转变到“授人以渔”，并进一步促进他们在“教学法加工”之前的其他方面上的创新，最终达成数学教育创新的新突破．

新一轮数学课程改革的一个显著特点是注重教学内容的“新”、“难”和“实”，而实现改革预定目标的关键是让教师真正参与进来，研究这些新点、实点和教学内容中保留下来的难点，主要研究通过怎样的“再创造”使这些新点、实点和难点教给学生而易于被接受．因此，“教育数学”思想恰为促使教师参与改革提供了一个很好的平台．

同时，教育数学的成果最终要靠教学实践来检验，教育数学要发展，就不能囿于象牙之塔，闭门造车．就这个角度而言，“教育数学”思想要深入人心，教育数学研究的“整合创新”与“返璞归真”正是教育数学自身成长的必由路径．

2.2　教育数学寻根由，历史、现实可溯源

从数学教育到教育数学，这是一种教育思想的升华，这是一种新的数学教育观的反映，这是为教育而优化数学的一种真理性认识．这和从数学基础到基础数学、从数学计算到计算数学、从数学应用到应用数学一样，是历史的必然．或者说教育数学思想的明确提出是数学教育现代发展的必然结果．我们可进一步分析得到，这也是数学本身的发展以及教育科学研究的深入的

必然结果．这就是说，如果对教育数学思想溯源的话，不仅有数学方面的根由，也有教育学方面的根由；不仅有现实迫切需要的根由，也有历史启示的根由．张院士在他的一系列著作中，也追溯了这些理由．

2.2.1 从数学的角度看

古往今来，有数以万计的钻研数学的爱好者、专家，他们孜孜不倦地在数学的矿山里开掘，从几百个不同的数学分科里，像雨后春笋般地产生出数学概念、数学定理、数学猜想、数学问题．但这其中的绝大多数，或由于平凡或由于烦琐，或由于过于专门，或由于不知道的原因，被束之高阁，被人们忘却，甚至根本不被人们注意；它们中的少部分，会成为同行专家或其他科技工作者学习钻研的基本参考资料；只有极少极少的部分，由于它们具有基本的重要性，或由于特别简单而有趣，能够进入小学、中学或大学的课堂，成为教材中的定理、课后的习题或课外活动的资料，成为人类代代相传的珍贵遗产的一部分，在后代人头脑中发挥作用．

从浩如烟海的原始文献到提纲撮要的综合报告，到自成体系的专著，到能够引导初学者跨越数学之宫门槛的教材，需要艰苦繁重的劳动，需要数学上的再创造．

再者，数学知识是抽象思维的产物，谁见过没有面积的点、没有宽度的直线、没有厚度的平面？数学知识的高度抽象性，使相当多的学习者望而生畏．数学教师仅仅改进教学方法是不够的，必须对数学进行再创造，使之从高度抽象、枯燥呆板的形式中解放出来，走向生活，再现其与人类文明的各个方面丰富多彩的联系．例如，创造形象化反映数学本质的方式和淡化形式的教学设计，就是对数学进行再创造以便启发学习者更好地学习数学、理解数学．

2.2.2 从教育的角度看

教育有教育的规律，其中有一条重要规律，就是要适应和促进学习者心理发展．教学工作要取得成效，就必须适应学习者的心理发展特点（包括顺序性、阶段性、差异性、持续性等），并促使他们向更高一级的水平前进．

数学知识，特别是作为数学教学内容的基础知识，是客观世界的空间形式和数量关系的反映．同样的空间形式，同样的数量关系，可以用不同的数学命题、数学结构、数学体系来反映，正如从不同的角度给一头大象拍照一样，能够得到十分不一样的照片，但它总是这一头象．数学教学的内容和这一样，有的反映方式便于学习、掌握、理解、记忆，有的则不然，有的反映方式生动、直观，有的反映方式抽象、简洁，有的反映方式迂回、烦琐，有的反映方式适于中学生学习，有的适于成人学习，有的则根本不适于教育．为了适应和促进学生心理发展，使数学教育的内容达到较优或最优的反映方式，需要艰苦卓绝的努力，这需要数学上的再创造．

荷兰著名数学家、数学教育家弗赖登塔尔在 20 世纪 70 年代提出了他关于学习的看法，他反复强调：学习数学的唯一正确的方法是进行“再创造”，这代表了一种数学教育观．“教育数学”思想则表达着与这种教育观相称的数学教学观和学习观．张景中院士指出，除了充分利用学习者头脑中已有的东西即利用“教学法加工”来使数学变得易接受一些外，改变教材的数学基础，对数学的成果进行“再创造”以满足数学教学的需要是让数学变得易接受的另一途径．这就表明“教育数学”思想与“再创造”学习理论在一定意义上是一脉相承的．不论是学的“再创造”，还是教的“再创造”，其根本目的都是为了使数学内容变得易接受一些，都是主张在数学教育活动中引入创造性．

2.2.3　从数学教育创新的角度看

数学教育创新是“教育数学”思想的激发点和精髓．

长期以来，数学教育工作者往往以照本宣科的简单的教书匠形象出现在数学课堂，将教材奉为圭臬，不敢越“雷池”半步，因而其工作往往变成简单乏味的重复性劳动．同时，我们过去对创新教育的理解也存在着一定的偏差，即是认为创新只能通过“教学法加工”和题型的改变（主要是“开放性问题”）来体现出来．在创新与文化继承的问题上一味全盘接受而很少顾及教学内容是否以一种学习者易于接受的形态出现．郑毓信教授指出，学生创新能力的培养，主要涉及教学观念的转变，应明确反对过分的规范，强调思想的开放性．这就是说，创新教育不仅仅涉及学生的创新学习，还涉及教师的创新教学．而教师的创新又不能仅仅体现在教法的创新和题型设计的创新上，对数学这一人类文化硕果的传承也应当采取“扬弃”的态度，通过数学上的创新、“再创造”来使得它易于被学习者接受．张景中院士正是通过身体力行，认识到对数学内容进行“扬弃”、对数学教材进行“再创造”以使其适于数学教学在这教育中的重要性，提出了“教育数学”思想，从而为广大数学教育工作者开辟了一个发挥自己创造性思维的广阔空间.

“教育数学”思想的精髓在于创新，这主要体现在“教育数学”进行“再创造”、创新的必要性和可行性，以及“教育数学”思想对数学教育观念的创新上. 第一，教育数学致力于“把数学变得容易一点”，要达到这一目的就必须要对数学的成果进行改造，而实现这种改造需要数学上的“再创造”，即创新. 第二“把数学变得容易一点”是切实可行的，许多享有盛名的数学方法和高深的数学理论其基本思想却往往是十分朴素的，这就为教育数学研究进行“再创造”、创新提供了现实的可能；数学家寻求一些高等数学定理的初等证明和撰写数学科普论著的工作也证实，数学是可以变得容易一些的，而这些工作正是“再创造”与创新，也正是教育数学研究的一部分. 第三，“教育数学”思想表达了一种新的数学教学观和学习观. “新数运动”失败后，“大众数学”思想大获人心，然而大众数学又产生了因过分强调数学的可接受性而引出的“大众数学是否意味着没有数学?”的问题，郑毓信教授指出，数学教育的“数学方面”与“教育方面”的对立统一构成了数学教育的基本矛盾. “教育数学”思想从一个独特的视角提出了平衡数学教育的“数学方面”与“教育方面”，解决数学教育的基本矛盾的新理念. 一般认为，“新数运动”的失败主要在于过分强调了数学教育的“数学方面”，而大众数学又已出现过于注重数学教育的“教育方面”倾向，因而都没能恰当地处理好数学教学内容的选编问题. “教育数学”思想通过数学上的“再创造”将作为科学的数学变成教育的数学，将数学教与学的过程真正变成“做数学”的过程，使数学教材中知识的呈现不再是“帽子里掏出来的兔子”，这对培养学习者“数学地思考”的习惯和克服教师“填鸭式”的灌输教学有很好的现实意义. 同时，它为解决数学教育的基本矛盾提供了一个新的独特的视角，从而代表了一种新的数学教育观. 另外，教育数学通过对数学成果数学地“再创造”，也表达了这样一种数学观，即那种纯粹为了使数学变得容易而通过简单地删繁剔难“使数学变得越来越易于接受，最终所得的将并非是数学，而是什么别的东西”；相应地，那种流于形式、撇开实质的纯粹形式化的东西也并非数学.

数学教育创新以在数学教学中培养学习者的创新精神和创新能力为主要宗旨，而这就首先要求教师自身具备较强的创新能力和创新素质. 一方面，教师不仅应对数学教材进行“教学法加工”上的创新，通过返璞归真，恢复知识发现、发展和研究探索的过程，形成易于接受的教育形态，使教材便于理解. 这是培养学习者创新意识的基础；另一方面，教师更应在“教育数学”思想的指导下对适宜的教学内容进行数学上的“再创造”，使教学活动过程与师生“做数学”的过程一体化，进而在一定程度上整合数学的学术形态和数学的教育形态，调和数学教育的基本矛盾．这是教师处理教材更进一步的创新．例如，张景中院士为促进几何教学改革而提出的以面积为主线的平面几何公理体系就基本上体现了自成体系（数学的学术形态）与易于接受（数学的教育形态）两大特征的很好融合．

综合以上分析可见，“教育数学”思想始于创新，为了创新，关注创新，激发于创新，其精髓也在于创新．

2.2.4　从我国数学史角度看

中国古代数学源远流长，与西方数学公理演绎体系不同的是，中国传统数学的成果多以算法形式出现．将问题算法化、简单化是中国传统数学的重要思想．钱宝琮先生指出，刘徽采用割圆术计算圆周率之所以能得到超过与其同时代的数学家的成就的原因是：①刘徽的不等式只需用圆内接正多边形面积而不用外切形面积，所以能够事半功倍；②我们的祖先早就用位置制记数，乘方、开方都能迅速地完成，数字计算工作比古希腊人要容易得多，刘徽《九章算术注》自序说，“事类相推各有攸归，故枝条虽分而同本干者，知发其一端而已”．这是钻研数学的至理名言，同时也蕴涵了中国古代数学将问题简单化的指导思想．“教育数学”思想以“把数学变得容易一点”为口号．这在一定意义上与中国古代数学的思想实质是一致的．作为教育数学的重要研究成果之一的系统面积方法，更是直接从中国古代数学发展而来．在中国古代数学中，一切平面几何学定理都用面积图形来证明．刘徽《九章算术注》自序说，“又所析理以辞，解体用图，庶亦约而能周，通而不黩，览之者思过半矣”．数形结合的思想古已有之，而这也正表明了系统面积方法的渊源．综上所述，“教育数学”思想继承了中国古代数学独特的创造性，汲取了中国传统数学的思想精华．因此，中国古代数学是“教育数学”思想的思想源泉所在（吕松军和沈文选，2005）．

吴文俊院士曾指出，中国传统数学通过化几何问题求解为方程求解而走了一条机械化道路．而数学机械化的主题思想和主要目标是“把原来非机械化因而极为困难的数学问题变成机械化而容易起来”．这与教育数学在思想上是十分相似的．中国古代数学机械化优秀思想对“吴方法”的启发，面积法和消点法在几何定理可读证明的自动生成上的成功都直接证明了“教育数学”思想的现实意义和潜在威力. 数学机械化的思想将启示人们以更开阔的视野去审视数学的现状，它对数学教育的应用价值是不言而喻的. 正因为如此，它也正成为“教育数学”思想的力量源泉，并将为教育数学研究不断提供丰富的材料和新思想的萌芽.

当然，我们在此并不是主张用机械化数学取代现行教学内容，尤其是平面几何内容. 相反，由于公理演绎的几何体系具有重要的教育价值，如何进行“再创造”使之变得容易而又不失抽象思维和数学直觉训练的价值仍是教育数学需要深入研究的重要课题. 同时，随着数学（尤其是机械化数学）的不断发展，“教育数学”思想也将得到不断发展，进而启示人们以更开阔的视野去审视数学教学内容的表现形式，从新的角度来思考和勾画数学教育的发展前景.

2.2.5 从国内外数学名著的角度看

数学这部传奇史，从远古到今天，充满了诱人的再创造活动. 从数学符号的产生到数系的扩充，从字母代数、方程的求解到代数学的建立，从图形的认识到几何学的创立，从欧氏几何到非欧几何，从研究函数的性质到微积分的创建，如此等等，无不凝结着古今数学工作者的再创造的心血机智. 映射到我们的课本中，形成了一个个知识点、知识网络. 虽然历史上享受数学教育的是少数人，但教育数学的思想，古今中外源远流长，只是以前没有这样称呼它而已.

公元前 3 世纪，古希腊的欧几里得（Euclid）写出的《几何原本》，是对数学材料进行再创造的第一个取得了辉煌成就的范例，这个创造成果在两千多年的长时间内影响着数学家和科学家的思维方式. 约公元 1 世纪，我国的数学先哲们，将长时期积累的数学研究成果，反复改造，再创造，写出了影响中国数学辉煌发展一千多年的古典数学名著《九章算术》. 19 世纪法国科学院院士柯西（Cauchy）对积累了 200 年的微积分的成果进行再创造的研究，写出了迈向严密的微积分王国的第一部教程《分析教程》. 这部书产生了长时期的巨大影响. 20 世纪的布尔巴基（Bourbaki）学派，把数学归结为研究抽象结构的理论，他们把集合论作为数学大厦的地基，探讨了大厦的骨架由三种最基本的结构——序结构、代数结构、拓扑结构这三种母结构组成（如实数有大小是序结构，有四则运算是代数结构，有连续性是拓扑结构）. 结构加进新的公理，产生新结构，不同的结构结合起来，产生复合结构. 有了结构观点，数学的核心部分条理化、系统化了．他们出版了雄心勃勃的系列著作《数学原本》，成为数学家们的高级教程．

历史上的欧几里得、柯西以及《九章算术》的作者们、布尔巴基们，他们的工作，主要应当算是教育数学的活动，他们是伟大的教育数学家，他们的工作成果，又一次一次地经教育数学工作者的再创造，成为各式各样的课本，直到今天．

2.3　教育数学有特征，发掘“五性”成美谈

优化了的数学应该是迷人的．这数学似空谷中的幽兰、高寒中的杜鹃、老林中的人参、冰山上的雪莲、悬崖上的灵芝、百花园中的牡丹，魔力般地吸引人们关心数学，热爱数学，欣赏数学，进而刻苦地学习数学；强有力地召唤数学爱好者、数学工作者辛勤耕耘，在数学的王国里寻芳采猎，艰苦跋涉，今日攻破昨日的猜想，明天冲击今天的悬案，推动人类社会的进步和发展！

为了教育而优化的数学应使受教育者感到迷人、赏心悦目而努力学习，使受教育者不仅增长才干、变得更聪慧，而且造就他的精神．因而，这样的数学是具有一定特征的，是作为具有教育任务的数学的特征的．

2.3.1　具有一定层次的数学——基础性特征

荷兰籍著名数学家和数学教育家弗赖登塔尔（Fenudenthal，1905 ~ 1990）在他的名著《作为教育任务的数学》(陈昌平等译，上海教育出版社，1999）谈了他的一些看法，这对我们是有启示的．

他说：“除了未来的数学家以外，还有许多人必须学数学，其中只有少数人会用到一些比较复杂的数学，大多数人只用一些简单的数学，而即使是那些从不用数学的人，也应该学数学，因为数学已经成了人类生存所不可缺少的一个方面．”

在弗赖登塔尔看来，数学是系统化了的常识．常识要成为数学，它必须经过提炼和组织，而凝聚成一定的法则．这些法则在高一层次里又成为常识，再一次被提炼、组织，而凝聚成新的法则，新的法则又成为新的常识，如此不断地螺旋上升，以至于无穷．这样，数学的发展的过程就显出层次

性，构成许多等级；同时也形成诸多如抽象、严密、系统等特性．一个人在数学上能达到怎样的层次，则因人而异，决定于他的先天和后天条件．但是，一个为多数人都能达到的层次必然存在．数学教育的任务就在于帮助多数人去达到这个层次（弗赖登塔尔，1999）．并努力不断地提高这个层次和指引达到这个层次的途径．

弗赖登塔尔讲的这个层次实际上是数学知识的垂直层次，这个垂直层次是相对于一定的水平层次而言的．在数学教育的历史上，已形成一个传统的水平层次，如数学众多分支中的算术（数论）、初等代数、初等几何、三角、平面解析几何以及函数论、组合数学、概率统计、向量数学等的基础部分，或者说，基础数学、应用数学、计算数学中的最基础部分是多数人可达到的层次，因而可作为基础教育任务的教学．

2.3.2 注意应用需要，但不以实用性为标准——应用性特征

作为基础教育任务数学的各个分支应在数学中都有一定的地位和作用，且在现代社会生活和生产中有着广泛的应用．虽然它们的思维方式各有特点，不尽相同，彼此之间并无高下之分，而是相辅相成，组成一个整体，但不宜过分强调其中的某一分支，而忽略其他，更不能为了强调培养应用意识或仅考虑实用性而选择某些分支，或某些分支中的某些内容．如果我们能告诉学生，哪些数学概念与技能是他将来需要，那倒是好事．可事实没有这么简单，而且恰恰相反，数学又是如此灵活，对于大量的数学一般原理，不论就个别还是整体而言，究竟有什么实际应用，又适用于什么范围，都难以明确规定．例如，小学阶段用算术方法解应用题，解题方法多种多样，极富巧思，有利于培养学生的学习兴趣，发展学生的思维．用代数的方法，通过设未知数列方程（组）来解，方法统一简单，其优点是显然的，但能否肯定代数方法高于算术方法，甚至取消算术解法而统统代之以代数方法呢？恐怕不能．就思维的品质来说，统一性与多样性，各有千秋，不相轩轾．统一、简单固然好，“百花齐放”也不坏．从教育的观点看来，理解统一的方法的优点需要一定的基础，低年级尚难做到这一点，而算术解法多变，易培养他们的兴趣，比冷冰冰地“设 x 列方程”有“人情味”，有美学价值，这是极为重要的．又例如，一个数学家一生所学的数学，也许 90% 最终会被当作累赘而排除，但这还是必需的，因为它们的作用就是为了被进一步的数学所代替．

2.3.3　学习者较易接受的数学——可接受性特征

上面谈到了作为教育任务的数学不能以实用性为标准来选择内容，这是否意味着数学内容可以随心所欲地规定？如果不知道学生最终要学习哪些内容的数学，那么按什么原则来选取？

首先注意到，存在一种约束，那就是学生的接受能力. 这也是弗赖登塔尔曾告诫过的：教育有规律. 所教内容应适合学习者的心理发展特点.

其次，按照学生接受力，某个题材能教，并不等于说这个题材就应该教. 数学教育中数学内容虽然没有确定的分界线，但也不能忽视一定的先后次序. 两个题材孤立地看都是可教的. 但这一个可能比那一个更为重要一点，其中最起决定性作用的往往看这个题材是否更符合整个体系.

2.3.4　充满联系的数学——衔接性特征

数学最大的优点就是它的灵活性，而灵活性又体现在它的联系性上. 数学如果为了迎合某些应用而失去了灵活性，它就僵化了. 因而，作为教育任务的数学，在教给学生时，不要教孤立的片断，应该教连贯的材料. 有联系的材料，学习起来也容易理解，也容易记忆，也便于运用. 因为丰富的联系还能保证一旦学会这种数学就不容易忘记，人们学习的任何材料都应该是充满联系的.

显然，在选择教学内容时，应选择有联系的材料，但联系不一定是直接的，也不一定在数学内部，须注意有些材料是需强化联系的. 所以选择能强化联系的材料也是重要的，这时还要知道从哪些方面去强化.

2.3.5　关注思维训练价值的数学——教育性特征

数学是智力的磨刀石，对于所有信奉教育的人而言都是一种不可缺少的思维训练. 虽然也有其他学科或其他方式可以训练人的思维，但在深度、广度、系统性等方面，是无法与数学相比的. 例如，点、线、面、三角形和圆——都是一些多么简单又多么自然的数学模型，却能让青少年在数学思维的天地里乐而忘返，很难想象有什么别的模型能够这样简单，同时又这样有成效.

张景中院士在一次访谈中论及几何教学时指出：“我认为几何是培养人的逻辑思维能力、陶冶人的情操、培养人良好性格特征的一门很好的课程. 几何虽然是一门古老的学科，但至少仍然有旺盛的生命力. 中学阶段的几何教育，对于学生形成科学的思维方法与世界观具有不可替代的作用. 为什么当前西方国家普遍感到计算机人才缺乏，尤其是编程员缺乏，其中一个原因是他们把中学课程里的几何内容砍得太多，造成学生的逻辑思维能力以及对数学的兴趣大大降低.”

因此，作为教育任务的数学，不能仅考虑实用性，不能简单地罗列数学知识，而应当考虑选择各种各样的有联系、有训练价值的材料来培养思维的各种品质，应当考虑如何去根据选择的材料进行思维的训练，充分发挥数学是思维科学的特点.

以上，我们侧重探讨了基础教育中作为教育任务的数学特征.

关于高等教育中作为教育任务的数学问题，应根据专业培养的目标，把基础数学、应用数学、计算数学中的某一部分为侧重点作为教育任务的数学.

关于社会继续教育中作为教育任务的数学问题，应当把数学推向社会，以适合不同文化层次的人群的需要.

不论是基础教育，还是高等教育中乃至社会教育中作为教育任务的数学，其内容都是在社会与数学同步发展的历史中逐步整合的，也是社会与数学进一步发展所需要的.

2.4 教育数学探标准，“四更”择优作指南

优化数学的基本标准，张景中院士在他的著作中作了一些探讨（张景中和曹培生，2005），在此我们作进一步的探讨.

优化数学，初看似乎容易，因为它在数学的后方，它所处理的似乎是比较初等的东西，是已被证明了的东西. 但困难也在这里，要从平凡而熟知的东西中变出新花样是不容易的. 进行再创造，无疑是在向前辈大师们挑战. 更深一层的困难在于：你很难判断自己的再创造是成功了还是失败了. 因为问题本来就不明确，至于问题有没有解决，解决得好不好，就更不明确了.

本来，你认为你在某一方面改进了存在的内容体系或呈现方式，优化了数学. 实际上，也许你的工作反而给数学教育添了新的麻烦. 当然，实践是

检验是非优劣的标准. 教学实践可以告诉我们，再创造是成功还是失败.

但也有这种情况，“实践”表明成功了的未必真的就好. 例如，一些实验教材的“试点”，往往有好教师、好学生、好条件，所以才会成功. 而面上的推广，就是另外一回事了.

“实践”表明失败了的也未必真的不好. 习惯的势力是强大的，心理因素往往给新方案的推行带来难以逾越的困难，即使你认为优化的体系比传统的体系简单得多，也会引起教师的不习惯，从而造成学生学习的困难. 因为教师往往已按传统体系教了一二十年，已习惯于用传统体系思考问题，要改变思维方式是十分困难的.

所以新方案的实施，需要从培养教师入手. 如果要用实践证明新方案是好的、行得通的. 至少要一代人的努力 20 年左右的光阴.

问题又来了，在没有证明新方案比旧体系更优越之前，社会又怎能下决心用一代人的努力为代价来进行实践呢？所以，在真刀真枪的教学实践之前. 还应当作个预测，作个比较.

预测、比较，有没有什么真凭实据的标准呢？

应当是有的，哪怕是几条模糊标准也好.

2.4.1　更简单的逻辑结构

为了判断教育数学成果的优劣，我们试着找出几条标准来.

最容易想到的是逻辑结构越简单越好. 简单的东西容易掌握，这是毫无疑问的. 有些数学定理，第一个证明会长达百页以上. 陈景润研究哥德巴赫猜想取得“1+2”的结果. 最初的证明有 200 页之多！对于这样长的证明，数学家一方面要硬着头皮来学习；另一方面又不满足，致力于寻找短证明. 有些定理的证明似乎简短，但用到了比较专业的知识或高深的理论，这也会促使数学家寻找所谓初等的证明. 只有简化到一定程度，初等化到一定程度，数学成果才能被更多的人理解，才有可能进入课堂！

所谓逻辑结构简单，又有以下 3 个含义.

1. 推理步骤的总数少

比如，平面几何教材中，总是从基本命题出发，一步一步地推出那些希望学习者掌握的命题. 材料组织得好，推理总步数就少，也就是说，构成整个逻辑链的环节就少，但功能并不弱．那怎样才能减少推理环节呢？这不仅要靠材料的组织，还要靠数学上的创新．

2. 推理的路径短

也就是说，从基本出发点到每个命题之间的逻辑环节尽可能少．在推理步骤总数相同的条件下，推理路径的长短可以不同．例如，5 个命题 A、B、C、D、E，推理过程为（每个箭头表示一步推理）

$$A\to\to B\to\to C\to\to D\to\to E,$$

它的最长路径为 8 步，平均路径为$\frac{1}{4}\times(2+4+6+8)=5$ 步．但如果我们能找到一种放射型逻辑结构，那它的总步骤仍是 8 步，但最长路径仅有 2 步，平均路径也不过 2 步．

这也表明，放射型逻辑结构有希望优于串联的逻辑结构．

3. 推理过程的“宽度”小

所谓推理的宽度，是指为了获得一个命题所要涉及的知识纵深面．例如，为了获得“平行截割定理”，只用到两个命题：

(i) 若 P 是$\triangle ABC$ 的边 AB 上的一点，则

$$\frac{S_{\triangle APC}}{S_{\triangle BPC}}=\frac{AP}{PB}.$$

(ii) 若 $AB/\!/MN$，则 $S_{\triangle AMN}=S_{\triangle BMN}$.

而在常见的教材体系中，为了得到这个定理，需要先有下列命题：

(a) 平行四边形对边相等；

(b) 平行线的同位角判定法；

(c) 相似三角形的“角、角”判定法；

(d) 相似三角形对应边成比例.

对比之下，后者宽度较大，因而教师知道了前一种证法后，均乐于放弃传统教材中的方法.

2.4.2 更有力的解题方法

除了逻辑结构简单之外，能否提供有力的解题方法，也是评价教育数学

成果优劣的一条重要标准.

数学的心脏是问题. 学了数学知识，就要用这些知识去解决相应的实际问题、理论问题. 如何教会学习者解题，确实是数学教学中最复杂的问题之一.

提供有效能的解题方法或解题模式，应当兼有几何的直观性和代数的简洁性，像坐标法那样有章可循，又像综合法那样耐人寻味.

同一个数学题常常有不同的解法. 有些解法虽然很漂亮或技巧很好，但只能用于解决狭窄的一类问题. 比如，传统的算术课里讲了不少特殊的解题技巧，把四则应用题分成"工程问题"、"混合物问题"、"行程问题"、"鸡兔同笼问题"等，并分别提供思考、技巧与公式. 这些不同类型的题目，如果从求解的过程要简捷的话，则都可以通过方程轻松解决. 代数之所以比算术高明，是因为它能够提供更有力的通用方法.

对数学材料的"教学法加工"，并不能提供新的更好的解题方法. 于是，这个任务落在了"教育数学"的肩上.

2.4.3　更平易近人的数学概念，更易于接受的呈现方式

除了简单的逻辑结构、有力的解题方法外，还应当要求些什么呢？那就是数学概念的引入，应当使学生感到亲切、自然、平易、直观.

教学过程中有信息的传递，但教学过程绝不是简单的信息传递过程，学生的大脑不是录音机里的磁带，不能只是简单地把输入的信息录下来. 心理学的研究告诉我们：学生理解和形成数学概念，是一种主动的心理过程. 他们把课堂上听到的新内容，纳入自己已有的经验系统，或者按自己的方式理解新的东西（同化），或者改造自己原有经验而形成新经验（顺应）.

在安排教学过程时，我们既要想到学生头脑里已经有的东西，又要考虑到学生将来要学的东西，充分发挥学习过程中正迁移的作用，防止负迁移. 教育数学，要为这种安排提供素材.

对即将引入的内容，要形成"山雨欲来"之势.

对引入的新内容，要让学生有"似曾相识"之感.

比如，学生在小学就学了简单面积的计算，对面积的大小比较、面积的可加性都比较熟悉，而且他们在代数课上又学会了列方程与解方程，在此基础上，以面积为中心讲平面几何，自然易于接受.

充分发挥正迁移的作用，这个想法应贯穿着我们在教育数学领域所做的

各项工作.

数学内容体系的呈现方式，也要易于让学习者接受.

数学的表现形式一般来说是比较枯燥的，给人一种冰冷的感觉. 但是数学思考却是火热的，生动活泼的. 如何点燃和激起学生的火热思考，使他们能够欣赏数学的美丽，这只有改造出更易于接受的呈现方式，这是教育数学的任务之一. 对一些基本的、重要的内容，把过去教材上的叙述顺序颠倒过来恢复原始的、火热的思考过程，这是改造呈现方式的一种途径. 又由于数学是一种知识体系，通过概念的引入、分析、生成、组织，形成一个和谐的整体，改造呈现方式有时可以把原教科书上线性排列的知识“打乱”，同时融合各个学科的相关知识，由内在联结将它们串起来，建立网络. 这样，学生火热的思考就在于凸现思维网络的“结点”，在纷繁复杂的干扰中寻找本质的、联结的信息，从而使学生易于接受数学知识体系.

2.4.4 更生动、更丰富的数学内容

数学的特点之一是抽象. 数学表述的形式化，更加深了抽象的层次，无论是教师还是学生都必须经过“抽象”炼狱的考验. 不通过抽象关，就不能说理解了数学. 教育数学追求的目标，应当是把数学有理有利地生动表现出来，体现出浓厚的趣味，有从易到难的丰富的练习内容. 经过改造后的某个数学内容，它的丰富性除了能和其他教学内容瞻前顾后，照顾“左邻右舍”之外，还要能包容与此内容有关的古典名题，乃至于一系列有足够难度的问题，亦即有更生动、更丰富的数学内容.

更简单的逻辑结构、更有力的解题方法、更平易近人的数学概念，更易于接受的呈现方式，更生动、更丰富的数学内容等这是教育数学追求的目标，是教育数学的择优标准，也是教育数学选题的指南.

第 3 章 教育数学群落殿的四大殿堂

正在兴建的教育数学群落殿，是在先人们的建筑遗址上扩建的. 这对于前来观光的人们来说，既是未知的领地，也是向往的胜地. 那宫殿的雄伟景象如奇妙的吸引子对希望观光的人们产生一种不可抗拒的拉力，那宫殿周围的空气中咕哝着关于教育数学群落殿修建者与现实纠缠、凝视新难、追踪改造猎物、玩把创新肥皂泡的奇异故事片段，那儿有让人流连忘返的无数灯谜，那儿有可能成为人们灵感源泉的各类思维宝物. 特别是五彩缤纷的花坛和晶莹夺目的喷泉所组成的园林景色吸引着人们的眼球，那园林的鸟语花香戳穿飘渺薄雾促发着人们的各种见解或争论的遐想. 在那片朦胧的土地上，高深莫测的四大殿堂及无数令人惊叹的装饰正准备接待观光的人们.

3.1　数学教材用得俏，教材数学显精明

3.1.1　数学教材与教材数学

中国古代的数学教材，一般按数学问题和其解的体例编写的. 如《九章算术》中就包含了 246 个问题及解.

下面的一个数学问题选自我国元代的一本教材《丁巨算法》.

一家农户有若干只鸡和兔，它们共有 100 个头，272 只足，问鸡、兔各几只?

类似的问题早在晋代初期的《孙子算经》中有介绍.

当时的解法一般为：若每只鸡由 1 只足站立（看成“单脚鸡”），每只兔由 2 只足站立（看成“双脚兔”），这时有头 100，有足 $272\div2=136$. 由于每只“双脚兔”比“单脚鸡”多计 1 只足. 共计多计 $136-100=36$，这也正好是兔子的头数，列式为

$$272\div2-100=36 \text{（兔头数）},$$
$$100-36=64 \text{（鸡头数）}.$$

从而求得鸡为 64 只，兔为 36 只.

显然这种求解方法对思维能力是有较高要求的. 这也是由于那时接受数学教育的人只是极少数才能达到这个要求的. 如果要让更多的人能求解这个问题，就要对其解法进行改造或另给.

遵照人的认知规律，从简单到复杂，从特殊到一般，从具体到抽象. 可以从考虑特殊情形入手进行求解：

若 100 只全是鸡，则共有 200 只足，多出的 72 只足是把每只兔子当作 1 只鸡时少计 2 只足，从而 $72\div2=36$ 应是兔子的头数. 列式为

$$(272-100\times2)\div(4-2)=36 \text{（兔头数）},$$
$$100-36=64 \text{（鸡头数）}.$$

或者，若 100 只全是兔，则共有 400 只足，少了 128 只足，此时把每只鸡当作 1 只兔子时多计 2 只足，从而 $128\div2=64$ 应是鸡的头数. 列式为

$$(100\times4-272)\div(4-2)=64 \text{（鸡头数）}$$
$$100-64=36 \text{（兔头数）}$$

儿童学习新知识，常以旧引新，当儿童学习代数式、列方程解题之后，也可将上述问题作为引入. 先学习算术解法，再学习方程解法，使他们体会到：从算术到代数，设未知数用字母表示，列方程求解是人类数学思想的一次重大发展.

若设一个未知数，则有如下的一元一次方程解法：

设这家农户有鸡 x 只，则有兔 $100-x$ 只，鸡足为 $2x$，兔足为 $4(100-x)$. 由鸡兔总足数为 272，得

$$2x+4(100-x)=272.$$

求得 $x=64$（鸡头数），$100-64=36$（兔头数）.

若设两个未知数，则有如下的二元一次方程组解法：

设这家农户有鸡 x 只，兔 y 只，则

$$\begin{cases}x+y=100,\\2x+4y=272.\end{cases} \quad \text{解得} \begin{cases}x=64 \text{（鸡头数）}\\y=36 \text{（兔头数）}\end{cases}$$

综上所述，随着数学知识的增多，即数学教材的进步，求解问题越来越

方便，越来越简单.

数学自诞生到今天发展成门类众多的现代数学科学. 一代又一代的人将数学知识整合、创新、传承下来，数学教材发挥了巨大的作用. 要将数学材料转变为数学教材，不少数学家从浩如烟海的数学材料选择、改造、整合、创新，编写出提纲撮要的综合报告，到自成体系的专著，再到能够引导学习者跨越数学之宫门槛的教程，这些教材（教程）的数学内容就是教材数学. 在前面我们曾提到，欧几里得的《几何原本》，是对数学材料进行整合、再创造的第一个研究教材数学取得辉煌成就的典范. 19世纪的法国数学家柯西，对积累了两百余年的微积分的成果进行了整合、再创造，写出了迈向严密的微积分王国的第一部教程——《分析教程》，这又是一个研究教材数学的光辉范例.

张景中院士身体力行，在教材数学的研究中冲锋陷阵，对改造欧氏平面几何体系，对改造微积分基础理论进行了开创性的工作.

张院士的教育数学思想，就是为了成功地进行数学教育改革，根据教育规律，对数学成果或材料进行改造、整合、再创造，提供适于教学法加工的材料. 这也是教材数学思想.

在当今的数学基础课程改革中，我们更需要运用教育数学的思想来指导，特别是对数学课程内容的设计与选择中，我们应运用教材数学思想来检验. 如果按照数学教材的适度性、选择性、整合性、创新性等要求来运用教材数学思想检验我们的数学课程改革，就会更加清楚地认识到我们的中小学数学课程内容为什么要改革，怎样改革.

研究教材数学，就要为了数学教育的目的，用"批判"的眼光审视已有的数学读物和数学课本. 这批判当然不是怀疑这些数学知识的正确性，而是检查它在教育上的适合性. 根据学生的心理特征与年龄特征，看一看、问一问、想一想，进行基础教育中的课程改革，哪些内容需要改造或再创造？哪些反映方式较优，能不能找到更好更优的反映方式？这又从哪里着手呢？或者说教材数学探究的基本方向是什么？

3.1.2　探讨研究教材数学的着眼点

张景中院士在他的著作中提出了两点（张景中和曹培生，2005），可从难点和新点着手. 在这里，还补充一点，即从三点——实点、难点、新点着手. 这三点也可以认为是教材数学探究的三个基本方向（沈文选，2005b）.

1. 着眼于实点

着眼于实点，即着眼于数学现实. 著名的荷兰数学家、数学教育家弗赖登塔尔认为，数学教育应该是现实数学的教育（弗赖登塔尔，1999）. 他认为，无论是数学的概念，还是数学的运算、规则等都是由于现实世界的实际需要而形成的，数学是现实世界的抽象反映和人类经验的总结. 每个人都有自己的“数学现实”，即每个人所接触的客观世界中的数学规律以及有关这些规律的数学知识结构. 大多数人的“数学现实”可能仅限于数字和简单的几何形状以及它们的运算，而一个以数学为职业的工作者的数学现实则会包括希尔伯特（Hilbert）空间的算子、拓扑学以及纤维丛等. 每个学习者所经历的客观现实世界不同，他们从中所获得的数学经验、数学知识以及关于这些知识的结构也有所不同，这就造成了每个学习者数学现实的差异. 社会需要各种人才，同时人人都必须面对客观世界，面对来自日常生活、来自他所从事或将来从事的职业需要的数学知识的现实.

关于数学现实，张奠宙教授等撰文探讨了它的三个特性及内涵的四个类型：“数学现实”具有整体性、实践性、个体性特性（张奠宙和林永伟，2008）. 类型大致可分为模拟型数学现实、程序型数学现实、论证型数学现实、思想型数学现实.

数学现实是一种认知结构，体现数学知识之间的内在关联，包括已知的“知识”：数学思想方法、数学规律的把握、数学抽象能力等. 这是数学现实的整体性特性.

数学现实是从数学角度观察世界，并进行思考所获得的知识内容，因而具有很强的实践性质. 数学现实中有很大一部分是数学模型，不能把数学现实仅仅理解为形式化、逻辑化的数学内容. 数学现实与生活现实互通，学习者的生活现实可以促进数学现实的形成. 反之，学习者的数学现实能够帮助学习者进一步观察生活现象，发现其中的数学问题以及解决问题的方法，即所谓学会“数学地”思考问题. 这是数学现实的实践性特性.

学习者的数学现实，按照他所生活的环境，是一个属于学习者个性、变化的、发展的动态系统. 这是数学现实的个体性特性.

人们经常通过想象或适度抽象，人为地“创造”出一些问题模型或情境模型，这类模型既不是生活现实的原型，也不是完全形式化的数学原理，而是介于两者之间的那种数学形态，此即称为模拟型数学现实. 对于这类数学现实，学习者可以长期存留在记忆中，随时可以调用，成为推动数学问题思考的一种数学现实.

程序型数学现实指的是，数学中有相当一部分知识属于程序性的知识. 它往往表现为一些运算法则、规定以至口诀. 这些需要熟记的知识可以忘掉原型，随手拿来就运用，可以说已经化作人们的一种数学直觉. 这种程序型的"数学现实"，具有很强的真理性. 一旦新的数学知识与这些程序、规则、算法相联系，就会觉得是联系到自己已经非常熟悉而完全可以接受的现实.

数学中由概念、定理、性质、原理构成的理论框架，如果被学习者所"掌握"，因其表达精确、逻辑严密、结构完整，可称为论证型数学现实. 论证型数学现实长期以来一直被作为数学里的重点，对其进行承接式推进、阶梯式提高、螺旋式上升等处理方式在数学上已被广泛运用. 采用化归、迁移、类比、同化等手段对"数学现实"进行连续不断地"建构"已是数学教师运用娴熟、学习者也普遍接受的教学方式.

数学作为一种文化，有其深刻的思想内涵. 这些思想内容经由教师的传导和启迪，加上学习者自身的感悟，通过数学活动、逻辑思考、问题解决等一系列方式或多或少在学习者思维中得以积累而形成的数学现实，被称为思想型数学现实. 学习者的思想型数学现实有些是可以"言传"的，如"化归"思想、对应思想、分割思想等；有些却不能"言传"，只能"意会"，如数学直觉、数学灵感，但我们可以确信学习者头脑中存在这类难以用言语表达的数学思维形态. 如学习者经过几何变换的学习形成的"以运动的观点处理几何问题"这一数学观点就属于思想型数学现实，由直观的表象予以支撑. 但是，函数的极限是一个无限过程，只能存在于想象之中，成为一种意境.

因此，进行教材数学研究，是为社会培养各种不同层次的人才和根据每个学习者的数学现实而进行的数学研究.

现今，各种版本的不同风格的数学教材虽然几经编写、更新，越来越好，但由于教材编写的稳妥性、时间性和针对性，还不能及时把一些新思想、新方法、新手段包括进来，这也就要求教师根据学习者的数学现实也要进行再创造，在教材内容中引进一些新思想、新方法、新手段. 教学内容绝不同于数学研究成果的直接照搬，而是经教师再处理，对数学内容的再创造加工和对教学过程的创造性设计，每位教师的教学都会尽力把材料重新组织到自己满意为止. 在这再处理、重新组织的过程中，就是在进行教材教学研究.

数学现实，可为教材数学研究提供课题.

2. 着眼于难点

教学内容中，存在着一些传统公认的难点，如平面几何与立体几何中的有关内容、不等式证明、极限概念等．对付难点的常用办法有分散难点、推迟难点、反复强化、适当回避等手段．从教育数学的角度看，难点之难很可能是由于数学成果未能给客观世界提供好的反映，这就需要通过再创造，寻求更优的反映方式．也就是说，通过教育数学的研究，改造数学概念的表述方式，提供更便于掌握的方法，化解难点．张院士身体力行，对如上公认的一些难点进行了化解，使我们看到：古老的面积解题技巧，焕发青春，扩展成了通用的工具，而且演化为平面几何的新体系；使很多学生头痛的“ε”极限语言，被自然平易的同样严格的定义所取代；人们熟知的数学归纳法被移植到实数系，化出被古典分析大师漏掉了的“连续归纳法”，用统一的模式导出了关于实数及连续函数性质一连串定理．

数学难点，可为教材数学研究提供课题．

3．着眼于新点

着眼于新点，即着眼于新的数学知识的学习．随着数学的发展和科学技术的飞速进步，数学教育的内容和方法必然相应变化．例如，传统的初等数学，即中、小学的学生所学的数学，不过是算术、几何、代数、三角，这些都是数百年前的数学成果，而现代的初等数学，即数学教育现代化提出应当进入中学课堂的数学，包括了初等微积分、初等集合论、数理逻辑引论、向量代数初步、概率论初步和统计学初步、线性代数与矩阵论初步、算法、数学探究、数学建模、数学文化等．这么多的内容，一下子挤进中学数学的课堂，将会造成什么局面？“新数学运动”的教训记忆犹新，如何才能使学生学得更快、更好而不至于加重负担？这是教育学和数学面临的问题，是数学教育和教育数学的共同任务．这么多方面的内容如何妥善安排，和谐整合？形成一个优化系统，光靠教学法加工显然不够，还需要数学上的再创造．

着眼于新点，还需关注的是计算机正为数学的进步带来巨大的推动力量，诚如当初望远镜的出现给予天文学的推动以及显微镜的出现给予生物学的推动一样．计算机正在改变数学，数学正在成为一门“实验科学”．计算机的使用为数学教育提供了新的有效手段，因而，教师须对教学内容进行再创造以适应这种新的教学环境．计算机的使用对于发展学生的空间想象力十分有利，但直观形象具有一定的局限性．因此，教师又必须进行再创造以帮助学生从抽象的高度去对直观的图形作出适当的解释和必要的推广等．

数学新知，可为教材数学研究提供课题．

3.1.3　写好教案，就是进行教材数学研究

编写好数学教材是进行教材数学研究的主要工作．但用好教材，就要编写好的教案，这是进行教材数学研究的重要工作，也是数学教师的主要工作.

立足教材，适当创新，激发情趣，力争高效，这是写好教案的基本要求.

下面，我们以“余弦定理”为例，写出教案的片段供参考.

（1）提出议题，设置悬念.

已知三角形中一角为直角，又知两边的长度，这可运用勾股定理来求解这个三角形中的其他角或边；已知三角形一角及其对边，又知另一边或另一角，这可运用正弦定理求解这个三角形中的其他角或边．如果已知三角形的一角及夹这个角的两边，那么又用什么定理来求解这个三角形的其他边或角呢?

我们学习了正弦定理，对称地思考，有“余弦定理”吗?

（2）介绍余弦定理及其推论.

$$c^2=a^2+b^2-2ab\cos C \text{ 等三式；}$$

$$\cos C=\frac{a^2+b^2-c^2}{2ab} \text{ 等三式} \quad \text{及} \quad C=90^\circ \Leftrightarrow a^2+b^2=c^2.$$

（3）多法推证，沟通本质（下面仅证一式）.

证法1　如图3-1所示，设 $\overrightarrow{CB}=\vec{a}$　$\overrightarrow{CA}=\vec{b}$　$\overrightarrow{AB}=\vec{c}$，那么 $\vec{c}=\vec{a}-\vec{b}$．于是，

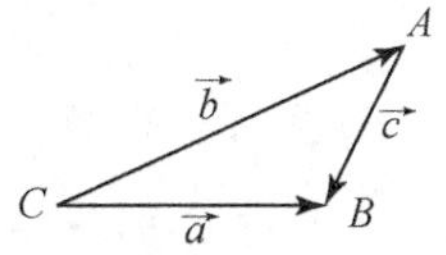

图3-1

$$c^2=\vec{c}\cdot\vec{c}=(\vec{a}-\vec{b})(\vec{a}-\vec{b})$$
$$=\vec{a}\cdot\vec{a}+\vec{b}\cdot\vec{b}-2\vec{a}\cdot\vec{b}=a^2+b^2-2ab\cos C.$$

以上证法是课本中的证法．也可以类似于正弦定理的证法，在三角形中作高线，得如下证法：

证法2　如图3-2所示，作 $CD\perp AB$ 于点 D，则 $AD=b\cos A$，$BD=\pm a\cos B$，$b\sin A=CD=a\cdot\sin B$．于是，

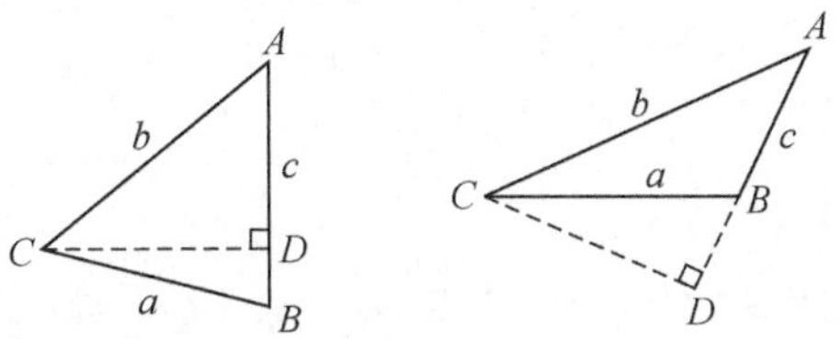

图3-2

$$
\begin{aligned}
c^2 &= AB^2 = (AD \pm BD)^2 \\
&= b^2\cos^2 A + a^2\cos^2 B \pm 2ab\cos A \cdot \cos B \\
&= b^2 + a^2 - 2a^2\sin^2 B \pm 2ab\cos A \cdot \cos B \\
&= a^2 + b^2 - 2ab\sin A \cdot \sin B \pm 2ab\cos A \cdot \cos B \\
&= a^2 + b^2 - 2ab\cos C.
\end{aligned}
$$

注意到解析几何中的两点间的距离公式，有如下证法：

证法 3 如图 3-3 所示，以 C 为圆心，分别以 $CB=a$，$CA=b$ 为半径作两个同心圆，则 $B(a\cos\alpha, a\sin\alpha)$ 或 $B(a, 0)$，$A(b\cos(\alpha+C), b\sin(\alpha+C))$，或 $A(b\cos C, b\sin C)$. 由两点间距离公式，即求得

$$c^2 = AB^2 = a^2 + b^2 - 2ab\cos C.$$

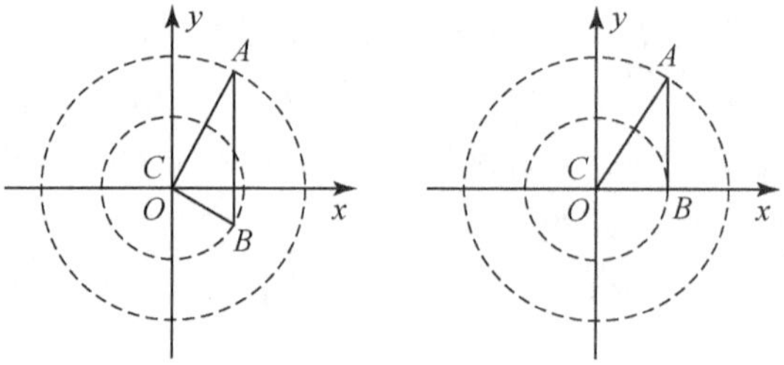

图 3-3

以下的证法可视学生的接受程度作安排或作为课后练习或思考.

证法 4 如图 3-4 所示. 作 $BD \perp AC$ 于点 D. 由勾股定理，有

$$
\begin{aligned}
c^2 &= AB^2 = BD^2 + AD^2 = (BC^2 - CD^2) + AD^2 \\
&= BC^2 + (CD^2 + AD^2 \mp 2CD \cdot AD) - 2CD^2 \pm 2CD \cdot AD \\
&= BC^2 + AC^2 - 2CD(CD \pm AD) = BC^2 + AC^2 \mp 2CD \cdot AC \qquad (*) \\
&= BC^2 + AC^2 - 2BC \cdot AC \cdot \cos C = a^2 + b^2 - 2ab \cdot \cos C.
\end{aligned}
$$

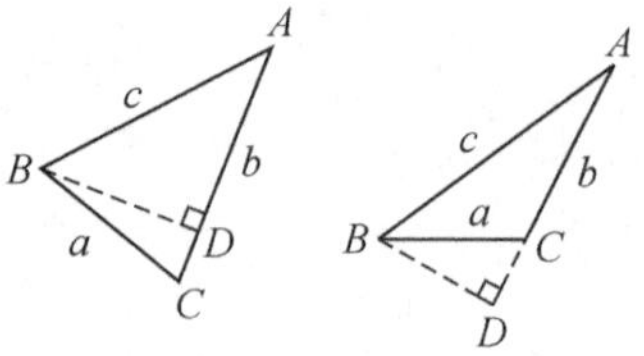

图 3-4

注 （*）式 $AB^2 = BC^2 + AC^2 \mp 2CD \cdot AC = BC^2 + AC^2 - 2\overrightarrow{CD} \cdot \overrightarrow{CA}$ 称为广勾股定理，是勾股定理的一种推广. 它的变形就是余弦定理.

证法5　由正弦定理有 $\frac{a}{\sin A}=\frac{b}{\sin B}=\frac{c}{\sin C}=k$，则

$$a^2+b^2-2ab\cos C=k^2\sin^2A+k^2\sin^2B-2k^2\cdot\sin A\cdot\sin B\cdot\cos C$$
$$=k^2\left(\frac{1-\cos2A}{2}+\frac{1-\cos2B}{2}-2\sin A\cdot\sin B\cdot\cos C\right)$$
$$=k^2[1-\cos(A+B)\cdot\cos(A-B)-2\sin A\cdot\sin B\cdot\cos C]$$
$$=k^2[1+\cos C\cdot\cos(A+B)]$$
$$=k^2(1-\cos^2C)=k^2\cdot\sin^2C=c^2.$$

注　在上述证法中可得到

$$\sin^2A+\sin^2B-2\sin A\cdot\sin B\cdot\cos C=\sin^2C.\qquad(*)$$

证法6　如图3-5所示，在$\triangle ABC$中不妨设$\angle C\geqslant90°$（对于锐角C可同样讨论）.

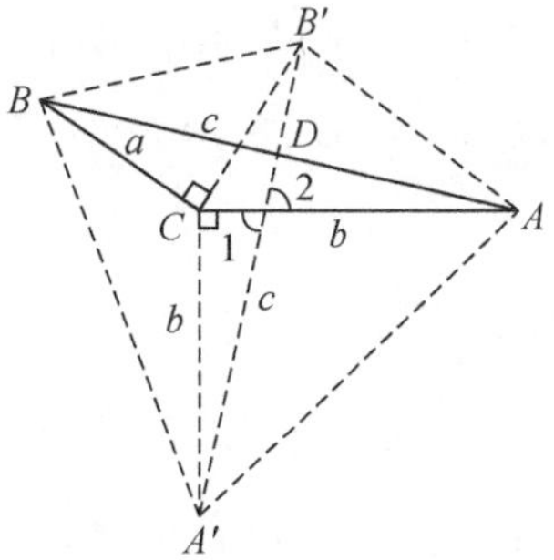

图3-5

将$\triangle ABC$绕顶点C顺时针方向旋转90°得到$\triangle A'B'C$，注意到$\angle BCB'=90°$，$\angle ACA'=90°$，$\angle A'=\angle A$，$\angle1=\angle2$，则AB与$A'B'$相交成90°，交点设为D，且$A'B'=AB=c$．于是，

$$S_{\triangle BA'B'}+S_{\triangle AB'A'}=S_{\text{四边形}A'AB'B}$$
$$=S_{\triangle BCB'}+S_{\triangle ACA'}+S_{\triangle BCA'}+S_{\triangle ACB'}.$$

即

$$\frac{1}{2}c\cdot BD+\frac{1}{2}c\cdot AD=\frac{1}{2}a^2+\frac{1}{2}b^2+\frac{1}{2}ab\cdot\sin[180°-(C-90°)]$$
$$+\frac{1}{2}ab\cdot\sin(C-90°).$$

故

$$c^2=a^2+b^2-2ab\cdot\cos C.$$

（4）巩固学习，掌握定理.

以下列问题作为例题或练习题：

问题1　在$\triangle ABC$中，$\angle C=60°$（$\angle C=120°$），则角A、B、C所对的边a、b、c之间有什么关系？

问题2　（课本例题）

问题3　$\triangle ABC$的内角A、B、C所对的边分别为a、b、c，若$\angle B=60°$，求$\frac{a}{b+c}+\frac{c}{a+b}$的值.

问题4　求$\sin^240°+\sin^280°-\sin40°\cdot\sin80°$的值.

这个片段，从学生的数学学习现实出发，进行教案编写并适当创新，揭

示数学精髓，来达到激发学生的学习情趣；进行“知”、“行”建构，渗透数学思想方法，优化思维品质来落实课堂教学效果.

3.2　数学竞赛开展好，竞赛数学是功臣

据说古希腊数学家帕普斯是丢番图最得意的一个学生，他很小的时候就跟随丢番图学习数学. 有一天，他向老师丢番图请教一个问题：

“有四个数，把其中每三个相加，其和分别为22，24，27和20，求这四个数.”

这个问题看起来简单，但具体做起来并不简单：按常规思维求解，有四个未知数，设四个字母，列出四个方程，得到一个四元一次方程组：

$$\begin{cases} x+y+z=22, \\ x+y+u=24, \\ x+z+u=27, \\ y+z+u=20. \end{cases}$$

运用常规的消元法求解还是比较麻烦的. 帕普斯带着这个问题去请教丢番图，有没有什么巧妙的方法解答这个问题. 丢番图哈哈大笑. 回答说：“有，有!”随即给帕普斯讲了一个简单解法：设四个未知数之和为 w，于是，这四个数就分别为 w 减去其余三个之和，即分别为 $w-22$，$w-24$，$w-27$，$w-20$. 于是得 $w=(w-22)+(w-24)+(w-27)+(w-20)$，求得 $w=31$. 从而这四个数分别为9，7，4，11.

丢番图的解法，实际上就是从反面着手. 采用“正难则反”的思考方式求解. 其实，得到方程组后只要多思考一下，将四元一次方程组中的4个方程相加，便得 $x+y+z+u=31$，由这个式子依次与4个方程相减便可求得结果. 这也就正如美国著名数学家和教育家G. 波利亚所说的：“一个有意义的题目的求解，为解此题所花的努力和由此得到的见解，可以打开通向一门新的科学，甚至通向一个科学新纪元的门户.”

丢番图的解答使帕普斯非常佩服，深受启发，这也使他从此坚定了毕生从事数学研究的志向，后来成了一位著名的数学家.

学数学需要解题，早期的数学著作像古巴比伦的泥板文书、古埃及的草纸书、中国的《九章算术》等，均无一例外地用问题及其解决的形式记录人们研究数学的成果. 进行解题比赛的活动也由来已久，古希腊有解几何难题比赛的记载；16世纪，有意大利塔尔塔利亚（Tartaglia）求解三次方程的激

烈竞争；17 世纪，有不少数学家喜欢提出一些问题向其他数学家挑战，如法国的费马（Fermat）提出的费马大定理，向人类的智慧挑战了三百多年；18 世纪，法国曾经进行过独立的数学比赛；19 世纪，法国科学院以悬赏的方式征求对数学难题的解答，常常获得一些重要的数学发现，数学王子高斯（Gauss）就是比赛的优胜者．解难题的比赛在数学的发展史上，留下了光辉的一页．

公开的解题竞赛无疑会引起数学家的注意和激发更多人的兴趣．随着学校教育的发展，数学教育工作者开始考虑在中学生中间举办解数学难题的竞赛，以激发中学生对数学的兴趣和及早发现有数学才能的学生．1894 年，匈牙利数学界为了纪念著名数学家、匈牙利数学会主席埃特沃斯（von Etövös）荣任匈牙利教育部部长而开了中学生数学竞赛之先河．匈牙利的数学竞赛造就了一批与其国土面积和人口数量都不成比例的数学大师，在早期的优胜者中，有大名鼎鼎的费耶（Fejér）、冯·卡门（von Kármán）、柯尼希（König）、哈尔（Haar）、里斯（Riesz）、塞格（Szegö）、拉多（Radó）……这些大师的纷纷登台，引起了欧洲和其他国家的强烈兴趣．分别于 20 世纪初叶至中叶，争相仿效．于是，第一届国际数学竞赛（IMO）1959 年 7 月在罗马尼亚拉开了帷幕．

数学竞赛逐渐成为国际公认的教育活动，从小学、中学到大学，参赛人数之多，范围之广，试题难度之高等均绝不比体育奥运会逊色．体育奥林匹克运动会是青年体能的竞赛，数学解题比赛与体育奥林匹克相类似，它是青少年智能的竞赛．智能和体能都是创造人类文明的必要条件．随着中学生数学竞赛活动的迅猛发展，苏联人首创了“数学奥林匹克”这个名词．我国著名数学家王元院士指出：“随着数学竞赛的发展，已逐渐形成一门特殊的数学学科——竞赛数学，也可称为奥林匹克数学．”

3.2.1　竞赛数学的体系特点

竞赛数学是基础性的综合数学（沈文选，2003）．中学数学竞赛根植于中学数学，锤炼了中学数学的重要内容，许多竞赛题目与中学数学课本中的例题、习题有一定的联系，有的甚至是课本例题、习题的直接延伸、发展和变化．数学竞赛中的每道试题虽然都有一定难度，但中学数学却是它的基础．基础不等于简单，也就是说保持了中学数学的精华和基本的数学思想方法，亦即从某个侧面反映了以现代数学为背景的中学数学或中学生所能接受的基本概念、基本原理、基本方法和基本应用．当然，中学数学的内容也随时代而变，20 世纪 60 年代增加了平面解析几何，80 年代增加了微积分初步，90 年代增加了概率统计初步，现在又增加了简单的逻辑知识、向量、矩阵等内容.

今天的竞赛数学也走上了从中学传统内容到现代数学前沿的道路，以传统的初等数学内容为起点，逐步挖掘传统内容的精华并加以改造，注入新的表现形式，用新的数学思想和方法重新处理，逐步增加现代数学内容，渗透现代数学的思想和观点，并且使所涉及的问题大多可用较初等的方法解决. 它服务于培养数学竞赛选手及教练，服务并服从于数学竞赛的发展. 它是一种大学数学的深刻思想与中学数学的精妙技巧相结合的基础性综合数学.

竞赛数学是发展性的教育实验数学. 数学竞赛教育从某种意义上说是一种数学教育实验，它对中学数学教育的改革产生巨大影响. 通过竞赛，一些新的数学知识逐步普及，在这个普及过程中许多现代数学的新思想、新方法、新内容，不断地影响中学数学，从而促进中学数学课程的改革. 当然，由于竞赛数学不是正规的数学教学改革，但由于它的内容不断更新、不断发展，它要求解题者具有相当的数学基本素质和训练技巧，它鼓励人们的探索精神和创造毅力，它把学生的数学思想引向深化，从而有助于提高学生的观察问题、分析问题和解决问题的能力，这与中学数学教育改革的任务是完全一致的.

从如上的角度看，数学竞赛可以看成是数学教育的“泵”，许多的数学现代知识，数学思想和数学方法. 通过竞赛，逐渐为师生所吸收消化，得以渗透和传播，进而普及和发展. 数学竞赛是数学教育改革的“试验区”，现代数学知识、思想、方法技巧得以筛选、过滤、简化，以决定取舍，这就为现代数学知识的传播和普及提供了科学的测度，也为中学数学知识的更新架设了桥梁.

竞赛数学是创造性的问题数学. 竞赛数学通过一道道千姿百态的问题和机智巧妙的解法，横跨传统数学与现代数学的各个领域，人们常以“内部生成”（即剖析已有问题，做出实质性改造、推广或迁移）和“外部嵌入”（即将较高层次的数学研究成果，经过加工创造而成）的创造方式命制出竞赛试题. 这试题也包含了传统数学的精华——数学历史上的著名问题，这是历代数学大师的光辉杰作，是人类文明的宝贵财富. 试题以别致、独创的构思，新颖奇巧的方法和精美、漂亮的结论，使人们赏心悦目，它们作为竞赛数学的辉煌成果、人类智慧结晶的宝贵财富留存在数学竞赛发展史上.

竞赛数学是富于挑战性的活数学. 由于众多的数学家直接参与数学竞赛活动，同时更由于竞赛本身的机制，竞赛数学具有很大的开放性、发展性和挑战性．现代数学某些分支的发展，往往很快影响到竞赛数学的发展．例如，组合几何这一既古老又新颖的分支在20世纪70年代后发展很快，形成了绚丽多彩的理论．在数学竞赛中，这类问题也逐渐受到重视．因此，竞赛数学的发展也体现了数学的发展．单墫教授说过：竞赛数学是活的数学，它不断地吐故纳新．如果比较一下早期的赛题与近些年的赛题，就会发现两者有很大的不同，内容的深度、广度，题目的难度，都有了显著的变化，近些年的试题大多没有固定的模式可套，它要求学生自己探索、尝试，通过观察、思考、发现规律，找到解决问题的途径．仅仅学习一些解题技巧是不够的，只有那些有较强的数学直觉，对数学的理解比其他人高出一筹的学生才有希望夺取桂冠．

数学的学科特点及人才成长的规律，使得人们对早期未定型人才的培养和选拔，往往不以掌握知识的多少为尺度，而是注重数学才能的表现．竞赛试题的高难挑战性，要求解题者能力之高是公认的．挑战性的另一表现就是不允许参赛者有丝毫的疏漏，必须按照数学所具有的严谨性，丝丝入扣地解决问题．挑战性并不意味着人为地增加难度，而表现在解题时需要有一个深入分析和探索的过程，这就要恰当地运用各种发现解题过程的探索方法．由于挑战性，它给广大青少年数学爱好者提供了一个开动脑筋、积极探索、大胆猜想、寻求解决问题方法的进行创造性思维的实践机会．通过这种实践活动，必定能提高他们的数学才能．

3.2.2 竞赛数学的主要内容

深入研究IMO所涉及的内容可知，目前已基本稳定在代数（数列、不等式、多项式、函数方程等）、几何、数论、组合等方面．我国的全国高中数学联赛加试的4个题目，一般地，一个平面几何题、一个代数题、一个数论题、一个组合题．另外，注意到竞赛数学内容的两个方面．一方面如单墫教授所提出的："'数学竞赛是才智的角逐'．因此，一些有固定路线可以遵循的问题（如解一元二次方程）不属于数学竞赛，竞赛需要的是'巧'，是出奇制胜的'野路子'，竞赛促进中学数学加强薄弱环节，而每当一种方法越来越多地为中学教师与学生所掌握，它也就完成了自己的历史使命，脱离了竞赛数学，成为中学数学的一个部分．"另一方面如王元院士所指出的："将高等数学下放到初等数学中去，用初等数学的语言来表达高等数学的问题，并用初等数学的方法来解决这些问题，这就是竞赛数学的任务.”因此，竞赛数学吸收了能用初等语言表述，并能用初等方法解决的高等数学中的某些问题. 这里的问题，甚至解法的背景往往来源于某些高等数学领域，渗透了高等数学中的某些内容、思想和方法，但竞赛数学又不同于这些数学领域. 另外，基础数学往往追求证明一些概括广泛的定理，而竞赛数学恰恰追求一些特殊的问题. 通常，基础数学追求建立一般的理论和方法，而竞赛数学则追求用特殊的方法来解决特殊问题，而不需要高深的数学工具，这些问题往往可以从思考角度、理解方法和解题思路方面获得一种广义的认识.

3.2.3 竞赛数学的问题特征

竞赛数学形成于数学竞赛活动，在这样的背景中形成的竞赛数学的知识形态是很特殊的，它没有完整的知识体系和严密的逻辑结构，但又具有相对稳定的内容，通过问题和解题将许多具有创造性、灵活性、探索性和趣味性的知识、方法综合在一起，这就决定了这门学科的主要研究对象是数学竞赛命题与解题的规律和艺术，并且有不同于其他数学学科的许多特点. 根据竞赛数学的体系特点，数学竞赛试题的命制应遵循科学性、新颖性、选拔性、能力性、界定性等原则. 因而，数学竞赛的题目风格迥异，各具特色，涉及知识领域宽阔，思维方法新颖. 认识试题的这些主要特征，可以为我们在数学竞赛教育中科学实施教学方略指明方向. 竞赛数学的问题有如下特征：

竞技性和艺趣性. 很多竞赛试题把现代数学的内容与趣味性的陈述、独创性的技巧有机结合起来，充分展示问题的统一美、简单美、对称美与奇异美，展示艺术的构造或构造的艺术，竞赛试题常常又以其题型美、知识面广、解法灵活、技巧强、难度大来体现竞技性. 这种竞技性，还通过一个个千姿百态的问题和机智巧妙的解法，横跨传统数学与现代数学的各个领域，它与代数、几何、数论、组合、中学数学、趣味数学等保持着密切而自然的联系，但又不同于这些学科系统的专门研究，它可以随时吸收有趣味的、更有灵活性和创造性而又能为参赛者所接受的问题，而不受研究对象的限制，因此这门学科比其他学科的内容更为广泛，更有艺趣.

竞赛数学包含了传统数学的精华. 数学历史上的著名问题，是历代数学大师的光辉杰作，是人类文明的宝贵财富，它们以别致、独到的构思，新颖、奇巧的方法和精美、漂亮的结论使人们流连忘返. 由于种种原因，今天学校的课堂教学，没能提供机会让青少年接触这笔宝贵的数学遗产，而竞赛数学继承和发扬了这笔丰富的遗产，这既说明了那些传统名题的价值，又说明了竞赛数学的艺趣性．在竞赛活动中，欣赏先辈们留下的璀璨夺目、光彩耀人的明珠以体验其艺趣．

新颖性和挑战性．竞赛题中有不少称为“适应性”的新颖试题，这种题往往是新定义一个概念：如新定义一个函数、一个集合、一个数列、一类数；或新定义一种符号、一种运算法则或者给出处理问题的规则和要求等，然后要求参赛者按新给的定义解题，或者设计出方案或给出实施方法．这类题的共同特点就是“新”，以“新”体现挑战，从“新”中检验思想敏锐、肯于钻研、具有创新精神的一代新人．这类题是挑战参赛者接受新事物、适应新情况的能力的．

竞赛中的很多问题还渗透了现代数学思想，具有丰富的现代数学背景，体现了现代数学研究的热点，命题的新颖性由此可见一斑．不仅如此，在数学研究的前沿，还会有这样的有趣问题——它们可以用初等方法解决．这样也就产生了新颖的试题，这是“题海”的“源头活水”．另外，命题者为了尽量保持竞赛的公平与挑战性，就要避免陈题的出现，就必须挖空心思地创作出新颖的题目．

开放性和创造性．为了考查参赛者的探究能力，某些试题呈现出各种情形的开放性，如只给出条件，而结论隐而未白，或指出一个探索方向和范围，结论需自己探究后作出判断等．求解这类题，仿佛攀登一座从未有人爬过的山，没有路，也没有向导，需要用自己的智慧和勇敢去开拓出一条路来．在解答中需要有更多的独立思考与探求，要求对结论作出大胆合理的猜想，在解题方法上能出奇制胜、别出心裁．有时还要善于剖析实例，发现结论；善于寻找反例，否定结论；善于合情推理，想象结论；善于运用原理，探索结论；善于辩证思维，发展结论等．数学竞赛试题大多风格迥异，各具特色，解答这些试题尽管有一些使用频率较大的方法、技巧，但仅靠这些是远远不够的，在大多数情况下需要的是思维的开放，是异乎寻常的“野路子”，是直觉力、洞察力和创造力的综合运用．

背景性和探索性．竞赛题的很多题材，凝结了不少优秀数学家的心血和智慧，是某些高等数学或前沿领域的问题、方法通过“初等,”、“特殊化”、“具体化”等移植而来，而且调动和活化了初等数学中很多潜在的知识、方法、原理，有重要的背景．一方面，有些问题本身源于数学研究，是数学家潜心研究精心制作的产物．这些精彩的题目以及参赛者们的创造性解法，是一份极为宝贵的财富；另一方面，有的问题由于它深刻和广阔的背景，其本身就具有启示性、方向性和开拓性，往往为初等数学研究提出新课题，开拓新领域，提供有力的方法和工具．更何况，对问题的认识也不可能一次彻底完成，一些问题也不可能解决得十全十美的，总剩下一些工作可做，让有兴趣的人去探索．

竞赛数学的这些不同于其他数学学科的特征，不仅体现了数学英才追求的培养目标，而且是为培养数学英才来对数学材料或成果进行再创造而形成的学科的特点．因此，有理由说，竞赛数学是培养数学英才的教育数学．

在数学教育改革中，特别是当前的课程改革中，“以学生发展为本”已形成大家的共识．这就是说，对数学学科有特殊兴趣或具有特殊天赋的学生，应当使他们有进一步发展的空间；发展英才教育是我国现代化建设的需要．我们正处在高科技迅猛发展的时代，人才的竞争十分激烈，而人才竞争的焦点是顶尖人才的竞争，竞赛数学内容的学习对顶尖人才的培养具有重要意义．

从这一点上说，进行竞赛数学研究不仅是时代的要求，而且是非常现实的工作．

3.2.4 探讨研究竞赛数学的着眼点

命制数学竞赛试题是竞赛数学的中心环节，这样的试题对数学竞赛活动的开展带有指导作用，试题命制的好坏是数学竞赛成败的关键．正如数学大师华罗庚教授所指出的：“出题比做题更难，题目要出得妙，出得好，要测得出水平．”

从哪些领域命制数学竞赛试题呢？多年的实践告诉我们，这可从如下四个领域着眼：教材数学、趣味数学、生活数学、高等数学．

1. 着眼于教材数学

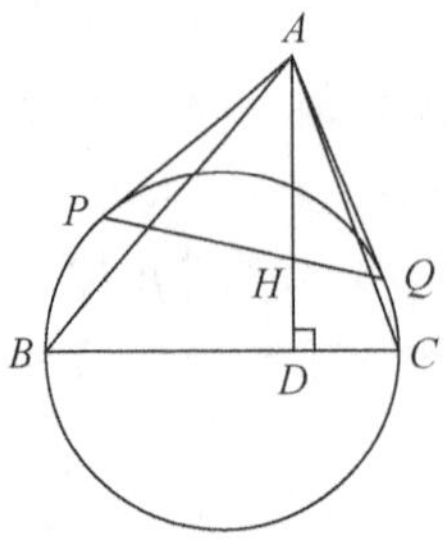

图 3-6

数学竞赛中的每道试题虽然都有一定难度，但中学数学是它的基础．特别是较低层次的竞赛，试题大多是与中学教材紧密结合、带有一点思维量的问题．较高层次的竞赛大多也是从教材数学出发，演绎深化、推广改造来创设出新颖的数学竞赛试题．

【例 1】 1996 年中国数学奥林匹克的一道平面几何题．

题目 如图 3-6 所示，设 H 是锐角 $\triangle ABC$ 的垂

心，由 A 向以 BC 为直径的圆作切线 AP、AQ，切点分别为 P、Q. 求证：P、H、Q 三点共线.

罗增儒教授提供的这道题目是源于解析几何中的一个熟知结论（罗增儒，2001）：

结论1 设点 $A(a, b)$ 是圆 $x^2+y^2=R^2$ 外一点，过 A 作圆的切线 AP、AQ，则直线 PQ 的方程为

$$ax+by=R^2. \tag{3-1}$$

这个结论的证明挺有趣.

证明 如图3-7所示，有 $B(-R, 0)$，$C(R, 0)$.

一方面，点 P、Q 在圆 $x^2+y^2=R^2$ 上；另一方面，点 P、Q 又在以 OA 为直径的圆 $x^2-ax+y^2-by=0$ 上.

两圆方程相减（曲线系的思想），便得过两圆交点 P、Q 的直线方程

$$ax+by=R^2.$$

即直线 PQ 的方程.

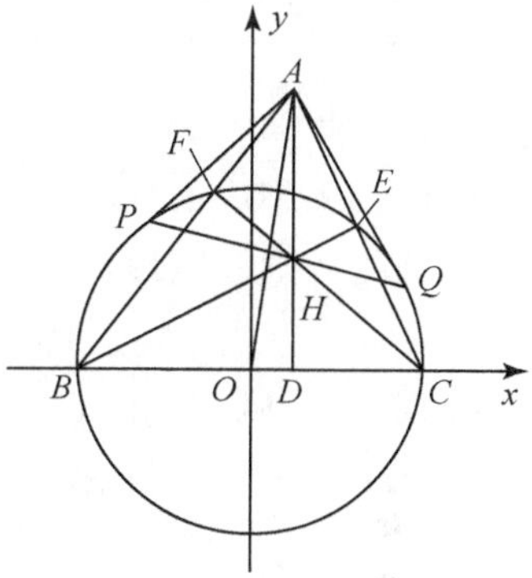

图3-7

在这个结论的基础上，可进一步看到有一个 $\triangle ABC$（$\angle A$ 必为锐角），如图3-7所示，当作出高线 AD 时，必与直线 PQ 相交，记交点为 H. 再观察 H 的位置特征时发现，$BH\perp AC$，$CH\perp AB$，这就得到了 H 应为垂心. 从而有

结论2 设点 $A(a, b)$ 是圆 $x^2+y^2=R^2$ 外一点，B、C 为圆与 x 轴的交点，连接 AB、AC 顺次交圆于点 F、E. 过 A 作圆的切线 AP、AQ，则 PQ、BE、CF 三线共点.

证明 如图3-7所示，由结论1知直线 PQ 的方程为

$$ax+by=R^2.$$

又由于 $BE\perp AC$，$CF\perp AB$，于是，直线 BE、CF 的方程分别为

$$(a-R)(x+R)+by=0,\ (a+R)(x-R)+by=0.$$

即

$$(a-R)x+by=R^2-aR,\ (a+R)x+by=R^2+aR.$$

相加得过 BE、CF 交点（垂心 H）的直线方程

$$ax+by=R^2.$$

这正是直线 PQ 的方程. 故直线 PQ、BE、CF 三线共点（垂心 H）.

这就得到一道解析几何题，并且把圆改为椭圆也成立. 但作为数学竞赛

题挑战性情境稍显不足，从而转换呈现方式，移植为综合几何题，即为 1996 年的中国数学奥林匹克题.

为了保证点 A 在圆外，$\angle A$ 应为锐角．而 $\angle B$、$\angle C$ 中有直角时，结论显然；$\angle B$、$\angle C$ 中有锐角时，证法类似．为了阅卷方便，只证锐角三角形.

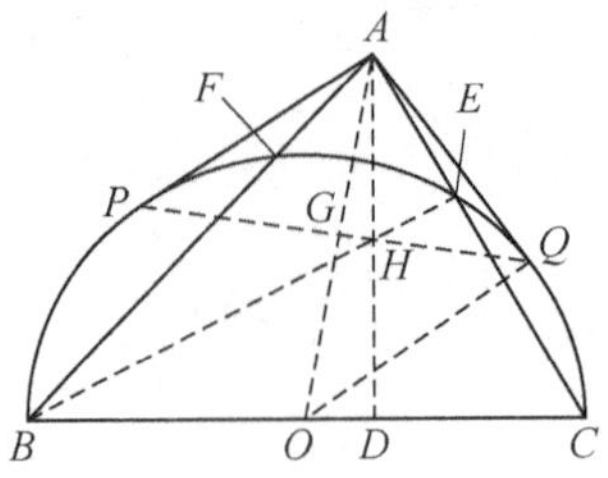

图 3-8

下面给出前面试题的证明.

证明 如图 3-8 所示，设 BC 的中点为 O，连接 AO、PQ 相交于点 G．则有

$$PQ \perp AO. \tag{3-2}$$

设直线 AH 交 BC 于 D，直线 BH 交 AC 于 E，则 AD、BE 为 $\triangle ABC$ 的两条高线，点 E 必在半圆上．于是，有

$$\angle HEC = 90° = \angle HDC.$$

从而，H、D、C、E 四点共圆.

据圆的切割线定理得

$$AQ^2 = AE \cdot AC = AH \cdot AD. \tag{3-3}$$

连接 OQ，则 $OQ \perp AQ$.

在 Rt$\triangle AOQ$ 中，由射影定理有

$$AQ^2 = AG \cdot AO. \tag{3-4}$$

由式（3-3）与式（3-4）得

$$AG \cdot AO = AH \cdot AD.$$

于是，G、O、D、H 四点共圆．连接 HG，由 $\angle HDO = 90°$，得 $\angle HGO = 90°$．故

$$HG \perp AO. \tag{3-5}$$

由于过 AO 上一点 G 的垂线是唯一的，由式（3-2）、式（3-5）知 GH 与 PQ 重合.

因此，P、H、Q 三点共线.

2. 着眼于趣味数学

趣味数学是激发青少年对数学产生浓厚兴趣的领域之一．张奠宙教授曾撰文倡议：为青少年构建符合时代需求的数学常识，享受充满数学智慧的精彩人生．在数学竞赛活动中，竞赛试题的艺趣性也是值得特别关注的.

【例 2】 看下面的算式：

神舟×神舟六号飞=六号飞天神舟，

相同的汉字代表相同的数字，不同的汉字代表不同的数字，而且已知“六”=6，那么“神”+“舟”+“六”+“号”+“飞”+“天”=（　　）.

A. 18　　B. 20　　C. 27　　D. 30

这是第 17 届“五羊杯”初中数学竞赛的初一试题，是一道与数论有关的趣味数学问题.

解　注意到“飞”×“舟”的个位数字是“舟”，只有“飞”=1 或 6. 但已有“六”=6，所以“飞”=1. 代入易化简得

$$\overline{\text{神舟}}\times\overline{\text{神舟}6\text{号}}=\overline{6\text{号飞天}00}.$$

设“神舟”$=x$，则因 $27\times27=729$，“舟”$\neq6$，$24\times2469=59256$，知只有 $x=25$. 代入易得“号”=4，“天”=0.

题设算式为

$$25\times25\ 641=641\ 025.$$

从而“神”+“舟”+“六”+“号”+“飞”+“天”$=2+5+6+4+1+0=18$. 故选 A.

3. 着眼于生活数学

人类生存的每时每刻都要和数学打交道，在生活中，在生产中，在社会生活的各个领域里，都在运用着数学的概念、法则和结论. 所有衣食住行，三百六十行，几乎没有一行不和数学有关. 由于对早期未定型人才的培养和选拔，往往不以掌握数学知识的多少为尺度，而是注重数学思维的表现. 因而在数学竞赛活动中，以生活数学为背景的试题受到人们的青睐.

【例 3】　$n(n\geqslant2)$ 名乒乓球选手参加一次单打循环赛（即每两个都赛一场，每场都有胜负），赛后确定优秀选手. 对于选手 A 和 B，若有 A 胜 B 或 A 间接胜 B（即存在 C，使得 A 胜 C 且 C 胜 B），则称 A 优于 B. 若 A 优于其他所有选手，则称 A 为优秀选手. 求证：优秀选手一定存在.

此题为 1945 年匈牙利数学奥林匹克题.

这是一道日常生活中关于体育比赛的问题，它令人印象深刻，这不仅仅在于题目是生活中的问题，还在于它有一个独特的证明方法.

证明　赛后，让所有参赛选手在休息室休息. 然后，任意指定一名选手 A_1，让 A_1 连同他的所有手下败将（即被 A_1 战胜的选手）全部退出休息室. 在此之后，如果休息室里不再有选手了，则 A_1 就是优秀选手. 否则，休息室里还有一些选手. 在这些选手里再任意指定一名选手 A_2，再让 A_2 连同他的所有手下败将都退出休息室. 于是，或者 A_2 为优秀选手，或者休息室中

还有一些选手．继续这个过程．因为全部选手为有限多个．所以，这样进行若干次后，必有 A_m 及其手下败将退出休息室之后，其中空无一人．这样一来，A_m 为优秀选手．

实际上，最后与 A_m 一起退出的人都负于 A_m，而先前退出的 $m-1$ 组的领头人 A_1，A_2，…，A_{m-1} 均未能带走 A_m，即都负于 A_m．而被 A_1，A_2，…，A_{m-1} 带走的选手显然都被 A_m 间接战胜．所以，A_m 为优秀选手．

1987 年中国数学奥林匹克，也出了一道如下的优秀选手问题，可以看成是例 3 的延续．

【例 4】 在例 3 的条件下，若优秀选手只有一人，则他必胜其他所有选手．

证明 赛后，让所有选手在休息室中休息．若 A 是唯一的优秀选手，则让 A 带领他所有的手下败将退出休息室．如果休息室里仍有一些选手，则如例 3 那样，又可在若干次分批退出后断定最后一批退出的选手的领头人必是优秀选手，显然异于 A．矛盾．因此，在 A 与其手下败将全部退出之后，休息室中不能再有其他选手，即 A 全胜其他所有选手．

4. 着眼于高等数学

将高等数学中的一些命题作通俗化处理，即不改变命题中对象之间关系结构的实质（每一个数学命题都是一种关系结构），而将抽象、晦涩的数学名词术语用恰当、风趣的生活用语（如游戏、通信、握手、相识、染色、球赛、跳舞、座位等）或通俗易懂的初等数学用语所代替，这样就将“冷若冰霜”、抽象高深的数学命题变形为“生动活泼”、简明具体的竞赛试题．这种通俗化的工作反映了数学的普及过程．

1992 年北欧数学竞赛中有一道题是关于不可约多项式的．

【例 5】 设 n 为大于 1 的正整数，a_1，a_2，…，a_n 为 n 个相异的整数．证明：多项式

$$f(x)=(x-a_1)(x-a_2)\cdots(x-a_n)-1$$

不能被任一次数为正且小于 n 的最高次项系数为 1 的整系数多项式整除．

证明 只需证明多项式 $f(x)$ 不能分解为两个次数大于零的整系数多项式之积．

假设 $f(x)$ 有一个真因式 $g(x)\in\mathbf{Z}[x]$（所有最高次项系数为 1 的整系数多项式的全体），则

$$f(x)=g(x)h(x),\quad h(x)\in\mathbf{Z}[x]$$

且 $h(x)$ 的次数介于 0 和 n 之间.

显然，若 x 为整数，则 $g(x)$、$h(x)$ 也为整数.

因为 $g(a_i)h(a_i)=-1$，所以

$$g(a_i)+h(a_i)=0,\quad i=1,2,\cdots,n.$$

因此，$g(x)+h(x)$ 有 n 个不同的根，这与 $g(x)+h(x)$ 的次数小于 n 矛盾.

故命题得证.

这是一个具有悠久历史，且背景深刻的问题，即著名的舒尔（Schur）问题.

【例 6】（第 19 届 IMO 预选题） 一次聚会有 n 个人参加，每个人恰好有 3 个朋友，他们围着圆桌坐下. 如果每个人的两旁都有朋友，这种坐法便称为完善的. 证明：如果有一种完善的坐法，则必定还有另一种完善的坐法，它不能由前一种经过旋转或对称而得到.

证明 如果把人看成"点"，并且在每两个朋友之间连一条线，那么就得到一个图. 这个图的每个顶点都引出 3 条线，此为三正则图. 所谓完善的坐法就是图中的一个哈密顿（Hamilton）圈.

这个题目就是图论中关于三正则图的定理——"三正则图如果有哈密顿圈，那么它必有另一个哈密顿圈"的通俗化.

3.2.5 平面几何竞赛题的命制途径探寻

数学竞赛中的平面几何试题以平面图形为载体，或通过几何元素之间的特殊关系展示出优美的图形，或通过特殊的图形展示几何元素之间的优美性质. 平面几何试题总离不开图形或图形的性质，命制时可采用如下途径：基于基本图形，深入挖掘性质；立足基本性质，巧妙构造图形. 下面以含 60° 内角的三角形为例说明之（沈文选，2005a）.

含有 60°内角的三角形是一类特殊的三角形，有许多有趣的性质，其中有一条非常独特的性质，这里记其为性质 1.

性质 1 在 $\triangle ABC$ 中，$\angle BAC=60°$，I，O，H 分别为 $\triangle ABC$ 的内心、外心和垂心，则 B，I，O，H，C 五点共圆（或 I，O，H 中的任意两点与 B，C 四点共圆）.

证明 由 $\angle BAC=60°$ 知，$\angle BOC=2\angle BAC=120°$，$\angle BIC=90°+\frac{1}{2}\angle BAC=120°$，$\angle BHC=180°-\angle BAC=120°$，故 $\angle BOC=\angle BIC=\angle BHC$，$B$，$I$，$O$，$H$，$C$ 五点共圆.

性质 1 的逆命题也成立.

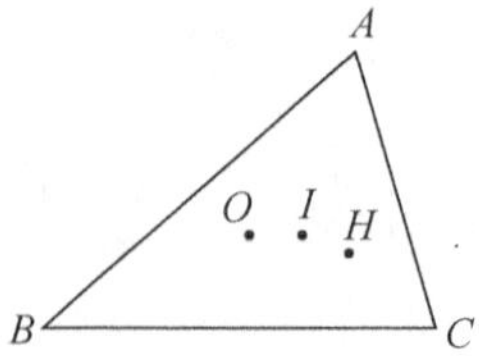

图 3-9

很明显，当$\triangle ABC$为直角三角形时，O，H在三角形的边界上；当$\triangle ABC$为钝角三角形时，O，H在三角形的外部；当$\triangle ABC$为锐角三角形时，I，O，H均在三角形内部，如图 3-9 所示. 但当$\triangle ABC$为等边三角形时，I，O，H三点重合. 因此，这里所讨论的对象主要是含有$60°$内角的锐角三角形（不等边）.

性质 1 是一条基本性质，包含了一个基本图形（图 3-9）. 下面以含有$60°$内角的三角形的这条性质为基础，看一些平面几何试题的命制.

1. 基于基本图形，深入挖掘性质

（1）基于基本图形，挖掘基本性质

以性质 1 为基础，逐步挖掘含有$60°$内角的三角形的与内心、外心和垂心有关的其他基本性质，为深入挖掘图形性质做好准备.

在图 3-9 中，作$\triangle ABC$的外接圆，如图 3-10 所示，连接AH，BH与对边BC，AC分别交于点D，E，过O作$OF\perp AB$于F，连接OA. 由$\angle BAC=60°$知$AE=\frac{1}{2}AB$，而$OF\perp AB$，故$AF=\frac{1}{2}AB=AE$，$\angle AOF=\frac{1}{2}\angle AOB=\angle ACB$；又由$C$，$E$，$H$，$D$四点共圆知$\angle AHE=\angle ACB=\angle AOF$，故$\mathrm{Rt}\triangle AOF\cong\mathrm{Rt}\triangle AHE$，从而$AO=AH$（也可以通过公式$AH=2R\cos\angle A=2R\cdot\cos 60°=R=AO$得到）.

这也是一个重要的基本性质，不妨记为性质 2.

性质 2 在$\triangle ABC$中，$\angle BAC=60°$，O，H分别为$\triangle ABC$的外心和垂心，则$AH=AO$.

这个命题的逆命题亦成立.

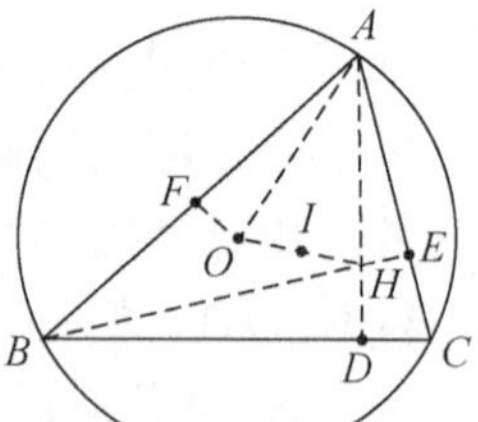

图 3-10

若进一步，在图 3-10 所示，由$\mathrm{Rt}\triangle AOF\cong\mathrm{Rt}\triangle AHE$知$\angle OAF=\angle HAE$，注意到$IA$是$\angle BAC$的角平分线，故$\angle IAO=\angle IAH$，连接$IO$，$IH$，易知$\triangle AOI\cong\triangle AHI$，故$OI=IH$，且$AI$垂直平分$OH$，于是得到性质 3.

性质 3 在$\triangle ABC$中，$\angle BAC=60°$，I，O，H分别为$\triangle ABC$的内心、外心和垂心，则$OI=IH$，且AI垂直平分OH.

（2）基于基本图形，深入挖掘性质

在图 3-10 中，若连接CH与对边相交，如图 3-11 所示，再连接BI，IC，

IH，由性质1知，B，I，H，C 四点共圆，于是 $\angle EHI=\angle IBC=\frac{1}{2}\angle ABC$，而由 B，D，H，E 四点共圆知 $\angle AHE=\angle ABC$，故 $\angle AHI=\angle AHE+\angle EHI=\frac{3}{2}\angle ABC$. 此即：

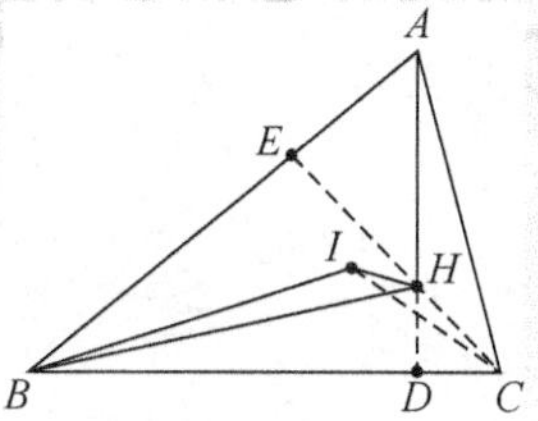

图 3-11

题1　$\triangle ABC$ 为锐角三角形，$\angle BAC=60°$，$AB>AC$，设 $\triangle ABC$ 的内心为 I，垂心为 H，证明：$2\angle AHI=3\angle ABC$.

（2007年亚太地区数学竞赛题）

在图3-10中，若连接 BO，OH，CH，OC 得到图3-11，在 BH 上取点 G 使得 $BG=CH$，由性质1，B，O，H，C 四点共圆，故 $\angle OBG=\angle OCH$，$OB=OC$，从而 $\triangle OBG\cong\triangle OCH$，有 $\angle BOG=\angle COH$，于是 $\angle GOH=\angle BOC=2\angle BAC=120°$，可求得 $\sqrt{3}\,OH=GH=BH-CH$.

注意到这一点，再将 GH 的长度换一个表达形式，掩藏 GH 与 OH 之间的关系，加大条件与结论之间的距离，得到：

题2　在 $\triangle ABC$ 中，$\angle A=60°$，$AB>AC$，点 O 是外心，两条高 BE，CF 交于点 H，点 M、N 分别在 BH，HF 上，且满足 $BM=CN$，求 $\frac{MH+NH}{OH}$ 的值.

（2002年全国高中数学联赛题）

（3）基于基本命题，挖掘特殊性质

在图3-12中，分别延长 BH，CH 与对边相交得到图3-13. 因 B，O，H，C 四点共圆，故 $\angle EHO=\angle OBC=30°=\angle OCB=\angle OHB$，故 OH 平分 $\angle EHB$.

这也是含有60°内角的三角形的一条重要性质，不妨记为性质4.

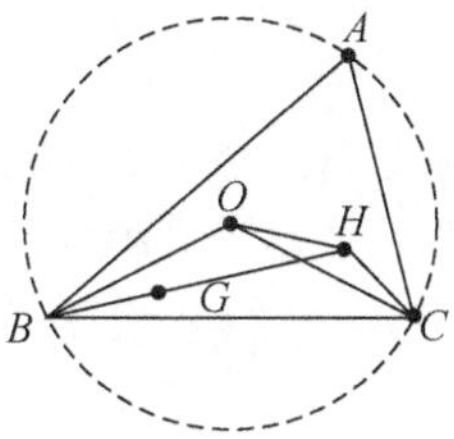

图 3-12

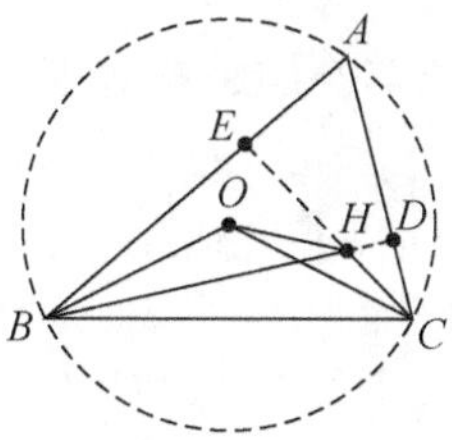

图 3-13

性质4　在 $\triangle ABC$ 中，$\angle BAC=60°$，O，H 分别为 $\triangle ABC$ 的外心和垂心，则 OH 平分 BH，CH 所成的锐角.

在图3-13中，若延长 OH 分别与 AB，AC 相交于 M，N 得到图3-14. 由性

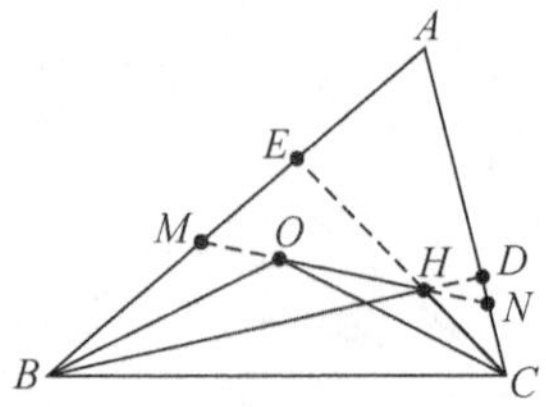

图 3-14

质 4 知，$\angle MHB=30°=\angle NHC$，而$\angle MBH=90°-60°=\angle NHC$，故 $MB=MH$，$NC=NH$，$\angle AMN=60°=\angle ANM$，于是$\triangle AMN$为正三角形.

再由性质 2 知，AI 垂直平分 OH；在$\triangle AMN$中，AI 也垂直平分 MN，故可得 $MO=HN$.

由这个结论，我们得到：

题 3 设$\triangle ABC$为锐角三角形，$AB>AC$，且$\angle BAC=60°$，O、H 分别为$\triangle ABC$的外心和垂心，延长 OH 分别与 AB，AC 相交于 P，Q，求证：$PO=HQ$.

（2007 年英国数学奥林匹克（第二轮）题）

若令 $AB=c$，$AC=b$，由 $MB=MH$，$NC=NH$ 知，$\triangle AMN$ 的周长为 $b+c$；再注意到$\triangle AMN$为正三角形，可得 $AM=MN=NA=\frac{b+c}{3}$，$HN=CN=AC-CN=b-\frac{b+c}{3}=\frac{2b-c}{3}$，$HM=BM=AB-AM=c-\frac{b+c}{3}=\frac{2c-b}{3}$，而 $MO=HN$，故 $OH=MN-MO-NH=\frac{b+c}{3}-2\times\frac{2b-c}{3}=c-b$.

注意到上面这些结论，我们得到：

题 4 已知锐角$\triangle ABC$，$\angle BAC=60°$，$AB=c$，$AC=b$，$b>c$，$\triangle ABC$ 的垂心和外心分别为 M，O，OM 与 AB，AC 分别交于点 X，Y. 证明：（1）$\triangle AXY$ 的周长为 $b+c$；（2）$OM=b-c$.

（2004～2005 年匈牙利数学奥林匹克题）

2. 立足基本性质，巧妙构造图形

（1）立足基本性质，构造基本图形

在图 3-10 中，由性质 3，若约束 CH 的大小，令 $CH=IO$，则有 $CH=IO=IH$，由性质 1，B，I，O，H，C 五点共圆，于是$\angle CBH=\angle HBI=\angle IBO=\frac{1}{3}\angle OBC=10°$，容易求得$\angle ACB$的大小为 80°. 此即为：

题 5 一个锐角三角形$\triangle ABC$，$\angle BAC=60°$，三点 H，O，I 分别是$\triangle ABC$的垂心、外心和内心，如果 $BH=OI$，求$\angle ABC$，$\angle ACB$的大小.

（1994 年保加利亚数学竞赛题）

（2）结合内心性质，构造特殊图形

三角形内心的一个非常有用的性质：

设$\angle BAC$的内角平分线AD交$\triangle ABC$的外接圆于点D，I为AD上的一点，则I为$\triangle ABC$的内心，当且仅当$DI=DB=DC$.（证明略）

利用这个结论，再结合性质1的逆命题，容易得到：

题6 在$\triangle ABC$中，点I是其内心，H是垂心，M是其外接圆的BC的中点，已知$MI=MH$，求$\angle BAC$的度数.

（2001年美国数学竞赛题）

在图3-10中，若连接AI并延长与$\triangle ABC$的外接圆相交得到图3-15．由上面内心的性质和性质1知，B，I，O，H，C共于以D为圆心的圆，即D为$\triangle BHC$（或$\triangle BOC$，或$\triangle BIC$）的外心，我们得到命题：

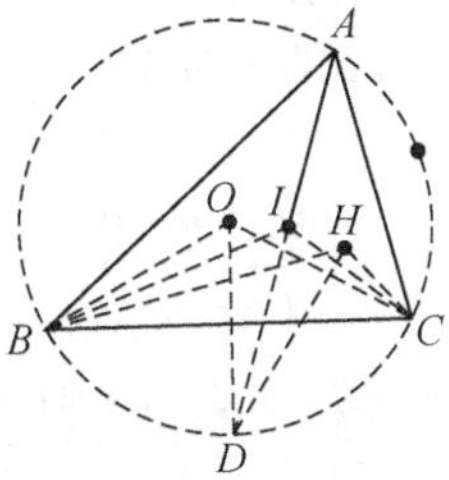

图3-15

命题1 设I，H分别为$\triangle ABC$的内心和垂心，A_1为$\triangle BHC$（或$\triangle BOC$，或$\triangle BIC$）的外心，则A，I，A_1三点共线的充要条件是$\angle BAC=60°$.

（3）立足已有命题，拼接构造图形

第31届IMO预选题：

命题2 设I为$\triangle ABC$的内心，点B_1，C_1分别为边AC，AB的中心，射线B_1I交边AB于点B_2，射线C_1I交边AC的延长线于点C_2，若$S_{\triangle ABC}=S_{\triangle AB_2C_2}$，证明：$\angle BAC=60°$.

设B_2C_2与BC相交于点K，则“$S_{\triangle ABC}=S_{\triangle AB_2C_2}$”等价于“$S_{\triangle BKB_2}=S_{\triangle CKC_2}$”．若能注意到“$\angle BAC=60°$”是“$S_{\triangle ABC}=S_{\triangle AB_2C_2}$”成立的充要条件，再结合前面的命题1，得到笔者提供的如下试题（其证明可参见4.8节中例5）.

题7 设点I，H分别为$\triangle ABC$的内心和垂心，点B_1，C_1分别为边AC，AB的中点，已知射线B_1I交边AB于点B_2（$B_2\neq B_1$），射线C_1I交边AC的延长线于点C_2，B_2C_2与BC相交于点K，A_1为$\triangle BHC$的外心．试证：A，I，A_1三点共线的充要条件是$S_{\triangle RKR_2}=S_{\triangle CKC_2}$.

（2003年中国数学奥林匹克题）

由性质2知，“$AH=AO$”也是“$\angle BAC=60°$”成立的充要条件，将命题1和性质2相结合，也能得到：

题8 设I，O，H分别为$\triangle ABC$的内心、外心和垂心，点B_1，C_1分别为边AC，AB的中点，已知射线B_1I交边AB于点B_2（$B_2\neq B_1$），射线C_1I交边AC的延长线于点C_2，B_1C_2与BC相交于点K，试证：$AH=AO$的充要条件是$S_{\triangle BKB_2}=S_{\triangle CKC_2}$.

再如，第42届IMO第5题：

命题3 在$\triangle ABC$中，AP平分$\angle BAC$且交BC于P，BQ平分$\angle BAC$且交

CA 于 Q，已知 $\angle BAC=60°$，且 $AB+BP=AQ+QB$. 问 $\triangle ABC$ 的各角的度数的可能值是多少？

此题可以通过构造正三角形，求得 $\angle ABC=80°$，$\angle BAC=40°$.（过程略）

若能注意到前面题 5 的结论，将此命题和题 5 结合起来，得到笔者提供的问题：

题 9 在锐角 $\triangle ABC$ 中，$\angle A=60°$，H，O，I 分别是 $\triangle ABC$ 的垂心、外心和内心，连接 AI 并延长交 BC 于 P，连接 BI 并延长交 AC 于 Q，求证：$BH=IO$ 的充要条件是 $AP+BP=AQ+QB$.

（《数学通报》数学问题 1511（2004 年 9 月））

（4）立足基本性质，类比构造图形

在图 3-15 中，我们看到，$AO+OD>AD=AI+ID$，$AH+HD>AD=AI+ID$，因 $DO=DH=DI$，故 $AO>AI$，$AH>AI$，因此在圆弧 $BOIHC$ 上的任意一点 X，都有 $AX\geqslant AI$.

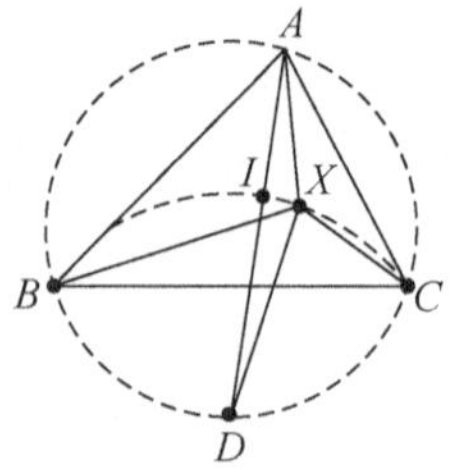

图 3-16

将此结论推广到任意三角形中，即对于任意三角形 $\triangle ABC$，如图 3-16 所示，I 为其内心，若某一点 X 在以 D（AI 的延长线与 $\triangle ABC$ 的外接圆的交点）为圆心，DI 为半径的弧 BIC 上，结论 $AX\geqslant AI$ 成立. 注意到这些，构造一个 B，I，X，C 四点共圆的充分条件，得到

题 10 $\triangle ABC$ 的内心为 I，三角形内一点 P 满足 $\angle PBA+\angle PCA=\angle PBC+\angle PCB$. 求证：$AP\geqslant AI$，而且等号当且仅当 $P=I$ 时成立.

（第 47 届国际数学奥林匹克题）

以性质 1 为背景的竞赛题还有很多，在此不一一列出了.

综上，可以看到，很多平面几何试题的命制都离不开这两个基本途径：或基于基本图形，深入挖掘性质；或立足基本性质，巧妙构造图形；或两种手段交汇、反复使用. 这也是基于教材数学的一种命制竞赛试题的途径.

关于代数竞赛题、数论竞赛题、组合竞赛题等的命制途径探寻我们将在另书中介绍.

竞赛数学中还有许多需要探索的课题，如竞赛试题的求解策略与方法，竞赛学生培训课本的编写等都是非常重要的课题. 为此，作者也经过几十年的思索，虽然也编写了不少的书籍（沈文选，2012a，b），但总觉得还有相当多的事情要做.

3.3　数学测评时常有，测评数学主公信

比较，比较！这是我们常说的一个词语，也是我们常见的一种行为．比较的手段之一是测评，因而测评也是我们常见的一种行为．

测评文化历史悠久．中国是最早采用竞争笔试制度的国家．公元587年，隋炀帝设科取士，开科举考试先河．唐朝设明算科，选拔数学人才交吏部录用．1888年，清政府设算学科举科目，有32人应考，录取了一名举人．长期的科举意识，形成了一种测评文化．

测评既包括测量，又包括评估或评价．

测量（measurement）是根据某种标准，将实验测验的结果化为数据，用以表达受试者对所测问题了解多少的一种工作历程．

统一考试是一种重要的教育测评方式，一般地，统一考试是偏重于考查能力的选拔性测评．选拔性测评不仅要判断、评价被测评者是否达到某种水平，而且要按照选拔的标准和选拔人数，从水平较高及相近的被测评群体中挑选出最佳人选．在测评中，由于数学学科的特殊地位，因而数学测评是人们最为关注的一种专业测评．特别是在进行数学教育评价或评估的改革中，提出了要加强对能力和素质的考查宗旨，因而，数学测评成为人们更关注的焦点，成为改革的重点之一．

在这样的背景下，人们对数学测评理论与实践体系进行了较深入的探讨，不仅研究了数学测评的意义、目的、性质与理论基础，数学测评内容的类型与特点，测评内容的范围与要求，测试设计与效能评价等；还通过每年各种各样的统一考试实践，检验其测评理论，并运用统计学理论将其度量化（如信度、效度、区分度等）来完善其体系（沈文选，2011）．

3.3.1　形势的发展，给数学测评提出了新的挑战

数学是一门思维的科学，是培育理性精神的主要园地．在基础教育中，通过空间想象、直觉猜想、归纳抽象、符号表达、运算推理、演绎证明和模式构建等诸方面，对客观事物中的数量关系和数学模式作出思考和判断，形成和发展理性思维与精神，打好数学基础并培养提高数学能力．

数学测评，就是要测评被测者必备的数学基础和一定的数学能力（特别是学术倾向能力）．数学知识的积累和数学技能的掌握是最重要的数学学习目标，是解决一切问题的基础，因此数学知识和技能及所形成的各种能力是数学测评目标的主体结构．与知识内容密切相关的是数学思想方法，数学本身就是具有方法论意义的学科，各种方法具有普遍意义，因而数学思想方法也是数学测评的重要目标．

当前，对数学的认识研究不断深入，并出现许多新的观点、思想，如关于数学具有原始形态，学术形态，教育形态等的提出，又如计算机正改变数学面貌的观点等，使得人们对数学的认识也发生了深刻的变化．世界范围的数学教育正在出现新的发展趋势，我国的基础教育也开始了新一轮的课程改革，评价理论和测试理论也汇聚了新的研究成果．所有这些都对我国的数学测评改革产生了积极影响，要求我们在新的理论指导下，研究新的测评理论，创新测评设计．

在数学测评中，如何适应新的形势，突出思维模式、思维容量和思维层次的测评中更好地体现如上目标与要求就成为一种新的挑战．

3.3.2 迎接数学测评的新挑战提出了新的研究课题

为了全面推进素质教育，实现评价制度的改革，数学测评的内容应注意在考查知识的基础上注重考查能力，考查被测者在新的情景中运用基础知识的能力，测评题的解答有一定的开放度，提倡发散性思维和创新精神，降低测评题的绝对难度，从测评题的能力要求上体现区分度．在这种思想的指导下，数学测评的设计理念应发生质的变化，从知识立意转向能力立意．数学测评中的试卷和试题也发生深刻的变化：突出能力立意，创设新的情景，依托双基考查能力；测评题条件结论开放，拓展被测者思维空间；提供新的信息，考查被测者获取信息、加工信息的能力；淡化知识结构的完整性和系统性，不强调知识点的覆盖率，减少运算量，降低测评问题数学内容的难度；让计算器进入数学测试等．因而测评内容的知识量、运算量、推理量、思维量都应研究出科学依据．这是数学测评内容科学性的量度课题．

一道测评问题如何体现能力立意是有深刻的内涵的，这就需要我们运用教育学、心理学、数学测量学的理论来对数学问题进行改造．同样的空间形式、同样的数量关系，可以用不同的数学问题，可以设计不同的提问方式，以不同的测评目标来反映．这是数学测评内容科学性的呈现课题．

一道测评题如何有效体现对数学思想方法及综合能力的测评，也是有文章可作的．例如，客观型试题虽以考查数学基础知识、基本技能为主，但对数学思想和方法的考查也要蕴涵其中；解答题不仅要更深刻地体现对数学思想和方法的测评，还要能对数学综合能力进行测评．这是数学测评内容科学性的效度课题．

数学学习中的能力主要包括：思维能力、运算能力、空间想象能力、学习新的数学知识的能力、探究数学问题的能力、运用数学知识解决实际问题的能力、数学创新能力等．这些能力的测评都是以各种各样的数学问题来体现的．例如，体现学习能力问题，就包括概念学习型、定理（公式）学习型、方法学习型等问题；体现探究能力型问题，就包括探究规律型、判断存在型、判断真假型、结论开放型、追溯条件型等问题；体现应用能力型问题，就包括简单应用型、数学建模型等问题；体现创新能力型问题，就包括类比发现型、拓展推广型、设计构造型等问题．如此，这一些都是数学测评内容科学性的维度课题．

当然，测评问题对能力的测评应以测评逻辑思维能力为核心，全面测评各种能力，强调综合性、应用性、层次性，切合被测者实际．运算能力是思维能力和运算技能的结合．它不仅包括数的运算，还包括式的运算．对运算能力的测评，随着学习年段增加，逐步以含字母的式的运算为重点，同时也要兼顾算理和逻辑推理的测评．空间想象力是对空间形式的观察、分析、抽象的能力，图形的处理与图像的变换都要注意与推理相结合．分析问题和解决问题的能力是上述三种基本数学能力的综合体现．各种能力要求虽在测评中的地位是相同的，但层次是有区别的，这可以用不同的材料，通过不同的形式测评．由于各种能力因素是有内在联系的，这种联系在测评问题中表现为一道问题可能有各种能力层次要求．这些是数学测评内容科学性的梯度课题．

从我国“文化大革命”结束恢复数学测评30余年以来，从所命制的数学试题的情况来看，或多或少地出现了这样或那样的不足，这也给数学测评提出了如何改进的问题．这是数学测评内容科学性的实践检验课题．

总之，形势的发展，迎接数学测评的新挑战提出了一系列的研究课题，这些课题可以归纳到数学内容研究的范畴，这也就是提出了研究测评数学的新课题．

什么是测评数学？

笔者认为，应当从数学测评这个大系统的全局需要，来提出对数学测评的数学内容、体系的要求，诚如人们认识“从数学应用到应用数学”、“从数学计算到计算数学”、“从数学教育到教育数学”一样，亦有“从数学测评到测评数学”的历史发展的必然性. 因而“测评数学”研究课题的提出是水到渠成的事情.

测评数学就是为了更科学地进行数学测评，而对测评内容进行深入地研究，创造或进行再创造出数学测评中的数学内容，使得这些数学内容更科学、更合理、更能体现数学的本质，体现数学的理性精神与数学思想方法，体现数学的求简、求美追求等. 因而，测评数学也是教育数学研究中的一个重要方面.

美国学者怀尔德（Wilder）在探讨数学发展的动力时，提出了：与生物的进化相类似，数学的发展也是由其内在力量（即已有的数学工作及数学传统对于进一步研究的影响）和外部力量共同决定的，并称这两种力量分别为“遗传力量”和“环境力量”.

如果说数学测评理论为测评数学的提出与发展提供了环境力量的话，那么为了测评数学的发展，我们首先应发掘其遗传力量，其次应探讨测评数学的内容体系与特点.

如何发掘其遗传力量？什么叫更科学、更合理？应当有具体的内涵. 笔者认为，除了对测评题的命制方法进行深入研究之外，还应对测评题的命制原则进行深入的研究，以及对测评内容的科学性量度、呈现、效度、维度、梯度、实践检验等进行深入地探讨. 为了深入地、系统地探讨这些问题，笔者认为，可从已设计出的大量的测评题中总结经验教训，并以测评数学研究的观点进行探讨. 有了一定的研究基础之后，再探讨测评数学的理论体系的建立与完善.

3.3.3 探讨研究测评数学的着眼点

数学测评题的命制是数学测评的中心环节，也是测评数学研究的主体. 如何将数学材料改造或创造成为成功的数学测评题. 这又可以从哪些方面着眼呢？

1. 着眼于数学本质、数学理性精神的呈现

数学测评问题应呈现数学本质、数学理性精神，这是理所当然的. 这是命制人员高度关注的重要方面. 下面的一道问题是对数学本质、数学理性精

神呈现得比较好的一个例子.

【例 1】　已知平面上 A，B，C 三点满足 $|\overrightarrow{AB}|=3$，$|\overrightarrow{BC}|=4$，$|\overrightarrow{CA}|=5$，则 $\overrightarrow{AB}\cdot\overrightarrow{BC}+\overrightarrow{BC}\cdot\overrightarrow{CA}+\overrightarrow{CA}\cdot\overrightarrow{AB}$ 的值等于________.

答案　-25. 此题可以有如下四种思路：

思路 1　因为 $|\overrightarrow{AB}|^2+|\overrightarrow{BC}|^2=|\overrightarrow{CA}|^2$，所以 $\angle B=90°$. 以 B 为原点建立直角坐标系，则 A，C 的坐标分别为（3，0），（0，4）（图略）. 所以

$$\begin{aligned}&\overrightarrow{AB}\cdot\overrightarrow{BC}+\overrightarrow{BC}\cdot\overrightarrow{CA}+\overrightarrow{CA}\cdot\overrightarrow{AB}\\&=\overrightarrow{BC}\cdot\overrightarrow{CA}+\overrightarrow{CA}\cdot\overrightarrow{AB}\\&=(0,\ 4)\cdot(3,\ -4)+(3,\ -4)\cdot(-3,\ 0)\\&=0\times3+4\times(-4)+3\times(-3)+(-4)\times0=-25.\end{aligned}$$

思路 2　因为 $\angle B=90°$，所以 $\overrightarrow{\mathrm{AB}}\cdot\overrightarrow{\mathrm{BC}}=0$. 从而

$$\begin{aligned}&\overrightarrow{AB}\cdot\overrightarrow{BC}+\overrightarrow{BC}\cdot\overrightarrow{CA}+\overrightarrow{CA}\cdot\overrightarrow{AB}\\&=|\overrightarrow{BC}|\cdot|\overrightarrow{CA}|\cos(\pi-C)+|\overrightarrow{CA}|\cdot|\overrightarrow{AB}|\cos(\pi-A)=-25.\end{aligned}$$

思路 3　因为 $\angle B=90°$，所以 $\overrightarrow{AB}\cdot\overrightarrow{BC}=0$，从而

$$\begin{aligned}\overrightarrow{AB}\cdot\overrightarrow{BC}+\overrightarrow{BC}\cdot\overrightarrow{CA}+\overrightarrow{CA}\cdot\overrightarrow{AB}&=\overrightarrow{BC}\cdot\overrightarrow{CA}+\overrightarrow{CA}\cdot\overrightarrow{AB}=\overrightarrow{CA}\cdot(\overrightarrow{AB}+\overrightarrow{BC})\\&=\overrightarrow{CA}\cdot\overrightarrow{AC}=-|\overrightarrow{AC}|^2=-25.\end{aligned}$$

思路 4　由广义对称思想出发可得如下更为一般的解法：

$$\begin{aligned}&\overrightarrow{AB}\cdot\overrightarrow{BC}+\overrightarrow{BC}\cdot\overrightarrow{CA}+\overrightarrow{CA}\cdot\overrightarrow{AB}\\&=\frac{1}{2}[(\overrightarrow{AB}\cdot\overrightarrow{BC}+\overrightarrow{BC}\cdot\overrightarrow{CA})+(\overrightarrow{BC}\cdot\overrightarrow{CA}+\overrightarrow{CA}\cdot\overrightarrow{AB})\\&\quad+(\overrightarrow{CA}\cdot\overrightarrow{AB}+\overrightarrow{AB}\cdot\overrightarrow{BC})]\\&=\frac{1}{2}(\overrightarrow{BC}\cdot\overrightarrow{CB}+\overrightarrow{CA}\cdot\overrightarrow{AC}+\overrightarrow{AB}\cdot\overrightarrow{BA})\\&=\frac{1}{2}(-3^2-4^2-5^2)=-25.\end{aligned}$$

【评述】　此题考查了平面向量数量积的计算方法，突出了对运算技能的考查. 题中涉及的内容体现了平面向量的本质特征，各种求解思路体现了数学的理性精神.

由于向量具有“数”与“形”的双重身份，因此其运算形式丰富多彩，独具魅力. 向量的符号语言和坐标语言沟通了向量与实数之间的联系，而向量的线性运算及数量积的运算性质为解决该题提供了保证. 思路 1、思路 2 和思路 3 都利用了 $\angle B=90°$ 这一条件，而思路 4 根据广义对称思想，利用整

体配凑的方法，不仅未用$\angle B=90°$这一条件，还揭示出了一个更一般的结论：

已知平面上三点 A，B，C 满足$|\overrightarrow{AB}|=a$，$|\overrightarrow{BC}|=b$，$|\overrightarrow{CA}|=c$，则

$$\overrightarrow{AB}\cdot\overrightarrow{BC}+\overrightarrow{BC}\cdot\overrightarrow{CA}+\overrightarrow{CA}\cdot\overrightarrow{AB}=-\frac{1}{2}(a^2+b^2+c^2)$$

方法的多样性体现了对运算能力的考查中包含对思维能力的要求和对思维品质的考查，特别是思路 4 巧用对称性，不仅能简化运算，揭示问题的本质，还可以激发学生学习数学的兴趣和培养学生对数学美的感受.

2. 着眼于数学思想、方法的贯通

数学测评题对数学思想和方法的渗透是以知识为依托，以能力为目的，贯穿于整份试卷之中的，每道试题也都要蕴涵不同层次的要求. 特别是在大题中，应对某些典型数学思想或方法进行贯通.

【例 2】 设 P 是椭圆$\frac{x^2}{a^2}+y^2=1$（$a>1$）短轴的一个端点，Q 为椭圆上的一个动点，求$|PQ|$的最大值.

【评述】 本题是一个以解析几何为素材求最值的问题. 我们知道，求最值的方法较多，有几何法和代数法，而代数法中又可以用初等函数的方法、求导的方法、使用平均值定理的方法等. 实际上，无论使用什么具体的方法，都是对函数求最值，因此可以认为求最值的问题都可以归结为函数问题，是函数思想的集中体现.

解本题时，函数解析式容易列出.

依题意，可设 $P(0,1)$，$Q(x,y)$，则

$$|PQ|=\sqrt{x^2+(y-1)^2}.$$

又因为点 Q 在椭圆上，所以

$$x^2=a^2(1-y^2).$$

将其代入$|PQ|$的式子中，平方后，可得函数解析式

$$|PQ|^2=a^2(1-y^2)+y^2-2y+1,$$

化简后，整理成标准式为

$$|PQ|^2=(1-a^2)y^2-2y+(a^2+1).$$

这是一个以 y 为自变量的二次函数，系数中含有参数 a.

由于点 Q 在椭圆上，有$|y|\leqslant 1$，又由已知有 $a>1$，在这些限制条件下研究上述二次函数的最大值.

先将二次函数进行配方变形，再进行研究：

$$|PQ|^2=(1-a^2)\left(y-\frac{1}{1-a^2}\right)-\frac{1}{1-a^2}+1+a^2.$$

若 $a\geqslant\sqrt{2}$，则 $\left|\frac{1}{1-a^2}\right|\leqslant 1$，于是当 $y=\frac{1}{1-a^2}$ 时，$|PQ|^2$ 取得最大值 $\frac{a^4}{a^2-1}$，$|PQ|$ 取得最大值 $\frac{a^2\sqrt{a^2-1}}{a^2-1}$.

若 $1<a<\sqrt{2}$，则当 $y=-1$ 时，$|PQ|^2$ 取得最大值 4，$|PQ|$ 取得最大值 2.

解完之后会发现：表面上看，本题是一个解析几何综合题，实际上所用解析几何的知识较少，完全是一个函数题，是二次函数求最值的问题. 题目中没有给出函数，而需要列出函数解析式，然后再研究函数的有关性质，这是函数思想的本质.

3. 着眼于对数学能力的深究

数学测评中对数学能力的深究体现于各个方面：思维能力、运算能力、空间想象能力、实践能力、创新意识等. 这里主要谈谈对创新意识的深究，而对创新意识的深究要求被测者能够将能力要素进行有机的整合. 能力要素的有机整合首先是各种能力的综合，但又不是所有能力要素的综合，是解题所需的能力要素的组合，提取题目的信息和储存的知识信息是认识事物的开始，要将这些信息联系起来，进行加工、组合，主要是通过分析和综合. 分析即了解事物的状态、性质、特点、本身的意义，发生和发展的过程，与其他事物的关系，还包括预测事物的发展趋势，因此是主体对客体客观的反映，而解决问题则是主体的行为，能动地按照主体的意志改造客观世界，实现主体的意志，达到主客体在新的基础上的统一，因此它包括观察能力和记忆能力，还包括其他一些能力的综合运用.

能力要素之间存在着内在的联系，这种联系反映在试题上就表现为一道试题可能有多种能力要求，因此数学测评对能力的深究应强调综合测试，在测试思维能力时经常与运算能力结合考查，通过具体的计算推导或证明问题的结论. 在计算题中也较多地融入了逻辑推理的成分，边推理边计算. 综合测试能力所使用的素材可以是代数、三角，也可以是立体几何、解析几何，在知识网络的交汇处设计试题往往更能体现对能力综合测试的要求. 试题是以问题为中心，而不是以知识为中心，解答时从分析、思考到求解，需要综合应用所学数学知识、思想和方法，带有明显的综合性质，对处理问题的灵活性和机敏性有一定的测试要求. 此外，在熟练运用数学语言、符号、图表、图形、表述解题过程和解答结果等方面，也有一定程度的测评要求.

【例 3】 函数 $f(x)=\sum_{n=1}^{19}|x-n|$ 的最小值为（　　）.

A. 190　　B. 171　　C. 90　　D. 45

【评述】 从题目上看，此题就是一个常规的求绝对值函数的最小值问题，关键是如何研究解决. 如果把求和式写成常规形式，即研究解决

$$f(x)=|x-1|+|x-2|+|x-3|+\cdots+|x-19|$$

的最小值. 通过深入分析有如下两种方案.

方案 1 如果能考虑到多与少的关系、一般与特殊的关系，由此构想出研究解决问题的方法：先研究

$$f_1(x)=|x-1|,\quad f_2(x)=|x-1|+|x-2|,$$
$$f_3(x)=|x-1|+|x-2|+|x-3|$$

的最小值，由此产生规律，最后再研究 $f(x)$ 的最小值也就十分方便了.

可以利用绝对值的几何意义进行研究. $|x-1|$表示在数轴上 x 与 1 两点间的距离，则 $f_1(x)=|x-1|$当 $x=1$ 时取得最小值 0. 同样，$|x-1|+|x-2|$的最小值，表示在数轴上到两点 1 和 2 的距离之和的最小值，当 x 在 1 与 2 之间时，取得最小值 1. $|x-1|+|x-2|+|x-3|$的最小值表达到 1，2，3 三点距离之和的最小值，当 $x=2$ 时，取得最小值 $3-1=2$.

通过对以上特例的研究，其规律性已经显现，再解决求 $f(x)=\sum_{n=1}^{19}|x-n|$的最小值则不成问题. 当 $x=\frac{19+1}{2}=10$ 时，$f(x)$ 取得最小值 $(19-1)+(18-2)+(17-3)+\cdots+(11-9)=18+16+14+\cdots+2=90$.

常规的探索发现型试题常给出问题研究的顺序，$n=1$ 时如何，$n=2$ 时如何，$n=3$ 时如何，猜想 $n=k$ 时如何，再给出证明即可. 而本题则不然，虽然让考生解决的是 $n=19$ 的情况，但希望考生能从 $n=1$，$n=2$，$n=3$ 开始探索研究，发现规律.

上述方案也可简写为，注意到生活经验并考虑到特殊情形，由绝对值式所表示的几何意义，知$|x-n|$表示数轴上的动点 x 到定点 n（$n=1$，2，…，19）的距离，当动点取点 1，2，…，19 的中间定点时，距离的和最小，即 $x=10$ 时，有

$$f_{\min}(x)=9+8+\cdots+1+0+1+\cdots+9=90.$$

方案 2 注意式子的变形，即知 $|x-n|=\sqrt{(x-n)^2}\geqslant 0$，要使 $f(x)=\sum_{n=1}^{19}|x-n|$最小，只需 $g(x)=\sum_{n=1}^{19}(x-n)^2$ 最小. 由于

$$g(x)=(x-1)^2+(x-2)^2+\cdots+(x-19)^2$$
$$=19x^2-2(1+2+\cdots+19)x+1^2+2^2+\cdots+19^2.$$

当 $x=\frac{2(1+2+\cdots+19)}{2\cdot 19}=\frac{190}{19}=10$ 时，$g(x)$ 最小.

故 $x=10$ 时，$f_{\min}(x)=\sum_{n=1}^{19}|10-x|=90.$

这道测试题的求解就是要求被测试者自己先研究并确定解决问题的方案，再探索研究解决新问题. 这样的题是对创新意识深入测试的探索.

对于上题，有了这些研究成果，再研究 $f_n(x)=\sum_{n=1}^{k}|x-n|$ 的最小值（其中 k 是正整数）也就不成问题了.

4. 着眼于逻辑结构的调整

检测逻辑思维能力是数学测评的重点之一，所以把握测评数学的逻辑分寸也是极关重要的.

张景中院士在探讨教育数学的优劣标准时，首先就提出了“逻辑结构越简单越好”. 因此，笔者认为，把握测评数学的逻辑要求应注意到：推理步骤（即逻辑锁链环节）总数要少，推理路径要多（即呈放射型逻辑结构）而短，推理过程“宽度”（即涉及知识的纵深面）要小.

对于这一点，也是有深刻教训的.

【例 4】　根据某水文观测点的历史统计数据，得到某条河流水位的频率分布直方图（图 3-17）. 从图中可以看出，该水文观测点平均至少一百年才遇到一次的洪水的最低水位是（　　）.

A. 48 米　　B. 49 米　　C. 50 米　　D. 51 米

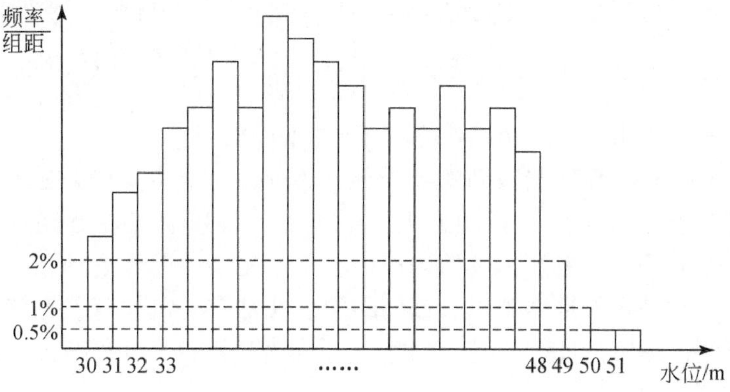

图 3-17

这道题的题干中“平均”、“至少”、“才”、“最低”等，表明逻辑结构并不简单．测量结果是考生低分组的正确率为 30.3%，高分组的正确率为 33.4%．这道题的区分度为 0.031，这可以说没有区分度．这是一道不成功的测评试题，不成功的主要原因是逻辑结构没调整好．

5. 着眼于对数学美的追求

数学美是一种科学美．美的因素丰富多彩，美的内容含义深刻．只有形式美、内涵美的测试题目，才能更有效地使被测试者进行观察、记忆、思维、想象等，从而发掘他们的各方面的数学潜能．而发掘数学潜能，发展数学能力正是数学测评的重要功能之一．这是因为，当一个人接受某种指令，为完成某项任务，而十分专注地从事某项极有意义的，使之在感兴趣的研究活动时，利用美的启示，来认识美的形式或结构，发掘美的因素，追求美的结果，发挥美的潜意识作用，因而他的思维最为活跃，能力最易得到展示．

数学测评题的和谐深沉含蓄美，新颖精巧奇妙美令人心旷神怡，精神振奋，茅塞顿开，情有独钟，流连忘返，苦心钻研．

【例 5】 设 F 是椭圆 $\frac{x^2}{7}+\frac{y^2}{6}=1$ 的右焦点，且椭圆上至少有 21 个不同的点 P_i（$i=1, 2, 3, \cdots$），使 $|FP_1|$，$|FP_2|$，$|FP_3|$，…组成公差为 d 的等差数列，则 d 的取值范围为________．

答案 $\left[-\frac{1}{10}, 0\right)\cup\left(0, \frac{1}{10}\right]$．

【评述】 分析已知条件后可知，FP_i（$i=1, 2, 3, \cdots$）都是椭圆的焦半径，这些焦半径的长组成等差数列，进行对称性的思考，很自然地想到应先确定这个数列的首项和尾项．无论由直观还是由焦半径公式都可以得到，首尾两项的最大、最小取值分别为 $a+c$ 和 $a-c$．由已知椭圆方程可求出 $a-c=\sqrt{7}-1$，$a+c=\sqrt{7}+1$，则由等差数列的定义，得 $|d|\leqslant\frac{(\sqrt{7}+1)-(\sqrt{7}-1)}{20}$，解这个不等式便可以得结果．但要注意 $d\neq0$ 的条件限制．

这是一道解析几何与数列的综合题，解析几何中涉及与椭圆的焦半径有关的内容和求法以及焦半径的最大、最小值；数列中主要是等差数列的概念、公差及通项．本题所涉及的知识内容并不复杂，但从审题开始，理解符号的意义，到确定首尾两项以及数列的增减性都有一定的审美思维要求，本题考查了阅读理解的能力、转化的能力、数学审美能力以及综合分析问题和解决问题的能力．

这道题的答案也体现了对称美，要求考生对数学美有较高领悟.

如果再追寻一下本题的数学背景和数字背景，可让我们体验到含蓄美、奇妙美的感受.

这道题有其和谐深沉的数学本质，它隐含有椭圆的如下特性：

椭圆$\frac{x^2}{a^2}+\frac{y^2}{b^2}=1$（$a>b>0$）上有$n$个点$P_1$，$P_2$，…，$P_{n-1}$，$P_n$（包括长轴端点），这些点在长轴上的射影为$Q_1$，$Q_2$，…，$Q_{n-1}$，$Q_n$，点$F$是椭圆的一个焦点，那么$|FP_1|$，$|FP_2|$，…，$|FP_{n-1}|$，$|FP_n|$成等差数列的充要条件是

$$Q_1Q_2=Q_2Q_3=\cdots=Q_{n-2}Q_{n-1}=Q_{n-1}Q_n.$$

值得指出的是，对于双曲线、抛物线也同样有这个特性.

3.3.4　测评数学内容设计的知识与能力并重方略

测评数学内容设计的知识与能力并重方略，首先在设计理念上，要体现关注教材，要体现测评的基本知识点、基本技能、基本思想方法，要体现从学力上测试评价被测试者；其次，在设计框架结构上要突出其学科的重点及内在联系、全面的能力因素、多元化能力层次结构和合理的难度安排；再次，在设计构思上坚持考查用数学基本方法解决问题，以此强化交汇点的设计，淡化烦琐的运算和冗长的逻辑推理. 在具体制作中，可采取以下方式：源于教材，寻求变化；高于教材，网络交汇；探讨解法，估量效能；探索立意，开发题源；实践检验，评价分析. 下面试举一例说明之（沈文选，2009b）.

1. 源于教材，寻求变化

原人教版高中数学第二册（上）第130页有一道例题：

如图3-18所示，直线$y=x-2$与抛物线$y^2=2x$相交于A、B两点，求证$OA\perp OB$.

证法1　将$y=x-2$代入$y^2=2x$中，得$(x-2)^2=2x$，化简得

$$x^2-6x+4=0,$$

解得

$$x=3\pm\sqrt{5},$$

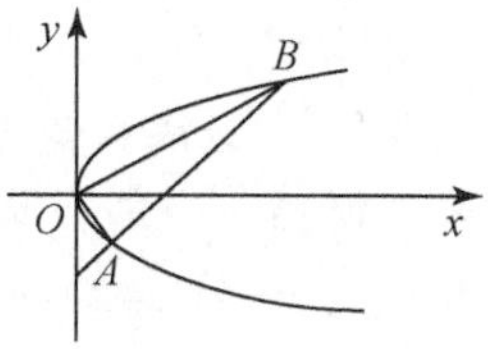

图3-18

则

$$y=3\pm\sqrt{5}-2=1\pm\sqrt{5}.$$

因

$$k_{OB}=\frac{1+\sqrt{5}}{3+\sqrt{5}},\qquad k_{OA}=\frac{1-\sqrt{5}}{3-\sqrt{5}},$$

则

$$k_{OB}\cdot k_{OA}=\frac{1+\sqrt{5}}{3+\sqrt{5}}\cdot\frac{1-\sqrt{5}}{3-\sqrt{5}}=-1.$$

故 $OA\perp OB$.

证法 2 同证法 1 得方程 $x^2-6x+4=0$.

由一元二次方程根与系数的关系，可知

$$x_1+x_2=6,\qquad x_1\cdot x_2=4.$$

因

$$y_1=x_1-2,\qquad y_2=x_2-2,$$

则

$$\begin{aligned}y_1\cdot y_2&=(x_1-2)(x_2-2)=x_1\cdot x_2-2(x_1+x_2)+4\\&=4-12+4=-4.\end{aligned}$$

从而

$$k_{OA}\cdot k_{OB}=\frac{y_1}{x_1}\cdot\frac{y_2}{x_2}=\frac{-4}{4}=-1.$$

故

$$OA\perp OB.$$

从上述两种证法中可以看到：当直线方程、抛物线方程中的系数为字母或绝对值较大时，证法 2 比证法 1 简单，且证法 2 更具一般性.

在测评题的制作中，通过挖掘教材典型例、习题，不仅可以制作出成功的测评题，还可以发挥测评的良好导向作用，激发被测者的探究学习兴趣，促进良好学习方法的牢固把握.

源于教材，寻求变化，这个变，可以是由数字变为字母，可以是由特殊变为一般；所给条件可以强化变，也可以弱化变等. 例如，针对此例，可有如下几种变化：

(1) 变化直线方程 $y=x-2$ 这个条件，保持求证结论 $OA\perp OB$ 不变.

显然，直线方程变化为 $y=kx-2$ $(k\neq1)$，不能保证结论不变，直线方程变化为 $y=k(x-2)$ $(k\neq1)$ 能保证结论不变，那么能使得 $OA\perp OB$ 的直线有何共同点？于是可得如下问题：

问题1　设 A、B 是抛物线 $y^2=2x$ 上非原点的两动点，若直线 AB 过点（2，0），求证：$OA\perp OB$.

如果将问题1作为测评题，则可起到检测学习者是否初步学懂此例的作用，因求解方法没有大的改变.

（2）变化抛物线方程 $y^2=2x$ 这个条件，保持求证结论 $OA\perp OB$ 不变.

这里，暂不讨论把抛物线变化为椭圆或双曲线，可得如下问题：

问题2　设 A、B 是抛物线 $y^2=2px$（$p>0$）上非原点的两动点，若直线过定点（$2p$，0），求证 $OA\perp OB$.

如果将问题2作为测试题，则不仅可以起到检测学习者是否初步学懂此例的作用，还可起到检测学习者分类讨论思想是否具备. 因为，该问题的证明要分情况讨论：设 A、B 的坐标分别为（x_1，y_1），（x_2，y_2）.

（i）当 AB 所在直线的斜率不存在时，则 AB 所在直线的方程为 $x=2p$，所以 $x_1x_2=4p^2$，$y_1y_2=-4p^2$，则

$$k_{OA}\cdot k_{OB}=\frac{y_1y_2}{x_1x_2}=-1，故 OA\perp OB.$$

（ii）当 AB 所在直线的斜率存在时，则 AB 所在的直线方程可设为 $y=k(x-2p)$，将其代入 $y^2=2px$，得

$$k^2x^2-(4pk^2+2p)x+4p^2k^2=0.$$

于是

$$x_1+x_2=\frac{4pk^2+2p}{k^2},\qquad x_1x_2=4p^2.$$

则

$$\begin{aligned}y_1y_2&=k(x_1-2p)\cdot k(x_2-p)\\&=k^2[x_1x_2-2p(x_1+x_2)+4p^2]=-4p^2.\end{aligned}$$

所以 $k_{OA}\cdot k_{OB}=\frac{y_1y_2}{x_1x_2}=-1$，故 $OA\perp OB$.

问题2还可以变化成如下问题：

问题3　设 A、B 是抛物线 $y^2=2px$ 上非原点的两动点，O 为原点，则 $OA\perp OB$ 的充要条件是 AB 所在直线必过定点（$2p$，0）.

如果将问题3作为测评题，则可作为阶段综合检测题. 因这时还须证明 $OA\perp OB$ 时，直线 AB 过定点（$2p$，0）.

事实上，可设直线 OA 的斜率为 k，则直线 OB 的斜率为 $-\frac{1}{k}$，即 OA、OB 的方程分别为 $y=kx$，$y=-\frac{1}{k}x$，与 $y^2=2px$ 联立可求得 A 点的坐标为

$\left(\frac{2p}{k^2}, \frac{2p}{k}\right)$，B 点的坐标为 $(2pk^2, -2pk)$，所以 AB 的方程为

$$x-2p+\left(\frac{k^2-1}{k}\right)y=0.$$

若令 $\frac{k^2-1}{k}=m$，则方程可写成 $x-2p+my=0$.

该方程为直线系方程，恒过定点 $(2p, 0)$.

综上，若要将例题变化成综合性的测评题，还需高于教材.

2. 高于教材，网络交汇

在前述例题中，$OA\perp OB$，这构成了直角三角形 OAB. 注意到与直角三角形有关的问题中，有一系列的优美数量、位置关系，这在平面几何中，都有重点的介绍与讨论；又注意到解析几何这门学科的中心内容之一是求轨迹方程；再根据例题这个背景，可制作出如下问题：

问题 4 如图 3-19 所示，设 A 和 B 为抛物线 $y^2=4px$ $(p>0)$ 上原点以外的两个动点，已知 $OA\perp OB$，$OM\perp AB$，求点 M 的轨迹方程，并说明它表示什么曲线.

如果将问题 4 作为测评题，则成为 2000 年春季北京、安徽数学高考试题.

问题 5 如图 3-20 所示，过抛物线 $y^2=2px$ $(p>0)$ 的顶点 O 作两条互相垂直的弦 OA，OB，再以 OA、OB 为邻边作矩形 AOBM，求点 M 的轨迹方程.

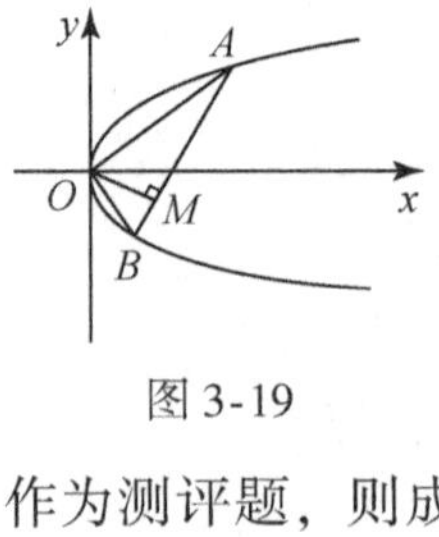

图 3-19

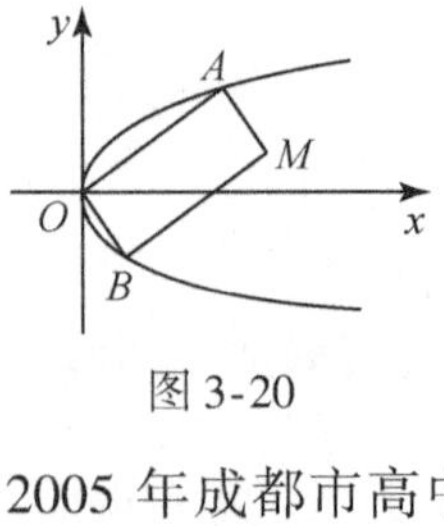

图 3-20

如果将问题 5 作为测评题，则成为 2005 年成都市高中毕业班第三次诊断性检测题（理科）.

问题 6 如图 3-21 所示，设 $p>0$ 是一常数，过点 $Q(2p, 0)$ 的直线与抛物线 $y^2=2px$ 交于相异两点 A、B，以线段 AB 为直径作圆 H（H 为圆心）. 试证抛物线顶点在圆 H 的圆周上；并求圆 H 的面积最小时直线 AB 的方程.

如果将问题 6 作为测评题，则成为 2004 年全国高考（重庆卷）理科试题.

问题 7　过抛物线 $y^2=2px$（$p>0$）的顶点 O 引两条互相垂直的动弦 OA 和 OB，则三角形 OAB 面积的最小值为 $4p^2$.

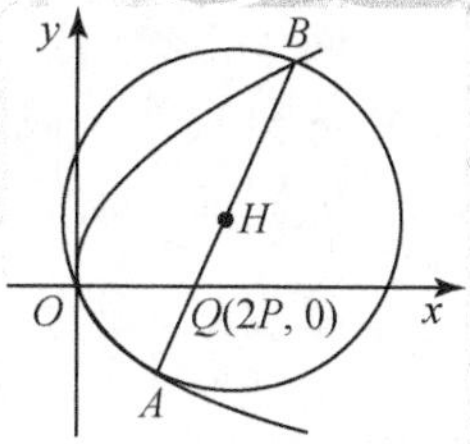

图 3-21

如果将问题 7 作为测评题，则成为 1999 年全国高中竞赛联赛题.

问题 8　已知点 A（0，2）和抛物线 $y^2=x+4$ 上两点 B、C，使得 $AB\perp BC$，求点 C 的横坐标的取值范围.

如果将问题 8 作为测评题，则成为 2002 年全国高中竞赛联赛题.

问题 9　如图 3-22 所示，A、B 是抛物 $x^2=4y$ 上的两点，且 $OA\perp OB$（O 为坐标原点），求 AB 中点的轨迹.

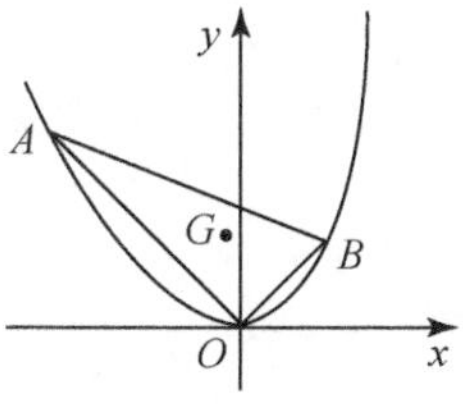

图 3-22

如果将问题 9 作为测评题，则成为 2003 年上海市高考试题.

问题 10　如图 3-22 所示，在平面直角坐标系 xOy 中，抛物线 $y=x^2$ 上异于坐标原点 O 的两不同动点 A、B 满足 $AO\perp BO$. ①求△AOB 的重心 G（即三角形三条中线的交点）的轨迹方程；②△AOB 的面积是否存在最小值？若存在，请求出最小值；若不存在，请说明理由.

如果将问题 10 作为测评题，则成为 2005 年全国高考（广东卷）试题.

3. 探讨解法，估量效能

测评试题命制的成功与否，要从多个方面来评析. 在未测评之前，探讨其解法，也可以从主观方面估量其效能. 下面，仅以问题 4 为例说明之.

解法 1　根据由课本例题的变化而得的问题 3 的结论，$OA\perp OB$ 时，可知直线 AB 恒过定点（$4p$，0），设 M 点的坐标为（x，y）. 因为 $OM\perp AB$，所以 $k_{OM}\cdot k_{AB}=-1$.

由点斜式求得 AB 的方程为 $y=k_{AB}(x-4p)$，即 $k_{AB}=\dfrac{y}{x-4p}$.

又

$$k_{OM}=\frac{y}{x}\ (x\neq 0)，从而\frac{y}{x}\cdot\frac{y}{x-4p}=-1\ (x\neq 0)，$$

即

$$x^2+y^2-4px=0,\qquad x\neq 0$$

为点 M 的轨迹方程.

此方程表示以（2p，0）为圆心，2p 为半径的圆，但除去点（0，0）.

估量效能 被测评者若能按上述方法求解，则表明被测评者不仅有学习的积极性和主动性，而且对问题的观察比较敏感，数学思维深刻而活跃.

解法2 令直线 OA 的斜率为 k，则直线 OB 的斜率为$-\frac{1}{k}$，即 OA、OB 的方程分别为 $y=kx$，$y=-\frac{1}{k}x$.

它们与抛物线方程 $y^2=4px$ 联立求得 $A\left(\frac{4p}{k^2},\ \frac{4p}{k}\right)$，$B(4pk^2,\ -4pk)$，则直线 AB 的方程为

$$y+4pk=\frac{k}{1-k^2}\ (x-4pk^2),$$

即

$$y=\frac{k}{1-k^2}x-\frac{4pk}{1-k^2}. \tag{3-6}$$

直线 OM 的方程为

$$y=\frac{k^2-1}{k}x. \tag{3-7}$$

将式（3-6）、式（3-7）联立并看成点 M 的参数方程，消去 k（$k>0$），即式（3-6）×式（3-7）得

$$x^2+y^2-4px=0.$$

又由式（3-6）知点（0，0）不在点 M 的轨迹上.

故所求点 M 的方程为 $x^2+y^2-4px=0$（$x\neq0$）.（下略）

估量效能 这种求解方法要求被测评者较灵活地处理问题的能力，特别在联立式（3-6）与式（3-7）消去 k 时，要求观察分析能力也比较强.

解法3 可设 $A\left(\frac{y_1^2}{4p},\ y_1\right)$，$B\left(\frac{y_2^2}{4p},\ y_2\right)$，则

$$k_{AB}=\frac{y_1-y_2}{\frac{y_1^2}{4p}-\frac{y_2^2}{4p}}=\frac{4p}{y_1+y_2}. \tag{3-8}$$

于是 OM 的方程为

$$y=-\frac{y_1+y_2}{4p}x. \tag{3-9}$$

直线 AB 的方程为

$$y-y_1=\frac{4p}{y_1+y_2}\left(x-\frac{y_1^2}{4p}\right). \tag{3-10}$$

由 $OA\perp OB$，有

$$y_1y_2=-16p^2. \tag{3-11}$$

由式（3-9）有$\frac{4p}{y_1+y_2}=-\frac{x}{y}$代入式（3-10）得

$$\frac{x}{4p}y_1^2+y_1y-(x^2+y^2)=0. \tag{3-12}$$

又由式（3-9）有

$$y_1y=-\frac{x}{4p}y_1^2-\frac{y_1y_2}{4p}x. \tag{3-13}$$

将式（3-13）、式（3-11）代入式（3-12）得 $x^2+y^2-4px=0$.

又点（0，0）不满足式（3-10），从而 $x^2+y^2-4px=0$（$x\neq0$）为所求点 M 的轨迹方程.（下略）

估量效能 被测试者按这种解法做，式（3-8）~式（3-11）比较容易得到，但要得式（3-12）、式（3-13），思维要灵活、思路要开阔，还要注意 y_1y 的整体代换，不被 y_1y 中的 y 所迷惑. 适当的“退却”，是为了更大突破. 这要求被测试者有较强综合能力.

解法4 设 $M(x_0,y_0)$，$A(x_1,y_1)$，$B(x_2,y_2)$，则 $k_{AB}=\frac{y_1-y_2}{x_1-x_2}=\frac{y_1-y_2}{\frac{y_1^2}{4p}-\frac{y_2^2}{4p}}=\frac{4p}{y_1+y_2}$，将 AB 的方程 $y-y_0=\frac{4p}{y_1+y_2}(x-x_0)$ 与抛物线方程 $y^2=4px$ 联立消去 x 得

$$y^2-(y_1+y_2)y+(y_1+y_2)y_0-4px_0=0.$$

从而 $y_1y_2=(y_1+y_2)y_0-4px_0$. 又 $y_1y_2=-16p^2$，则

$$y_1+y_2=\frac{4px_0-16p^2}{y_0},$$

即

$$\frac{4p}{y_1+y_2}=\frac{y_0}{x_0-4p}. \tag{3-14}$$

由 $OM\perp AB$，有

$$\frac{y_0}{x_0}\cdot\frac{4p}{y_1+y_2}=-1,\quad x_0\neq0. \tag{3-15}$$

将式（3-14）代入式（3-15）得 $x_0^2+y_0^2-4px_0=0$（$x_0\neq0$），即得 $x^2+y^2-4px=0$（$x\neq0$）.（下略）

估量效能 此种解法得到式（3-15）很容易，但要从式（3-15）中消去

y_1+y_2 不很容易，要得到式（3-14）也要费一番周折. 这就要求被测评者思维灵活，并善于考虑：涉及直线与圆锥曲线问题时，常利用方程组得一个一元二次方程，并利用韦达定理（根与系数的关系）解题.

解法 5 设 $A(x_1, y_1)$，$B(x_2, y_2)$，则 $k_{AB}=\frac{4p}{y_1+y_2}$，$AB$ 的方程为

$$y-y_1=\frac{4p}{y_1+y_2}(x-x_1).$$

令 $y=0$，解得 $x=4p$，即知直线过定点（$4p$，0）.

此时，若设 $M(x, y)$，则由 $\frac{y}{x}\cdot\frac{y}{x-4p}=-1$（$x\neq0$）得

$$x^2+y^2-4px=0,\quad x\neq0.\ (下略)$$

估量效能 这与解法 1 思路相同，对比解法 1 要求被测评者对问题的观察更敏锐，有更强的探索能力. 这种解法最简捷，这儿有无限风光在险峰之感.

解法 6 设 $M(x, y)$，直线 AB 的方程设为 $y=kx+b$，它与抛物线方程 $y^2=4px$ 联立消去 y 得

$$k^2x^2+(2kb-4p)x+b^2=0.$$

又设 $A(x_1, y_1)$，$B(x_2, y_2)$，则 $x_1+x_2=\frac{4p-2kb}{k^2}$，$x_1x_2=\frac{b^2}{k^2}$.

从而

$$\begin{aligned}y_1y_2&=(kx_1+b)(kx_2+b)\\&=k^2x_1x_2+kb(x_1+x_2)+b^2=\frac{4pb}{k}.\end{aligned}\qquad(3\text{-}16)$$

又由 $OA\perp OB$，有 $x_1x_2+y_1y_2=0$，即

$$\frac{b^2}{k^2}+\frac{4pb}{k}=0.\qquad(3\text{-}17)$$

由式（3-16）与式（3-17），有

$$k=-\frac{b}{4p}.\qquad(3\text{-}18)$$

如何消去式（3-18）中的 b，可有如下两种办法：

其一，将 AB 的方程变为

$$y=-\frac{b}{4p}x+b=-\frac{b}{4p}(x-4p),$$

易知 AB 过定点（$4p$，0），而得 $k=\frac{y}{x-4p}$.

再由 $\frac{y}{x}\cdot\frac{y}{x-4p}=-1$（$x\neq0$）即得 $x^2+y^2-4px=0$（$x\neq0$）.

其二，设法表达 b，由 $\frac{y}{x}\cdot\left(-\frac{b}{4p}\right)=-1$，有 $b=\frac{4px}{y}$（$x\neq0$），而 $k=-\frac{x}{y}$. 将这两者代入直线方程 $y=kx+b$ 中，得 $y=-\frac{x}{y}\cdot x+\frac{4px}{y}$. 化简得 $x^2+y^2+4px=0$（$x\neq0$）.（下略）

估量效能　这种解法除要求被测评者思维开阔灵活外，还要求被测评者有锲而不舍的精神.

解法 7　设 $A(x_1, y_1)$，$B(x_2, y_2)$，则 $y_1y_2=-16p^2$.

由 $OA\perp OB$，有

$$x_1x_2+y_1y_2=0.$$

又

$$\begin{aligned}S_{\triangle OAB}&=\frac{1}{2}|OA|\cdot|OB|=\frac{1}{2}\sqrt{x_1^2+y_1^2}\cdot\sqrt{x_2^2+y_2^2}\\&=\frac{1}{2}\sqrt{x_1x_2}\cdot\sqrt{(x_1+4p)(x_2+4p)}\\&=\frac{1}{2}\sqrt{-y_1y_2(y_1^2+y_2^2-2y_1y_2)}\\&=\frac{1}{2}\cdot4p\cdot|y_1-y_2|=2p\cdot|y_1-y_2| \qquad (3\text{-}19)\end{aligned}$$

及

$$\begin{aligned}S_{\triangle OAB}&=\frac{1}{2}|AB|\cdot|OM| \ (\text{其中设 } M(x, y))\\&=\frac{1}{2}\sqrt{(x_1-x_2)^2+(y_1-y_2)^2}\cdot\sqrt{x^2+y^2}\\&=\frac{1}{2}\sqrt{x^2+y^2}\cdot|y_1-y_2|\cdot\sqrt{\left(\frac{x_1-x_2}{y_1-y_2}\right)^2+1} \quad (\text{因 } y_1-y_2\neq0)\\&=\frac{1}{2}\sqrt{x^2+y^2}\cdot\sqrt{\frac{y^2}{x^2}+1}\cdot|y_1-y_2|\\&=\frac{1}{2x}(x^2+y^2)\cdot|y_1-y_2| \quad (\text{因 } x>0). \qquad (3\text{-}20)\end{aligned}$$

由式（3-19）、式（3-20）有

$$2p\cdot|y_1-y_2|=\frac{1}{2x}(x^2+y^2)\cdot|y_1-y_2|，\text{且 } y_1-y_2\neq0，x\neq0.$$

故 $x^2+y^2-4px=0$（$x\neq0$）为所求方程.（下略）

估量效能　此种解法要求被测评者综合能力及代数恒等变形能力较强.

综上可知，无论被测评者采用哪一种解法，都可检测被测评者的多个层面的思维能力，因而这是一道优秀的测评题。

4. 探索立意，开发题源

测评题的命制是有考查目标的，考查目标确立了测评题命制的立意．对于课本中的同一道例（习）题，由于立意不同，可以命制出各种类型、各种形式的测评题出来．下面，又以前述例题及问题6为素材说明之（参见曹凤山文《从课本例（习）题到高考题的若干命题途径》，中学教研，2012）．

（1）若直接利用问题6，考查核心概念的理解，则可命制如下问题：

问题11　以抛物线 $y^2=4x$ 的焦点为圆心，且过坐标原点的圆的方程为（　　）．

A. $x^2+y^2+2x=0$　　B. $x^2+y^2+x=0$

C. $x^2+y^2-x=0$　　D. $x^2+y^2-2x=0$

（2010年高考福建卷理科题）

问题12　已知抛物线 $y^2=2px$（$p>0$）的准线与圆 $x^2+y^2-6x-7=0$ 相切，则 p 的值为（　　）．

A. $\frac{1}{2}$　　B. 1　　C. 2　　D. 4

（2010年高考陕西卷理科题）

问题13　设 F 为抛物线 $y^2=4x$ 的焦点，点 A、B、C 在抛物线上．若 $\overrightarrow{FA}+\overrightarrow{FB}+\overrightarrow{FC}=0$，则 $|\overrightarrow{FA}|+|\overrightarrow{FB}|+|\overrightarrow{FC}|=$（　　）．

A. 9　　B. 6　　C. 4　　D. 3

（2007年高考全国卷理科题）

（2）若变换条件，考查基本数学思想方法，则可命制如下问题：

问题14　已知以 F 为焦点的抛物线 $y^2=4x$ 上的2个点 A、B 满足 $\overrightarrow{AF}=3\overrightarrow{FB}$. 则弦 AB 的中点到准线的距离为________.

（2010年高考重庆卷理科题）

问题15　已知抛物线 $y^2=2px$（$p>0$）的焦点为 F，点 $P_1(x_1, y_1)$、$P_2(x_2, y_2)$、$P_3(x_3, y_3)$ 在抛物线上，且 $2x_3=x_1+x_2$，则（　　）．

A. $|FP_1|+|FP_2|=|FP_3|$　　B. $|FP_1|^2+|FP_2|^2=|FP_3|^2$

C. $2|FP_2|=|FP_1|+|FP_3|$　　D. $|FP_2|^2=|FP_1|\cdot|FP_3|$

（2007高考宁夏卷理科题）

（3）若逆向思考，考查通性通法，则可命制如下问题：

问题16　过抛物线 $y^2=2px$（$p>0$）的焦点 F 作倾斜角为45°的直线交抛

物线于点 A、B. 若线段 AB 的长为 8，则 $p=$________.

(2009 年高考福建卷理科题)

问题 17　过抛物线 $y^2=4x$ 的焦点作一条直线与抛物线交于点 A、B，它们的横坐标之和等于 5，则这样的直线　（　　）.

A. 有且仅有 1 条　　B. 有且仅有 2 条

C. 有无穷多条　　D. 不存在

(2005 年高考上海卷理科题)

（4）若变换设问，考查探究创新能力，则可命制如下问题：

问题 18　已知 F 是抛物线 C：$y^2=4x$ 的焦点. 过点 F 且斜率为 1 的直线交 C 于点 A、B. 设 $|FA|>|FB|$，则 $|FA|$ 与 $|FB|$ 的比值等于________.

(2008 年高考全国卷理科题)

问题 19　过抛物线 $x^2=2py$（$p>0$）的焦点 F 作倾斜角为 30°的直线，与抛物线分别交于点 A、B（A 在 y 轴左侧），则 $\dfrac{|AF|}{|FB|}=$________.

(2008 年高考全国卷理科题)

问题 20　已知直线 $y=k(x+2)$（$k>0$）与抛物线 C：$y^2=8x$ 相交于 A、B，点 F 为 C 的焦点. 若 $|FA|=2|FB|$，则 $k=$________.

(2009 年高考全国卷理科题)

问题 21　已知抛物线 C：$y^2=2px$（$p>0$）的准线为 l，过 M（1，0）且斜率为 $\sqrt{3}$ 的直线与 l 相交于点 A，与抛物线的一个交点为 B. 若 $\overrightarrow{AM}=\overrightarrow{MB}$，则 $p=$________.

(2010 年高考全国卷理科题)

问题 22　过抛物线 $x^2=2py$（$p>0$）的焦点作斜率为 1 的直线与该抛物线交于点 A、B，点 A、B 在 x 轴上的正射影分别为 D、C. 若梯形 $ABCD$ 的面积为 $12\sqrt{2}$，则 $p=$________.

(2010 年高考湖南卷理科题)

（5）若变换素材，考查类比迁移能力，则可命制如下问题：

问题 23　已知椭圆 C：$\dfrac{x^2}{a^2}+\dfrac{y^2}{b^2}=1$（$a>b>0$）的离心率为 $\dfrac{\sqrt{3}}{2}$，过右焦点 F 且斜率为 k（$k>0$）的直线与 C 相交于点 A、B，若 $\overrightarrow{AF}=3\overrightarrow{FB}$，则 $k=$（　　）.

A. 1　　B. $\sqrt{2}$　　C. $\sqrt{3}$　　D. 2

(2010 年高考全国卷文科题)

问题 24　已知 F 是椭圆 C 的一个焦点，B 是短轴的一个端点，线段 BF 的延长线交 C 于点 D. 且 $\overrightarrow{BF}=2\overrightarrow{FD}$，则椭圆的离心率为________.

(2010 年高考全国卷理科题)

问题 25 设 F_1、F_2 分别为椭圆 $\frac{x^2}{3}+y^2=1$ 的左、右焦点，点 A、B 在椭圆上. 若 $\overrightarrow{F_1A}=5\overrightarrow{F_2B}$，则点 A 的坐标是________.

（2011 年高考浙江卷理科题）

（6）若沟通联系，考查综合解题能力，则可命制如下问题：

问题 26 已知抛物线 C：$y^2=4x$ 的焦点为 F，过点 $K(-1,0)$ 的直线 l 与 C 相交于点 A、B，点 A 关于 x 轴的对称点为 D.

（1）证明：点 F 在直线 BD 上；

（2）设 $\overrightarrow{FA}\cdot\overrightarrow{FB}=\frac{8}{9}$，求 $\triangle BDK$ 的内切圆 M 的方程.

（2010 年高考全国卷理科题）

问题 27 已知 m 是非零实数，抛物线 $y^2=2px$（$p>0$）的焦点 F 在直线 l：$x-my-\frac{m^2}{2}=0$ 上.

（1）若 $m=2$，求抛物线 C 的方程；

（2）设直线 l 与抛物线 C 交于点 A、B，$\triangle AA_1F$、$\triangle BB_1F$ 的重心分别为 G、H. 求证：对任意非零实数 m，抛物线 C 的准线与 x 轴的交点在以线段 GH 为直径的圆外.

（2010 年高考浙江卷文科题）

5. 实践检验，评价分析

一道成功的数学测评题，应经得起实践的检验.

首先，测评被测者的知识和能力是无法截然分开的，一个人如果少闻寡见，知识贫乏，那么他的办事能力必然不可能高到哪里去，但是也不能说，知识多了，能力也就必定强. 这时还得看他所掌握的知识是活知识，还是死知识，看他遇到问题时会不会用他所掌握的知识对问题进行具体有效的分析，并从中找到解决问题的办法，找到了，把事件办好了，就是能力强的反映；找不到，不能把事情办好，表明他的能力也就差一些. 因此，数学测量题制作的知识与能力并重指导思想是理所当然的.

其次，要看测评效应，要能较好地发挥测评功能. 一方面，要听各方面人士的反响意见；另一方面，要运用测量学的有关理论，进行效度、信度、难度、区分度等方面的数据分析. 除此之外，还要看能否起到良好的启示与导向作用. 例如，对于问题 4，对它就有较好的评价：“此题具有较高的思维价值，是高考命题的方向之一.”（王承宣，2003）

再次，对测评问题的数学本原或背景可否深入探寻进行评价分析.

通过对 $OA\perp OB$ 这个基本条件的分析，探寻其数学本原，可得如下一系列结论：

结论1　设 $P(x_0,\ y_0)$ 是抛物线 $y^2=2px$（$p>0$）上一定点，A、B 是抛物线上两点，且 $PA\perp PB$，则 AB 过点（$2p+x_0$，$-y_0$）.

结论2　若抛物线 $y^2=2px$（$p>0$）的内接三角形的两边所在的直线的斜率之积为定值 m，则另一边所在的直线恒过定点 $\left(x_0-\dfrac{2p}{m},\ -y_0\right)$.

结论3　设直线 l 与椭圆 $\dfrac{x^2}{a^2}+\dfrac{y^2}{b^2}=1$（$a>b>0$）相交于 A、B 两点，则 $OA\perp OB$ 的充要条件是椭圆中心 O 到直线 l 的距离为 $d=\dfrac{ab}{\sqrt{a^2+b^2}}$.

结论4　设直线 l 与双曲线 $\dfrac{x^2}{a^2}-\dfrac{y^2}{b^2}=1$（$a>0$，$b>0$）相交于 A、B 两点，则当 $b>a>0$ 时，$OA\perp OB$ 的充要条件是双曲线中心 O 到直线 l 的距离 $d=\dfrac{ab}{\sqrt{b^2-a^2}}$；当 $a\geqslant b>0$ 时，不可能有 $OA\perp OB$.

结论5　设 $P(x_0,\ y_0)$ 是椭圆 $\dfrac{x^2}{a^2}+\dfrac{y^2}{b^2}=1$（$a>b>0$）上一定点，$A$、$B$ 是椭圆上两点且 $PA\perp PB$，则 AB 恒过定点 $\left(\dfrac{a^2-b^2}{a^2+b^2}x_0,\ \dfrac{b^2-a^2}{a^2+b^2}y_0\right)$.

结论6　设 $P(x_0,\ y_0)$ 是双曲线 $\dfrac{x^2}{a^2}-\dfrac{y^2}{b^2}=1$（$a>0$，$b>0$，且 $a\neq b$）上一定点，A、B 是双曲线上两点，若 $PA\perp PB$，则 AB 恒过定点 $\left(\dfrac{a^2+b^2}{a^2-b^2}x_0,\ \dfrac{b^2+a^2}{b^2-a^2}y_0\right)$.

结论7　直线与抛物线 $y^2=2px$（$p>0$）交于 A、B 两点，当 $OA\perp OB$（O 为坐标原点）时，作 $OH\perp AB$ 于 H，则点 H 的轨迹是一个圆（去掉原点 O），轨迹方程为 $(x-p)^2+y^2=p^2$（$x\neq 0$）.

结论8　直线 l：$y=kx+m$ 与椭圆 $\dfrac{x^2}{a^2}+\dfrac{y^2}{b^2}=1$（$a>b>0$）交于 A、B 两点，若 $OA\perp OB$（O 为坐标原点），作 $OH\perp AB$ 于 H，则点 H 的轨迹是一个以 O 为圆心，以 $\sqrt{\dfrac{a^2b^2}{a^2+b^2}}$ 为半径的一个圆，轨迹方程为 $x^2+y^2=\dfrac{a^2b}{a^2+b^2}$.

结论9　直线 l：$y=kx+m$ 与双曲线 $\dfrac{x^2}{a^2}-\dfrac{y^2}{b}=1$（$b>a>0$）交于 A、B 两点，若 $OA\perp OB$（O 为坐标原点），作 $OH\perp AB$ 于 H，则点 H 的轨迹是一个以 O

为圆心，以$\sqrt{\frac{a^2b^2}{b^2-a^2}}$为半径的圆，轨迹方程为$x^2+y^2=\sqrt{\frac{a^2b^2}{b^2-a^2}}$（$b>a>0$，否则不可能有$OA\perp OB$）.

这后几个结论说明了，当圆锥曲线的弦张直角时直线过定点，且弦上高的垂足的轨迹是圆.

结论 10 设直线l与抛物线$y^2=2px$（$p>0$）相交于A、B两点，又设$P(x_0,y_0)$是抛物线上不同于A、B的一定点. 若直线PA、PB的斜率存在且分别记为k_{PA}，k_{PB}，则对于非零常数d，有

（1）$k_{PA}\cdot k_{PB}=d\Leftrightarrow$直线$l$过定点$\left(\frac{y_0^2}{2p}-\frac{2p}{d},-y_0\right)$；

（2）$k_{PA}+k_{PB}=d\Leftrightarrow$直线$l$过定点$\left(x_0-\frac{2}{d}y_0,\frac{2p}{d}-y_0\right)$.

结论 11 设直线l与椭圆$\frac{x^2}{a^2}+\frac{y^2}{b^2}=1$（$a>b>0$）相交于$A$、$B$两点，又设$P(x_0,y_0)$是椭圆上不同于$A$、$B$的一定点. 若直线$PA$、$PB$的斜率存在且分别记为$k_{PA}$，$k_{PB}$，则对于非零常数$d$，有

（1）当$a^2d-b^2\neq0$时，$k_{PA}\cdot k_{PB}=d\Leftrightarrow$直线$l$过定点$\left(\frac{a^2d+b^2}{a^2d-b^2}x_0,-\frac{a^2d+b^2}{a^2d-b^2}y_0\right)$；

（2）$k_{PA}+k_{PB}=d\Leftrightarrow$直线$l$过定点$\left(x_0-\frac{2}{d}y_0,-\frac{2b^2}{a^2d}x_0-y_0\right)$.

结论 12 设直线l与双曲线$\frac{x^2}{a^2}-\frac{y^2}{b^2}=1$（$a>0$，$b>0$）相交于$A$、$B$两点，又设$P(x_0,y_0)$是双曲线上不同于$A$、$B$的一定点. 若直线$PA$、$PB$的斜率存在且分别记为$k_{PA}$，$k_{PB}$，则对于非零常数$d$，有

（1）当$a^2d+b^2\neq0$时，$k_{PA}\cdot k_{PB}=d\Leftrightarrow$直线$l$过定点$\left(\frac{a^2d-b^2}{a^2d+b^2}x_0,-\frac{a^2d-b^2}{a^2d+b^2}y_0\right)$；

（2）$k_{PA}+k_{PB}=d\Leftrightarrow$直线$l$过定点$\left(x_0-\frac{2}{d}y_0,\frac{2b^2}{a^2d}x_0-y_0\right)$.

以上述结论为背景，又可以编造出如下测评问题：

问题 28 过抛物线$y^2=2px$（$p>0$）上一定点$P(x_0,y_0)$（$y_0>0$），作两条直线分别交抛物线于$A(x_1,y_1)$，$B(x_2,y_2)$.

（1）求该抛物线上纵坐标为$\frac{p}{2}$的点到其焦点F的距离；

（2）当PA与PB的斜率存在且倾斜角互补时，求$\frac{y_1+y_2}{y_0}$的值，并证明直

线 AB 的斜率是非零常数. （2004年高考北京卷题）

问题29　M 是抛物线 $y^2=x$ 上的一点，动弦 ME、MF 分别交 x 轴于 A、B 两点，且 $MA=MB$.

（1）若 M 为定点，证明：直线 EF 的斜率为定值；

（2）若 M 为动点，且 $\angle NMF=90°$，求 $\triangle EMF$ 的重心 G 的轨迹.

（2005年高考江西卷题）

问题30　双曲线的中心在坐标原点 O，焦点在 x 轴上，过双曲线右焦点且斜率为 $\sqrt{\frac{3}{5}}$ 的直线交双曲线于 P、Q 两点，若 $OP\perp OQ$，$|PQ|=4$，求双曲线的方程. （1991年全国高考题）

问题31　椭圆的中心是原点 O，它的短轴长为 $2\sqrt{2}$，相应于焦点 $F(c,0)$（$c>0$）的准线 l 与 x 轴相交于点 A，$|OF|=2|FA|$，过点 A 的直线与椭圆相交于 P、Q 两点.

（1）求椭圆的方程及离心率；

（2）若 $\overrightarrow{OP}\cdot\overrightarrow{OQ}=0$，求直线 PQ 的方程. （2004年高考天津卷题）

问题32　已知椭圆 C 的中心在坐标原点，焦点在 x 轴上，椭圆 C 上的点到焦点距离的最大值为3，最小值为1.

（1）求椭圆 C 的标准方程；

（2）若直线 l：$y=kx+m$ 与椭圆 C 相交于 A、B 两点（A、B 不是左右顶点），且以 AB 为直径的圆过椭圆 C 的右顶点. 求证：直线 l 过定点，并求出该定点的坐标. （2007年高考山东卷题）

问题33　设椭圆 $\frac{x^2}{a^2}+\frac{y^2}{b^2}=1$（$a>b>0$）的左、右焦点分别为 F_1，F_2，A 是椭圆上一点，$AF_2\perp F_1F_2$，原点 O 到直线 AF_1 的距离为 $\frac{1}{3}|OF_1|$.

（1）证明 $a=\sqrt{2}b$.

（2）设 Q_1、Q_2 为椭圆上的两个动点，$OQ_1\perp OQ_2$，过原点 O 作直线 Q_1Q_2 的垂线 OD，垂足为 D，求点 D 的轨迹方程. （2007年高考天津卷题）

问题34　在平面直角坐标系 xOy 中，已知椭圆 $\frac{x^2}{9}+\frac{y^2}{5}=1$ 的左、右顶点为 A、B，右焦点为 F. 设过点 T（t，m）的直线 TA、TB 与此椭圆分别交于点 M（x_1，y_1）、N（x_2，y_2），其中 $m>0$，$y_1>0$，$y_2<0$.（1）、（2）略（3）设 $t=9$，求证：直线 MN 必过 x 轴上一定点（其坐标与 m 无关）.

（2010年高考江苏卷题）

3.4 数学文化要多彩，文化数学为后盾

3.4.1 数学文化与文化数学

有一种供小学生习字用的描红字贴上有一首儿歌：

一二三四五，金木水火土.
天地分上下，日月成今古.

这短短的20个字的诗，包含了极为丰富的数学文化内容．一、二、三、四、五是排在前面的几个自然数，它一方面像诗歌的“起兴”一样，有总起全诗的作用，另一方面也泛指一切数量关系．金木水火土是古人认为构成物质世界的基本元素，代表物质世界．但古人也常用一些简单的自然数与金木水火土对应，用数字来表示它们．第三句描写宇宙空间的广阔，第四句描写时间的永恒．中国古代也有用自然数来表示天地的做法．如《周易》中就有“天一，地二，天三，地四……”的说法．事实上，空间的位置，日月的运行都是可以通过数学方式来描述的．可见，在这首短短的20个字的诗中，把数量、物质、空间、时间都通过数量关系联系在一起了，缤纷灿烂的物质世界，浩瀚神奇的宇宙空间，姹紫嫣红，百美争妍，但是都统一于数量关系之中．这种含有丰富数学内容的文学作品，呈现了数学与文学的紧密联系．显然，这是数学文化的生动体现.

一般地，文化是指人类社会历史发展过程中所创造的精神财富，文学、艺术、教育和科学等都属于文化的范畴．数学也是这个范畴中最为高雅、最为重要的文化之一.

事实上，自古以来，人们就把数学和文化融合在一起了．古罗马学者西塞罗（Cicero，公元前106～前43年）提出了一个以培养雄辩家为目的的教育纲领，在这个纲领中，把数学列为人文科学的范畴．他所说的人文科学包括数学、语言学、历史和哲学等，明显的是把数学作为一种文化来对待的．西塞罗的纲领后来成为古典教育的基本纲领，对人类教育的历史曾经产生过深远的影响．我国古代把数学教育列为“六艺”之一，是当作文化教育的一部分而设置的．这也说明了数学文化源远流长，历史悠久.

数学文化处于人类文化的较高层次．数学在人类文化当中，依靠其准确性、严密性、抽象性和应用的广泛性和无孔不入而占有极大的优势，加之它

证明中逻辑推理的简洁有力和问题的情趣性，从而这种文化具有美学意义下的艺术性和诱人魅力.

在自然科学当中，数学理论起着车马桥舟的作用，在科学史上受惠数学得到成功的事件数不胜数．例如，行星运动三大定律是人类科学史上最重大的成就之一，是数学文化与实验科学联姻哺育的天文学长子．科学史上第二个精彩事例是英国的亚当斯和法国的勒维烈通过复杂的数学分析与推理，预报了当时尚无人所知的一颗行星（即海王星）的存在，且明确预报了这颗星必于何时出现于何处．天体中这种深藏着的奇妙现象，数学可以去发现它、描述它．这些现象甚至使一些哲学家深信，世界是按照数学公式运转的．哲学家们的这种信念又推动人们去探求宇宙之谜，并努力探寻宇宙的数学描绘.

数学理论展现了它的真理性，在社会科学乃至某些自然科学当中，一代人抛弃前代人建立的理论的现象司空见惯，数学当中则是下一代人更上一层楼．数学理论所使用的符号，是高级形式的语言，它具有绘画与音乐那种全球性，甚至有人猜测它可能具有超越地球文化的广度．数学的符号语言，精确化程度高，没有日常用语中的歧义现象，用数学符号表示成的同一个数学模型可以刻画自然界和人类社会中许多不同的变化．可以说，数学文化统一着自然与社会的规律.

数学素养是整体文化素养的重要标志，它使人说话办事条理清楚，逻辑严谨，符合理性标准，守时守约，具有诚信可靠的品质，以至于文化程度较高（即指接受学校教育程度高，而数学教育是学校教育主体）的人容易赢利致富．一个重要的背景是这些人有数学头脑，是他“心中有数”以及数学中的运筹化观念和风险观念在起作用.

综上，数学与人类文明同生共存、相依为荣，整体人类文化当中处处含有数学文化的内容（张楚廷，2000）.

数学的这种文化内涵与文化属性，数学的这种与其他文化品种之间的种种联系，构成了数学文化的丰富内容与广博程度.

但数学还有另外的一面，很多时候，它的枯涩语言，冷峻的定义与公式、定理，看上去怪里怪气的符号，这些就像一堵高墙，把它和周围世界隔离了．另外，数学的专门化越分越细也使得这堵墙越增越高．由于数学太重要了，数学必须义无反顾地向广大公众传播和普及．社会日趋数学化，随着人类生活质量的提高、生产力的发展和科学文化的进步，数学知识将迅速介入一切领域，高新技术实则成为某种数学技术，一门科学现代化水平将近似地可以用该学科的研究与表述当中所消耗的数学含量来度量.

现实的这种局面给我们提出了挑战，要求我们拆掉这堵高墙，通过对数学的改造或再创造，消除人们对它的神秘感和畏惧感，让它变得尽可能地和蔼可亲，让它发挥更宽广、更深厚的数学文化作用，这便提出了研究文化数学的课题.

显然，数学文化，是以文化为主词，研究数学的文化内涵与属性，研究数学与其他文化品种之间的各种联系，它是属于文化研究的范畴. 而文化数学，则是以数学为主词，研究如何对数学改造或再创造，使数学变得易于大众接受，服务于社会的发展，服务于人类生活，成为一种更高雅、更实惠的文化，因而是属于数学研究的范畴.

文化数学，就是为了使人们享受更高雅、更实惠的数学文化生活，来对数学进行文学改造、文化包装、文化优化（包括整合创新优化、返璞归真优化），甚至对数学进行再创造，以满足有些学生还需要学习更多的数学内容，满足学生课外生活需要更有趣的数学读物，满足青年走进社会后需要更多的数学教育，满足社会上的人们需要“好玩”的数学科普读物. 那么，文化数学从哪些方面进行研究呢？如何着手呢？

3.4.2 探讨研究文化数学的着眼点

1. 着眼于史料发掘

宋朝的苏轼画了一幅《百鸟归巢图》，广东一位名叫伦文叙的状元给那幅画题了一首诗：

归来一只复一只，三四五六七八只.

凤凰何少鸟何多，啄尽人间千石食.

画题既名“百鸟归巢”，而题画诗中却不见“百”字踪影. 也许有人感到怀疑，画中到底是100只鸟还是只有8只鸟呢？我们可以把诗中出现的数字写成一行11345678，再在其中加上适当的运算符号，就会有

$$1+1+3\times4+5\times6+7\times8=100.$$

“百”字出现了，原来诗人独运匠心，使用了数论中整数分拆的方法，把100巧妙地拆成两个1、三个4、五个6、七个8之和，用含而不露的方式写出了100只鸟. 这样，利用诗歌既对贪污腐化的官场进行了辛辣的讽刺，又生动形象地描述了数学知识.

像这样的史料，我们发掘出来，就是一种文化数学的欣赏学习.

人类几千年的文明史，积累了浩如烟海的史料，这些史料在今天虽有哲学、文学、数学、艺术、物理、化学、生物、史学、天文学等之分，但在历史上，许多学科是融为一体的，如哲学与数学、天文学与数学有一段时期就是一门学科. 历史是宏观的，发掘史料，可以宏观地借鉴与思考，这对我们研究文化数学及其溯源打开了一种途径.

例如，湖南教育出版社学数学出身的欧阳维诚先生，对有关史料进行了深入的研究，撰写了一系列著作. 有一本书名为《数学——科学与人文的共同基因》(欧阳维诚，2000)，他从丰富的史料分析中认识到：科学与人文都借重数学，依赖数学来完成各自的使命. 全书从人和自然、人和人以及人自身这三方面的关系对科学与人文关系进行了深入的讨论，得出：数学不仅是数字化技术的支柱，也是科学精神与人文精神共同的基因. 有一本书名为《文学中的数学》(欧阳维诚，1998)，他介绍了 54 个史料故事，分九个专题：文学作品中抽象出数学原理、文学作品中蕴涵数学趣题、文学作品中有各种数学背景、文学作品触及数学的新分支、文学与数学组成的共同体、文学与数学有共同的思维模式、文学与数学使用共同的技巧、古老的文学话题与全新的数学概念、文学问题与数学问题杂谈. 他从欣赏文学作品出发，引发出一些与之紧密相关的数学趣题，发掘出了文学能帮助我们更有效、更深刻地欣赏数学知识与思想. 又有一本书名为《唐诗与数学》(欧阳维诚，2002)，他挑选了 100 首唐诗，分十个专题：形式结构遵循数学规律、思想内容隐含数学背景、咏物抒情涉及数学原理、方法技巧对应数学模式、名言警句启迪数学思维、夕阳芳草激发数学灵感、秦月汉关发挥数学想象、用词造句偶合数学问题、激情雅意增加数学趣味、语言之美道出数学之美. 他试图从自然科学的角度去欣赏或评论唐诗，发掘了在唐诗的情韵中展示的数学思维、数学灵感、数学模式、数学原理、数学规律等，多么丰富的数学内容！还有一本书名为《寓言与数学》(欧阳维诚，2001)，他挑选了 100 篇脍炙人口的寓言，作者首先揭示了寓言与数学的四个密切之处：寓言是一种幽默化了的常识，数学是系统化了的常识. 寓言从普通的常识出发，用最简洁的语言，借助逻辑力量，或阐明事物的深刻哲理，或讽刺社会的常见弊端. 由于篇幅很小，不能不把一些道理省略，须通过逻辑推理，而且常常还须发挥多元思维或逆向思维去发掘、去理解. 这些正是数学的基本特征. 这就揭示了寓言的表达与数学的方法存在相似之处. 寓言的内容常常涉及自然与生活中的某些规律，涉及哲学与逻辑的某些原理. 而这些规律、原理的表述，又往往依赖于数学的公式、定理或模型，甚至必须借助数学才能较深刻地呈现. 换言之，不少寓言可以说是某些规律、原理的具体化、形象化，而数学模型则是这些规律、原理的抽象化、逻辑化. 这就揭示了寓言的具体形象与数学的抽象模型存在相通之处；数学是研究空间形式和数量关系的科学，现代数学则研究抽象的关系. 这些关系无所不在，在寓言中亦不例外. 一篇寓言，可以从各方面去发掘其思想内涵. 有了数学的参与，可以从更加开阔的层面上去发掘寓言的内涵. 有的甚至还非这样不可. 这就使得寓言的艺术魅力和讽刺效应与数学的内容存在相依之处；有些寓言涉及一些特殊的概念和关系，这些概念或关系模糊不清，还有待明确和精确化. 这些概念和关系一方面恰恰是寓言家取材的矿点，另一方面又是数学家研究的对象. 把概念精确化，把说不清楚的概念说清楚，正是数学的基本工作和看家本领. 这就使得寓言在取材方面、逻辑的基础上与数学的研究对象存在着相同之处. 其次，作者还发掘了在寓言中可以体验到数学的逻辑力量和艺术感染力. 从寓言到数学，可以促发思维的飞跃，培养想象力，提高思维素质，加强数学文化修养. 这也使得我们认识了文化数学的一个重要载体.

又例如，北京理工大学计算机专业的吴鹤龄教授，撰写的《七巧板、九连环和华容道》，从介绍中国古典智力游戏三绝入手发掘了这些智力游戏中蕴涵的数学问题和数学道理. 玩七巧板、玩九连环、玩华容道，实则是玩数学，使人在游戏中启迪思想、开阔视野、锻炼思维能力.

发掘史料，古为今用，这可以为文化数学研究提供课题.

2. 着眼于科普创作

今天，数学科学正以人们意想不到的速度和力度深刻地影响并改变人类社会的生产、生活和未来走向. 因此，组织数学界和科普界的专家学者，对包括编码和密码、时空几何、小波分析、非线性代数、混沌、分形、金融数学等内容比较深奥的数学学科，用深入浅出的方式向大众介绍已成为当务之急.

张景中院士身先士卒，不仅自己撰写了“院士数学讲座专辑”《数学家的眼光》、《漫话数学》等 8 本科普读物，还主编了“好玩的数学”丛书（《数学聊斋》、《数学美拾趣》、《幻方及其他》、《数学演义》、《七巧板、九连环和华容道》、《中国古算解趣》、《乐在其中的数学》、《不可思议的 e》、《说不尽的 π》）以及“走进教育数学”丛书中的《数学的神韵》、《数学不了情》、《情真意切话数学》等，这些读物，不同的读者也会从其中得到不同的乐趣和益处. 可以当作休闲娱乐小品随便翻翻，有助于排遣工作疲劳、俗事烦恼；可以作为教师参考资料，有助于活跃课堂气氛、启迪学生心智；

可以作为学生课外读物，有助于开阔眼界、增长知识、锻炼思维能力. 即使对于数学修养比较高的大学生、研究生甚至数学研究工作者，也会开卷有益.

进行科普创作，是开展文化数学研究的重要方式. 为此本书作者也花了多年的时间，撰写了《从 Stewart 定理的表示谈起——向量理论漫谈》(沈文选，2016a)、《从 Cramer 法则谈起——矩阵论漫谈》(沈文选，2016b)，作为向张景中院士学习、宣传张院士的教育思想而做的一点实事.

3. 着眼于文学修饰

传说乾隆皇帝游江南时，在杭州西湖遇上大雪，便随口吟出三句诗：

"一片一片又一片，两片三片四五片，六片七片八九片".

这位附庸风雅的风流皇帝，虽然写过不少的御制诗，但如果单从这几句看实在有点"略输文采"，幸亏陪游的沈德潜替他续了一句："飞入梅花皆不见".

这一续突然峰回路转，点石成金，白雪片片落进白色的梅花丛中，顿时融合得不露形迹，动景起了突变，出人意外的收笔产生了奇妙的诗歌效果. 这就是文学修饰的作用.

爱国诗人屈原在《离骚》中写道："盍方圆之能周兮，夫孰异道而相安." 诗人用"方"与"圆"、"直"与"曲"的不能吻合，形象地揭露了君子小人不能共处，道不同不相为谋. 这是用数学对象来作比喻，给人以新奇、生动和无可怀疑的印象.

同样地，如果对数学内容进行文学修饰也会产生同样的效果与作用.

某些难理解的数学概念，可以给予文学解读帮助理解.

例如，极限定义中的式子$|x_n-A|<\varepsilon$，可以这样解读：对于给定的任意小的正数ε，x_n的取值与常数A的差的绝对值要多么小就有多么小. 又例如，对于数学中的弱抽象和强抽象概念，可以这样解读：强抽象可以看做是从越来越狭小的范围里去搜索，弱抽象可以看做是从越来越宽阔的范围去考察.

某些数学对象的性质特点，可以进行文学描述.

例如，有理数可以数个数，无理数不能排次序；此数函彼数，谓之函数；向量一桥飞架，数形天堑变通途，等等.

一章数学内容，可以借助文学作品介绍.

例如，张景中院士主编的高中数学课本的每一章都给出的章头诗. 下面是第1章集合与函数的章头诗：

日落月出花果香，物换星移看沧桑.
因果变化多联系，安得良策破迷茫.
集合奠基说严谨，映射函数叙苍黄.
看图列表论升降，科海扬帆有锦囊.

有些数学著作的名称直接进行文学修饰.

例如，福建的王志雄先生就写了一本《数学美食城》的著作，宣传数学是人类的一类精神食粮；韩国的朴京美女士撰写了《数学思维树》、《数学维生素》，启引读者发现数学的迷人、可爱，从而爱上数学.

文学修饰是用文化来包装数学的一个重要方面，这也是进行文化数学研究的一条途径.

4. 着眼于艺术渲染

艺术的渲染力是极强的，不仅可以穿透大众与数学之间的屏障，还可以把大众推入喜爱数学，走进数学的大门. 这是因为每一类艺术或每一件艺术品都和数学是密切相关的，许多数学分支就是人们在欣赏、研究艺术或艺术品中产生、发展而来的；反过来，运用数学又使得这些艺术或艺术品更美妙、更美好.

在古希腊时代，数学本身就被视为一门艺术，我们只要回顾一下古希腊时代的音乐、绘画与建筑的风格，就不难想象数学思想与当时的艺术风格的关系.

毕达哥拉斯学派从研究数学与声学的实践中概括出“美是和谐与比例”. 那个时代，琴弦之间长度的比例关系是依靠数学方法来确定的，而琴弦的长度直接影响声音的和谐，即当两个弦的长度成正比时弹出的音和谐动听. 按原来弦的长度为基准，如果其他弦的长度为$\frac{3}{4}$时，则会发出像“嘟”和“发”一样的4度音，如果其他弦的长度为$\frac{2}{3}$时，则会发出像“嘟”和“梭”一样的5度音，如果其他弦长的长度为$\frac{1}{2}$时，则会发出像“嘟”和高一个8度音阶“嘟”一样的8度音. 主和弦“嘟–咪–梭”的频率之比为$1:\frac{5}{4}:\frac{3}{2}$，即$4:5:6$，属和弦“梭–西–来”和下属和弦“发–拉–嘟”的频率之比计算结果也为$4:5:6$.

通过音声组合制作出动人的音乐，从某种意义上讲与单调乏味的数学好像风马牛不相及，但通过音乐基础——音程理论的数学原理，我们可切身感受到“音乐是感性的数学，数学是理性的音乐”这句数学家西尔维斯特（Sylvester）的至理名言．可以说，“艺术之王”——音乐与“科学之王”——数学相互有着密不可分的联系．以致大数学家笛卡儿和欧拉都有关于音乐理论的著作．笛卡儿在1650年出版了一本题为《音乐概要》的书，欧拉在1731年，写了一本以声乐为主题的著作《建立在确切的谐振原理基础上的音乐理论的新颖研究》．这说明音乐与数学到了水乳交融的地步．

古希腊数学不研究变化图形的性质，数学表现为一种静态特征，因而古希腊的绘画艺术给人以一种心理上的宁静之感，追求标准化，强调绘画中的各部分的比例合乎标准．

多少世纪以来，数学与绘画艺术建立了千丝万缕的联系，投影几何、黄金分割、比和比例、视觉幻影、有限和无限、平行和对称等成了数学与绘画艺术的纽带．例如，达·芬奇是文艺复兴时期的一位大画家，他也是一位数学家，以他为代表的一大批卓越的天才，创立了一整套全新的数学透视理论，把数学精神注入绘画艺术之中，开创了全新的绘画风格．

建筑艺术也和数学有着不解之缘．

任何时代、任何国家的文明都可以通过其建筑反映出来，建筑不仅是综合技术的标志，也是精神文明的象征．设计师在设计这些建筑时，尽可能发挥其想象力．数学既是设计师、建筑师的智力资源，也成为减少试验、消除技术差错的重要手段．除了力学结构、材料负荷、成本核算等都离不开数学外，建筑的风格、建筑的审美要求，也是数学思想的反映．

在古代，埃及的金字塔建筑中石头的形状、大小、重量、排列等的计算工作，就须用到直角三角形、正方形、勾股定理（国外称为毕达哥拉斯定理）等方面的知识．雅典的巴特农神殿用到了黄金分割、幻视觉、比例等方面的知识，并能准确地切割圆柱体，使其柱高恰为底面圆直径的3倍．古罗马的竞技场等运用了圆、半圆、半球和弧，反映当时罗马的主流数学思想．歌德式教堂的建筑师们用数学确定地球的引力中心，并设计拱形的天花板，使天花板上拱形的交点正对隐藏在地底下的用巨石构建的重物．中国的赵州桥的“敞肩拱”结构是世界造桥史上的创举，河南的嵩岳寺塔用到了正十二边形．美国旧金山圣·玛丽大教堂的双曲抛物面顶．支撑东京奥林匹克大厅的悬链线缆，北京故宫的对称建筑群等，莫不得力于数学．

黄金分割的小数表示为0.618，这是一个神秘之数，它不仅是艺术之中的一个王者，也是探索宇宙的钥匙．最初，人们通过研究自然界的现象或艺术品的结构特点，发现了神奇的0.618，它蕴藏在自然界的方方面面，蕴藏在艺术品的里里外外，成为宇宙中、人类文明中的奥妙之数．人们在通过数学、哲学、艺术等方式来解释0.618法则的同时，又将0.618法则应用于经济、社会的各个方面．留下了许多宝贵的经验和成果，带来了意想不到的成功和收获．

工艺品也是艺术品的一类，精巧的工艺品也是数学知识的一种特殊载体．它的形态结构与表面装饰均离不开数学知识的运用．正因为如此，这是可以在文化数学方面有文章可作的领域之一．

数学造就了艺术，艺术也要反哺着数学．让艺术在文化数学的发展中发挥应有的作用——强大的渲染力．

5. 着眼于生活现实解惑

张奠宙先生曾提出倡议：建构符合时代需求的数学常识，享受充满数学智慧的精彩人生．这就要求我们的头脑来进行数学地思考，处事“心中有数”，做人和谐中庸，言语用点数学描述．这样，有可能解决我们现实生活中的许多困惑，这也是一种数学文化的享用与文化数学的熏陶．

头脑要进行数学地思考，就是说一个人要有数学智慧．数学是思维的体操，是提高人们思维能力、激发灵感、培养智慧的学科．勤于学习、奋于积累，勤于思考、善于变化，勤于动手、勇于实践，才有可能面临困境或难题时，综合运用多方面知识，采用各种方法和手段，探索解困的多种途径，才能“急中生智”．数学智慧还体现于数学的理性精神、求简精神、求美精神、创新精神等诸方面．

处事“心中有数”，就是说在做事之前，要估计一下，这件事做成功有多大的把握，或者说成功的概率是多少，也暗示了做事要用数学的思维方法去考虑．在现实生活中，“情况不明决心大，心中无数点子多”的人还不少，所以出现许多不该有的差错，不该有的重复建设，造成许多新的困惑．

做人和谐中庸．“中庸之道”是中国古代哲学的核心思想，其从定性的高度掌控事物运动变化之规律．和谐是指各种矛盾和关系配合协调，使之相生相长．和谐可以表现为某种恰当的数的比例关系，人类文明中的音乐、绘画、几何、雕塑、宇宙天体中都有和谐的范例，它们可通过黄金分割比0.618来体现．0.618是从定量的角度把握事物运动变化的进程．“质”和“度”是事物的两个核心，0.618这一黄金比例也可以说是对“中庸之道”的“度”的测量．现实生活中的许多不安定事件、事故往往就是某些人偏离

“中庸之道”所产生的.

体现数学文化的生活用语不仅生动形象，而且不会产生歧义、让人误解. 例如，与人交谈，谈到自己所知道的情况时，说“略知一二”表示谦虚. 听到别人做事很快，则说：“你做事真是三下五去二”等，生动形象. 现实生活中的许多矛盾，如家庭矛盾、邻里矛盾、师生矛盾、医患矛盾、上下级矛盾等有许多情形是由误解产生的. 正因为这样，我们是否可以试探，按文化数学的思想，对有关语言进行数学化改造以体现数学文化呢?

其实，不少名家喜欢用数学化的语言作比来喻事论理：

成功的秘诀：大科学家爱因斯坦以“$A=X+Y+Z$”的数学公式来揭示成功的秘诀. 他说：“A 代表成功，X 代表艰苦的劳动，Y 代表正确的方法，Z 代表少说空话.”

天才公式：大发明家爱迪生说：“天才=1%的灵感+99%的汗水.”

人生分数：大文豪托尔斯泰说：“一个人好比分数，他的实际才能好比分子，而他对自己的估价好比分母，分母越大，则分数的值就越小.”

这样的文化数学用语，不仅生动形象，而且是一种极大的激励!

6. 着眼于高新技术解读

数字化时代，高新技术就是数学技术. 这如何解读?

如果说前面5个着眼点是从文化优化的角度来对数学进行改造或再创造来进行文化数学研究的话，则可以说这一着眼点是从科技文化角度来宣传，进行文化数学学习，从而提高数学文化的层次，以适应数字化时代的需要.

对大多数人来说，数学技术还是一个陌生的名称. 让我们来看看有关数学技术的一些新闻和故事.

抗洪斗争的新闻：1998年9月7日，许多报纸都报道：“20吨炸药进入倒计时，最后一刻共和国决策者决定荆江不分洪.”其中有一段是这样写的：“由多方专家组成的水利专家组用‘有限单元法’对荆江大堤的体积渗漏进行了预算，确定出一个安全系数. 照这一系数推定，沙市水位即使涨到45.30米. 也可以坚持对长江大堤严防死守，不用分洪.”这里提出的“有限单元法”，就是求解微分方程边值问题的一种数学方法. 这种方法用途十分广泛，以至于在这次抗洪斗争中用于大堤的强度计算. 这就是数学技术巨大作用的体现（赵小平，2002）.

数字化电视的故事：在信息传输过程中如何压缩信息是一个重要问题，而数学在这方面就大有可为. 现代数学中有一门学问叫做小波分析，它在信息压缩技术中有重大作用．日本在发展高清晰度电视的竞争中落后于美国，就是因为信息压缩技术不够先进．美国应用数学研究成果发展信息压缩技术，在高清晰度电视及网络传输方面领先于日本（因日本在常规电视生产上占有优势），成为世界上信息技术最先进的国家．这就是诞生于美国的小波技术——一种信息压缩的数学技术，在其中起了关键的作用．

激光照排技术：中国科学院院士、工程院院士、北大教授王选，在印刷技术攻关中，由于汉字字形信息量太大，便利用自己所学的数学知识，深入研究信息压缩，他运用轮廓描述和参数描述相结合的方法描述字形设计出一套把汉字轮廓快速复原成点阵的算法．又克服重重困难，发明了高分辨率字形的高倍率信息压缩和复原技术用于印刷照排系统，以后又设计专用的超大规模集成电路实行复原算法，使这一技术成为国际领先水平，印刷业也就告别了“铅与火”的历史．

今天，数学技术已进入艺术的方方面面．动漫已形成强大的产业，音乐几乎可由计算机主宰．利用计算机技术，可以合成已有的各种音乐声和各种音色，也可以合成自然界和世界上还没有过的声音，使音乐的范围得到了无限的扩张．传统的音乐常常以传统的乐器和人声为模本，用电声模仿他们的音色，而计算机则可别开生面，别树一帜．在音律上，计算机完全冲破了传统的五声、七声、十二声等规范，无限自由地扩宽了天地．又如作曲的思维方法、程序等也发生了改变等等．计算机进入音乐，还会使人们产生新的心理感受和审美标准．如对“音色美”，除了过去认为丰满、圆润、清纯、柔和是美之外，今天还有可能加上新奇等．旋律过去以悠扬、流畅为美，今天则可能要加上曲折、跳跃等．

今天，我们将生活在两个“宇宙空间”之中．一个是由原子分子构成的物质空间，一个是由数字化技术构成的“虚拟空间”．

如果说，物质空间呈现的是数学规律与法则，则可以说虚拟空间是人们按数学方法与法则设计的．这个虚拟空间不仅可以包含人的思想，而且也包括人们制造的各种系统，如人工智能和虚拟现实系统等．虚拟空间能生动地反映出电脑与人脑及电脑网络文化之间的联系，更具有电脑时代的文化意蕴，利用信息高速公路作为最基本的平台，通过互联网实现人与人之间的感情交流与文化交流．从而虚拟空间文化则是数字化时代特有的文化．

进化文化数学研究是一个新的课题，笔者谈了以上的一些肤浅看法，供读者参考．

第 4 章 新殿堂的建筑技术掇拾

一个新的宏伟建筑，须得采用先进的科学建筑技术，甚至还须技术攻关，才能保证建筑质量.

走进教育数学，进行教育数学研究，有如下一系列探营方法值得我们学习与运用.

4.1　基本概念的重新定义

数学概念是组成数学命题的基本单元，是构成数学大厦的基本构件. 数学概念的定义就是揭示数学对象的内涵或外延的逻辑方法. 为了优化数学，简化逻辑结构，对于人们常常认为成为数学难点内容中基本概念的定义，可以考虑重新给出.

张景中院士为了改造平面几何体系，提出了几种方案，在这些方案中，他就重新定义了一些数学基本概念.

【例 1】 给出的角 α（$0°\leqslant\alpha\leqslant180°$）的正弦的两个定义.

在传统教材中，对于直角三角形的一个锐角的正弦定义为这个锐角的对边与斜边的比值. 张景中院士为了建立他改造的几何的新体系，分别给出了如下两个定义（张景中，2002）：

定义 1　边长为 1，有一个角为 α 的菱形的面积，叫做角 α 的正弦，记作 $\sin\alpha=S_\alpha$. 当 α 为 0°或 180°时，$\sin\alpha=0$.

定义 2　顶角为 α（$0°\leqslant\alpha\leqslant180°$），腰长为 1 的等腰三角形，其面积记作 $S(\alpha)$. $S(\alpha)$ 的 2 倍叫做 α 的正弦，记作 $\sin\alpha$.

由上述定义，立即可以导出正弦函数的一系列基本性质.

【例 2】 给出上凸、下凸函数的定义.

在一般的书籍中，上凸、下凸函数是这样定义的：

设连续函数 $y=f(x)$ 定义在区间 I 上，对于任意的 x_1，$x_2 \in I$ 及 λ_1，$\lambda_2 \in \mathbf{R}^+$ 且 $\lambda_1+\lambda_2=1$，若

$$f(\lambda_1 x_1+\lambda_2 x_2) \geqslant \lambda_1 f(x_1)+\lambda_2 f(x_2),$$

则称 $f(x)$ 为区间 I 上的上凸函数，其中等号当且仅当 $x_1=x_2$ 时取得. 若

$$f(\lambda_1 x_1+\lambda_2 x_2) \leqslant \lambda_1 f(x_1)+\lambda_2 f(x_2),$$

则称 $f(x)$ 为区间 I 上的下凸函数，其中等号当且仅当 $x_1=x_2$ 时取得.

如果上述两个不等式中等号不能取得，则称为严格上凸或严格下凸函数.

为了给低年级学生介绍凸函数及其性质，我们可以这样给出定义.

定义 3 设 $f(x)$ 为区间 I 上的连续函数（即图像不间断），对于任意实数 a，b，$c \in I$，且 $a<b<c$. 若

$$\frac{f(b)-f(a)}{b-a} > \frac{f(c)-f(b)}{c-b},$$

则称 $f(x)$ 为区间 I 的严格上凸函数. 若

$$\frac{f(b)-f(a)}{b-a} < \frac{f(c)-f(b)}{c-b},$$

则称 $f(x)$ 为区间 I 上的严格下凸函数.

显然，定义 3 可从函数值差与变量差的比值来结合函数图像中的直角三角形两直角边的比值介绍给学生，使学生比较容易理解和接受.

当然，这里的定义与传统定义是等价的，下面仅证严格下凸情形.

若令 $\lambda_1=\dfrac{c-b}{c-a}$，则由 $a<b<c$ 知 $\lambda_1 \in (0, 1)$.

由于 $b=\dfrac{c-b}{c-a} \cdot a+\dfrac{b-a}{c-a} \cdot c=\lambda_1 a+(1-\lambda_1)c$.

由传统定义，即

$$f(\lambda_1 x_1+(1-\lambda_1)x_2) \leqslant \lambda_1 f(x_1)+(1-\lambda_1) \cdot f(x_2),$$

有

$$f(b)=f(\lambda_1 a+(1-\lambda_1)c) \leqslant \frac{c-b}{c-a} f(a)+\frac{b-a}{c-a} f(c),$$

即

$$[(c-b)+(b-a)] f(b)<(c-b) f(a)+(b-a) f(c),$$

亦即

$$(c-b) [f(b)-f(a)]<(b-a) [f(c)-f(b)],$$

故

$$\frac{f(b)-f(a)}{b-a}<\frac{f(c)-f(b)}{c-b}.$$

这里是由传统定义推出定义 3. 反过来，也可由定义 3 推出传统定义，这就留给读者了.

4.2　体系结构的恰当调整

在《数学通报》2007 年第 1、2 期中，连载了张景中院士的“三角下放，全局皆活——初中数学课程结构性改革的一个方案”，在这篇文章中，张院士比较详细地介绍了适用于初中数学教学的逻辑体系，他的结构性改革设想的 14 节内容是：基本出发点、正弦函数的新定义、正弦定理及其应用、正弦和角公式、正弦的增减性与不等式初步、角的平角单位和负角的正弦、余弦的性质、余弦定理、全等三角形和相似三角形的判定和应用、圆和正多边形、直角坐标系和函数的图像、一次函数和二次函数、直线和圆的方程以及极坐标和参数方程初步. 张院士还指出：进行这样的结构性改革，优点是显而易见的：①从小学生熟悉的三角形面积计算入手，学生容易接受；②推理具有简捷严谨的代数风格，容易理解和记忆；③系统展开明快，可以用较少的课时学到更多的数学知识，给学生留下更大的思考讨论的空间；④三角、几何和代数密切联系相互渗透，有利于提高学生的数学素质和思维能力；⑤更早更多地体现方程和函数的思想，有利于学生今后学习高等数学和用数学知识数学方法解决实际问题. 总之，这样的改革，使初等数学课程变得更容易，更清楚，更严谨，更丰富，也更有力量.

这是大的体系结构的恰当调整的一个范例.

在测评数学的研究中，上海教育考试院对数学高考试卷题型结构体系进行了恰当的调整，改变我国大多数省、市（区）数学高考试卷中首先是 8 ~ 12 道选择题，其次是 4 ~ 5 道填空题的结构体系，而是先安排 8 ~ 10 道填空题，再安排 4 道选择题. 使得他们对于测评数学的研究走在全国的前列，这样的调整为如何在选拔测评中区分有较高数学素养和水平的人才提供了新的思路.

在教材数学的研究中，现行高中数学教材试验修订本也对章节内容的体系进行了一些调整，在每一章的开头安排了一段引言和章头图. 湖南教育出版社出版的教材还安排了一首诗歌. 教材引言通过与本章有关的实际问题引入该章所要学习的主要内容，它既向学习者介绍了有关数学概念的实际背景以及由实际问题抽象为数学概念的过程，又给学习者说明了数学概念是从我们实际生活中逐渐抽象出来的，它存在于生产、生活和科研之中，为生产、生活和科研服务，并在生产、生活和科研中得到发展的事实. 每一章开始的导入环节就像一部电影的序幕那样重要，如果设计合理、运用得当，就能牵动整个一章的教学过程，收到先声夺人、一举成功之奇效. 引言中常常提出能引起学习者思考的问题，“问题是数学的心脏”，而思维又总是在一定的“问题情境”中产生的. 这是符合学习者的心理特征的. 著名心理学家奥苏伯尔从学习心理角度分析认为，当人们在接触一个完全不熟悉的知识领域时，从已知的较一般的整体中分化细节，要比从已知的细节中概括整体容易一些. 并认为人们关于某一学科的知识在头脑中组成一个有层次的结构，最具有包容性的观念处于这个层次结构的顶点，它下面是包容范围较小和越来越分化的命题、概念和具体知识. 根据人们认识新事物的自然顺序和认知结构的组织顺序，教材的呈现也应遵循由整体到细节的顺序.

在竞赛数学的研究中，笔者曾对其内容体系的调整进行过一些探讨，提出了“兵力、兵器、兵法”方案，并且以此体系编写了关于初中、高中数学竞赛的培训教材，已由湖南师范大学出版社于2006年出版，反映良好.

在数学竞赛中，平面几何内容占据着重要地位. 这是因为，几何概念为抽象的科学思维提供直观的模型，几何方法在所有的领域都有广泛的应用，几何直觉是“数学地”理解高科技和解决问题的工具，几何的公理系统是组织科学体系的典范，几何思维习惯则能使一个人终身受益. 正如袁震东先生所说的：“平面几何的难题证明，可能不是普遍需要，然而对于未来各行各业的领袖人物而言，平面几何的训练，包括若干难题的证明，却是非常重要的.”为此，笔者也花了较多的精力研究平面几何内容的培训问题. 并认为：关注基本图形的性质的教学是关键环节，分门别类整合平面几何基本图形的性质来进行培训应成为改造平面几何内容，花较少时间，取得较大效益的一种选择. 笔者曾以整合完全四边形的基本性质及应用为平台展开其培训内容.

在竞赛数学内容研究中，对解题策略研究也是一个重要课题. 笔者也为此作过深入探讨，并撰写了“点击基本手法，触摸特色数式”、“点击基本图形，触摸特色定理”为主体内容的代数、几何解题策略丛书，由浙江大学出版社于2012年出版；还撰写了“善辟蹊径，角逐才智，融通技术、出奇制胜，一题多解、培优思维，重视反思、开拓前进”为主体内容，以“初中、高中数学竞赛中的秘密”为书名的书籍，由湖南师范大学出版社于2014年出版.

4.3　思想方法的归结提升

数学思想与数学方法互为表里，它们建立在一定的知识基础上，反过来又促进知识的深化提高和向能力的转化. 数学思想方法的有意识体现，运用、点拨提炼，归结提升，是使我们深刻认识数学本质、迅速提高数学能力的重要措施. 这也是使得容易接受数学新知识的途径之一.

史宁中教授指出①："创新能力依赖于三方面：知识的掌握、思维的训练，经验的积累.""思维训练主要靠两个能力，一个是演绎能力，一个是归纳能力.""演绎能力是能够熟练使用演绎推理的能力.""归纳能力是能够熟练使用归纳推理的能力.""归纳推理主要包括两种方法，归纳法和类比法，借助归纳推理可以帮助学生培养预测结果和探究的能力，这是演绎推理不可比拟的，因此从方法、思维角度来说，过去双基教育缺少了对归纳能力的培养，对学生未来走向社会不利，对培养创新人才不利."

"归纳这种思想方法与分类有关，归纳的基本思路是：在一类事物中，如果我们考察的所有事物都有性质 A，则认为这类事物都有性质 A."

【例 1】　$1+3=4=2^2$，

$1+3+5=9=3^2$，

$1+3+5+7=16=4^2$，

$1+3+5+7+9=25=5^2$，

……

于是，我们可归纳得到：从 1 开始的连续 n 个奇数的和，就是奇数个数的平方.

事实上，由于 $2n-1=n^2-(n-1)^2$，令 $n=1, 2, \cdots$，将所得式相加整理，便马上证明上述归纳得的结论是正确的.

人们认识问题或事物，总是先认识某些特殊情形，然后过渡到对一般问题或事物的认识，在这个过程中，"归纳"发挥了重要作用. 归纳思想方法的训练就要从这些简单的问题开始.

【例 2】　由 $6=3+3$，$8=3+5$，$10=5+5=3+7$，$12=5+7$，$14=7+7=3+11$，$16=3+13=5+11$，…，德国数学家哥德巴赫（Goldbach）归纳得：任何大于 4 的偶数都可表示为两个奇素数之和.

---

① 史宁中.《数学课程标准》的若干思考［J］. 数学通报，2007（5）：1-5.

此例就是著名的哥德巴赫猜想. 为了证明这个猜想，两百多年来，世界各国数学家投入了大量的精力，取得了一系列成果，直到 1973 年，我国数学家陈景润证明了“任何充分大的偶数都是一个素（质）数及一个不超过两个素数的乘积之和”，在国际上被称为“陈氏定理”. 尽管如上猜想还没有完全被证明，还不能作为我们运用的定理，但在证明的探索过程中，发现了许多定理，大大推动了数论研究及其发展.

归纳时，常涉及整合与推广.

【例 3】 一道平面几何问题的推广归纳（沈文选，1989）.

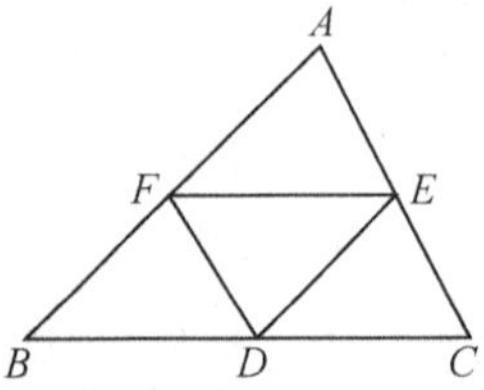

图 4-1

中学几何课本上有这样一道习题：

如图 4-1 所示，点 D，E，F 分别是 $\triangle ABC$ 的边 BC，CA，AB 的中点. 求证：$\frac{S_{\triangle DEF}}{S_{\triangle ABC}}=\frac{1}{4}$.

证明 因 D，E，F 分别为 BD，CA，AB 的中点，有$\frac{DE}{AB}=\frac{EF}{BC}=\frac{FD}{CA}=\frac{1}{2}$，从而$\triangle DEF\backsim\triangle ABC$，故

$$\frac{S_{\triangle DEF}}{S_{\triangle ABC}}=\left(\frac{1}{2}\right)^2=\frac{1}{4}.$$

为便于推广，现将上述习题中各边中点的条件整合改述为

$$\frac{BD}{DC}=\frac{CE}{EA}=\frac{AF}{FB}=1.$$

由此，若$\frac{BD}{DC}=\frac{CE}{EA}=\frac{AF}{FB}=2$，3，…，$n$ 时，则有

命题 1 如图 4-2 所示，D，E，F 分别在 $\triangle ABC$ 的边 BC，CA，AB 上，$\frac{BD}{DC}=\frac{CE}{EA}=\frac{AF}{FB}=2$，求证：$\frac{S_{\triangle DEF}}{S_{\triangle ABC}}=\frac{1}{3}$.

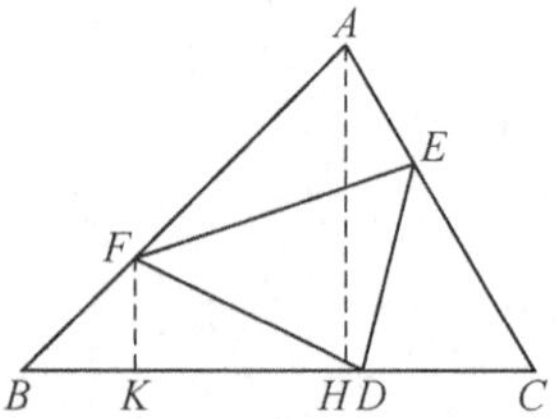

图 4-2

证明 分别过点 A，F 作 $AH\perp BC$ 于 H，作 $FK\perp BC$ 于 K，则 $FK/\!/AH$，$\triangle BFK\backsim\triangle BAH$.

又由$\frac{BD}{DC}=\frac{AF}{FB}=2$，则$\frac{FK}{AH}=\frac{BF}{BA}=\frac{1}{3}$，$\frac{BD}{BC}=\frac{2}{3}$，即

$$\frac{S_{\triangle BDF}}{S_{\triangle ABC}}=\frac{\frac{1}{2}BD\cdot FK}{\frac{1}{2}BC\cdot AH}=\frac{2}{9}.$$

同理，

$$\frac{S_{\triangle CDE}}{S_{\triangle ABC}}=\frac{S_{\triangle AEF}}{S_{\triangle ABC}}=\frac{2}{9}.$$

故

$$\frac{S_{\triangle DEF}}{S_{\triangle ABC}}=1-3\cdot\frac{2}{9}=\frac{3}{9}=\frac{1}{3}.$$

命题 2　如图 4-2 所示，D，E，F 分别在 $\triangle ABC$ 的边 BC，CA，AB 上，且 $\frac{BD}{DC}=\frac{CE}{EA}=\frac{AF}{FB}=n$. 求证：$\frac{S_{\triangle DEF}}{S_{\triangle ABC}}=\frac{n^2-n+1}{(n+1)^2}$.

证明　仿命题 1，作 $AH\perp BC$ 于 H，作 $FK\perp BC$ 于 K，则 $FK/\!/AH$，$\triangle BFK\backsim\triangle BAH$.

又 $\frac{BD}{DC}=\frac{AF}{FB}=n$，则 $\frac{FK}{AH}=\frac{BF}{AB}=\frac{1}{n+1}$，$\frac{BD}{BC}=\frac{n}{n+1}$. 故

$$\frac{S_{\triangle BDF}}{S_{\triangle ABC}}=\frac{\frac{1}{2}FK\cdot BD}{\frac{1}{2}AH\cdot BC}=\frac{n}{(n+1)^2}.$$

同理，

$$\frac{S_{\triangle CDE}}{S_{\triangle ABC}}=\frac{n}{(n+1)^2},\qquad \frac{S_{\triangle AEF}}{S_{\triangle ABC}}=\frac{n}{(n+1)^2}.$$

故

$$\frac{S_{\triangle DEF}}{S_{\triangle ABC}}=1-\frac{3n}{(n+1)^2}=\frac{n^2-n+1}{(n+1)^2}.$$

在上述命题中，D，E，F 均在三角形的边上. 若 D，E，F 在三角形边的延长线上，情况又怎样呢？为讨论问题的方便，我们引入有向线段及有向线段的比的概念处理. 如有向线段 $\overrightarrow{AB}$ 是规定了起点 A 和终点 B 的线段，有向线段的比 $\lambda=\frac{\overrightarrow{AP}}{\overrightarrow{PB}}$，当分点 P 在线段 AB 上时，$\lambda>0$；当分点 P 在线段 AB 的延长线上时，$\lambda<0$.

命题 3　如图 4-3 所示，D，E，F 分别在 $\triangle ABC$ 的边 BC，CA，AB 上或其延长线上，且 $\frac{\overrightarrow{BD}}{\overrightarrow{DC}}=\lambda_1$，$\frac{\overrightarrow{CE}}{\overrightarrow{EA}}=\lambda_2$，$\frac{\overrightarrow{AF}}{\overrightarrow{FB}}=\lambda_3$，求证：

$$\frac{S_{\triangle DEF}}{S_{\triangle ABC}}=\frac{1+\lambda_1\lambda_2\lambda_3}{(1+\lambda_1)(1+\lambda_2)(1+\lambda_3)}.$$

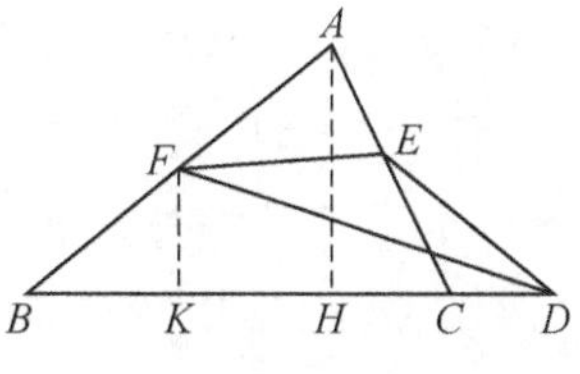

图 4-3

证明 仿照命题 2，作 $AH\perp BC$ 于 H，作 $FK\perp BC$ 于 K，则 $FK/\!/AH$，$\triangle BFK\backsim\triangle BAH$.

又$\dfrac{\overrightarrow{AF}}{\overrightarrow{FB}}=\lambda_3$，则$\dfrac{FK}{AH}=\dfrac{BF}{BA}=\dfrac{1}{1+\lambda_3}$；$\dfrac{\overrightarrow{BD}}{\overrightarrow{DC}}=\lambda_1$，则$\dfrac{\overrightarrow{BD}}{\overrightarrow{BC}}=\dfrac{\lambda_1}{1+\lambda_1}$，故

$$\frac{S_{\triangle BDF}}{S_{\triangle ABC}}=\frac{\frac{1}{2}BD\cdot FK}{\frac{1}{2}BC\cdot AH}=\frac{\lambda_1}{1+\lambda_1}\cdot\frac{\lambda_1}{1+\lambda_3}=\frac{\lambda_1}{(1+\lambda_1)(1+\lambda_3)}.$$

同理

$$\frac{S_{\triangle CDE}}{S_{\triangle ADC}}=\frac{\lambda_2}{(1+\lambda_2)(1+\lambda_1)},\qquad \frac{S_{\triangle AEF}}{S_{\triangle ABC}}=\frac{\lambda_3}{(1+\lambda_3)(1+\lambda_2)}.$$

而

$$\frac{S_{\triangle AEF}+S_{\triangle BDF}+S_{\triangle CDE}}{S_{\triangle ABC}}=\frac{\lambda_1+\lambda_2+\lambda_3+\lambda_1\lambda_2+\lambda_2\lambda_3+\lambda_3\lambda_1}{(1+\lambda_1)(1+\lambda_2)(1+\lambda_3)},$$

故

$$\frac{S_{\triangle DEF}}{S_{\triangle ABC}}=1-\frac{S_{\triangle AEF}+S_{\triangle BDF}+S_{\triangle CDE}}{S_{\triangle ABC}}=\frac{1+\lambda_1\lambda_2\lambda_3}{(1+\lambda_1)(1+\lambda_2)(1+\lambda_3)}.\qquad(4\text{-}1)$$

于是有归纳结论（4-1）.

显然，前述习题、命题 1 以及命题 2 均是结论（4-1）的一些特殊情形. 例如，当 $\lambda_1=\lambda_2=\lambda_3=n$ 时，有

$$\frac{S_{\triangle DEF}}{S_{\triangle ABC}}=\frac{1+n^3}{(1+n)^3}=\frac{n^2-n+1}{(n+1)^2}.$$

归纳是对同一事物或现象作若干次观察、实验之后，在一系列的结果中找出共同属性. 而类比是在两类不同的事物或现象之间进行对比，找出若干相同或相似点之后，推测在其他方面也可能有相同或相似之处. 因而，类比思想方法常常是获得结论的更新或再生的新结论的带有创造性的一种思想方法. 类比扩大了视野，拓广了研究对象的类型，推广了命题的结论，锤炼了思维.

【例 4】 三角形旁切圆半径公式的类比推广.

任何三角形 ABC 有三个旁切圆，若记顶点 A，B，C 所对边的边长分别为 a，b，c 及所对边的旁切圆半径分别为 r_a，r_b，r_c，三角形的面积为 S，则补形作出旁切圆的外切梯形再运用面积比方法可求得

$$r_a=\frac{2S}{b+c-a},\qquad r_b=\frac{2S}{a+c-b},\qquad r_c=\frac{2S}{a+b-c}.$$

我们只证第一式，其余类同.

事实上，作半径为 r_a 的旁切圆的外切梯形 $B'C'CB$，见图 4-4.

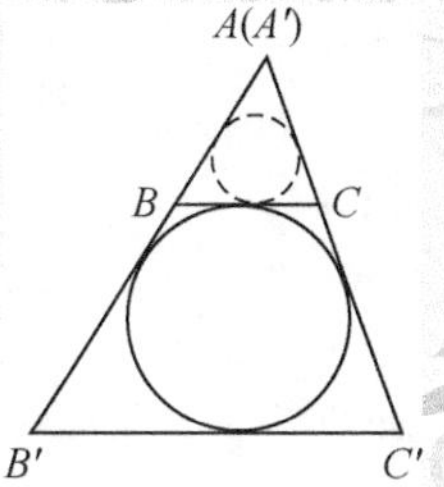

图 4-4

设顶点 $A'(A)$，B'，C' 所对边的边长分别记为 a'，b'，c'，$\triangle A'B'C'$ 的面积记 S'，$\triangle ABC$ 的内切圆半径记为 r. 由相似三角形 ABC 与 $A'B'C'$ 的线段比关系式，有

$$\frac{a}{a'}=\frac{b}{b'}=\frac{c}{c'}=\frac{2S/a}{2S/a+2r_a},$$

其中 $2S/a$ 为 $\triangle ABC$ 的 BC 边上的高，$2S/a+2r_a$ 为 $\triangle A'B'C'$ 的 $B'C'$ 边上的高，$r=\dfrac{2S}{a+b+c}$.

又

$$\frac{\left(\dfrac{2S}{a}\right)^2}{\left(\dfrac{2S}{a}+2r_a\right)^2}=\frac{S}{S'}=\frac{\dfrac{1}{2}r\ (a+b+c)}{\dfrac{1}{2}r_a\ (a'+b'+c')}=\frac{r}{r_a}\cdot\frac{\dfrac{2S}{a}}{\dfrac{2S}{a}+2r_a},$$

故

$$r_a=\frac{2S}{b+c-a}.$$

注意到三角形是平面中最简单的多边形，四面体是空间中最简单的多面体，我们若将这一情形类比到立体几何中，则可得到如下类比结论：

任何四面体 $ABCD$ 有四个旁切球，若记顶点 A，B，C，D 所对侧面的面积分别为 S_A，S_B，S_C，S_D 及所对面的旁切球半径分别为 r_A，r_B，r_C，r_D，四面体的体积为 V，则类比补形作出旁切球的外切三棱台再运用体积比方法也可求得

$$r_A=\frac{3V}{S_B+S_C+S_D-S_A},\qquad r_B=\frac{3V}{S_A+S_C+S_D-S_B},$$
$$r_C=\frac{3V}{S_A+S_B+S_D-S_C},\qquad r_D=\frac{3V}{S_A+S_B+S_C-S_D}.$$

我们也只证第一式，其余类同.

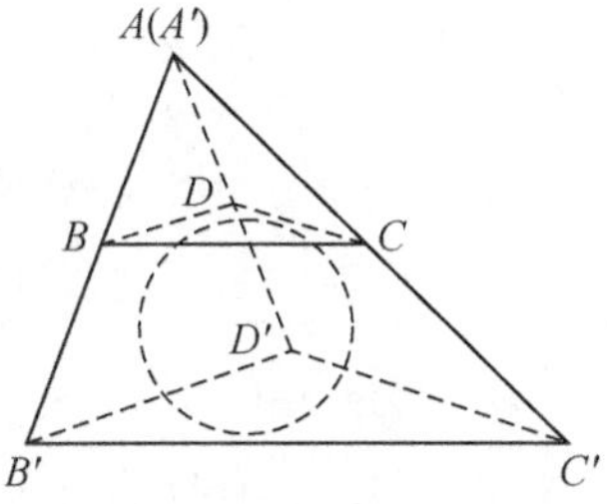

图 4-5

事实上，作半径为 r_A 的旁切球的外切三棱台 $B'C'D'-BCD$，如图 4-5 所示. 设顶点 A'，B'，C'，D' 所对侧面的面积记为 $S_{A'}$，$S_{B'}$，$S_{C'}$，$S_{D'}$，则由面积比关系式有

$$\frac{S_A}{S_{A'}}=\frac{S_B}{S_{B'}}=\frac{S_C}{S_{C'}}=\frac{S_D}{S_{D'}}=\frac{(3V/S_A)^2}{(3V/S_A+2r_A)^2}.$$

又

$$\frac{(3V/S_A)^3}{(3V/S_A+2r_A)^3}=\frac{V}{V'}=\frac{\frac{1}{3}r\ (S_A+S_B+S_C+S_D)}{\frac{1}{3}r_A\ (S_{A'}+S_{B'}+S_{C'}+S_{D'})}$$

$$=\frac{r}{r_A}\cdot\frac{(3V/S_A)^2}{(3V/S_A+2r_A)^2}.\quad\left(\text{其中 } r=\frac{3V}{S_A+S_B+S_C+S_D}\right)$$

故

$$r_A=\frac{3V}{S_B+S_C+S_D-S_A},$$

其中 V' 为四面体 $AB'C'D'$ 的体积，r 为四面体 $ABCD$ 的内切球半径.

类似于例 4，可将三角形中的许多结论类比到四面体中，得到类比结论. 运用这些类比结论不仅使我们对四面体的知识掌握得更牢，对四面体的性质认识得更深刻，而且还可在求解立体几体问题中发挥重要作用.

【例 5】 平面解析几何中的定比分点公式为

$$x=\frac{x_1+\lambda x_2}{1+\lambda},\qquad y=\frac{y_1+\lambda y_2}{1+\lambda}.$$

这个公式是描述线段 P_1P_2 的定比 $\frac{\overrightarrow{P_1P}}{\overrightarrow{PP_2}}=\lambda$（其中 $P_1(x_1,\ y_1)$，$P_2(x_2,\ y_2)$）分点 $P(x,\ y)$ 与线段的端点 P_1，P_2 的关系的. 它有如下一系列的类比公式，这些公式也有着广泛的应用.

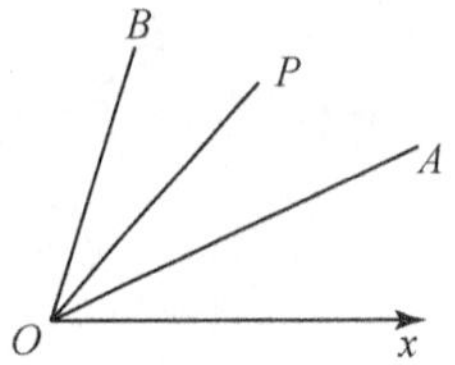

图 4-6

结论 1 如图 4-6 所示，Ox 为坐标轴正方向，角的始边到终边按逆时针方向，设 $\angle xOA=\alpha$，$\angle xOB=\beta$（$0<\alpha,\ \beta<\pi$），$\frac{\angle AOP}{\angle POB}=\lambda$，则

$$\angle POx=\frac{\alpha+\lambda\beta}{1+\lambda}.\tag{4-2}$$

证明 因 $\frac{\angle AOP}{\angle POB}=\lambda$，则

$$\angle POx=\angle xOA+\lambda\angle POB,$$

又 $\angle POx=\angle xOB-\angle POB$，即 $\angle POB=\angle xOB-\angle POx$. 故

$$\angle POx=\frac{\alpha+\lambda\beta}{1+\lambda}.$$

特别地，当 OP 平分 $\angle AOB$ 时，有 $\angle POx=\frac{\alpha+\beta}{2}$.

结论 2 设数列 $\{a_n\}$ 是等差数列，a_p，a_m，a_k 是数列中三项且有 $\lambda=$

$\frac{p-m}{m-k}$，则

$$a_m=\frac{a_p+\lambda a_k}{1+\lambda},\qquad \lambda\neq-1. \tag{4-3}$$

特别地，当 $\lambda=1$ 时，式（4-3）即为等差中项公式.

结论 3　设 P 为线段 AB 上一点，$\frac{\overrightarrow{AP}}{\overrightarrow{PB}}=\lambda$，$AA_1 /\!/ BB_1 /\!/ PP_1$ 为一组平行线，截直线 l 于 A_1，B_1，P_1，设 $AA_1=a$，$BB_1=b$，$PP_1=x$，则

（1）当 A_1，B_1 在直线 AB 同侧（或有一点在 AB 上）时，有

$$x=\frac{a+\lambda b}{1+\lambda}; \tag{4-4}$$

（2）当 A_1 与 B_1 在直线 AB 异侧时，有

$$x=\frac{a-\lambda b}{1+\lambda}. \tag{4-5}$$

证明　（1）如图 4-7（a）所示，连接 A_1B 交 PP_1 于 Q，则

$$\frac{AA_1}{PQ}=\frac{AB}{PB}=\frac{AP+PB}{PB}=\lambda+1,$$

从而

$$PQ=\frac{AA_1}{1+\lambda}.$$

又 $QP_1 /\!/ BB_1$，有 $\frac{BB_1}{QP_1}=\frac{A_1B_1}{A_1P_1}=\frac{AB}{AP}=\frac{AP+PB}{AP}=1+\frac{1}{\lambda}$，即 $QP_1=\frac{\lambda BB_1}{1+\lambda}$. 于是

$$x=PQ+QP_1=\frac{AA_1}{1+\lambda}+\frac{\lambda BB_1}{1+\lambda}=\frac{a+\lambda b}{1+\lambda}.$$

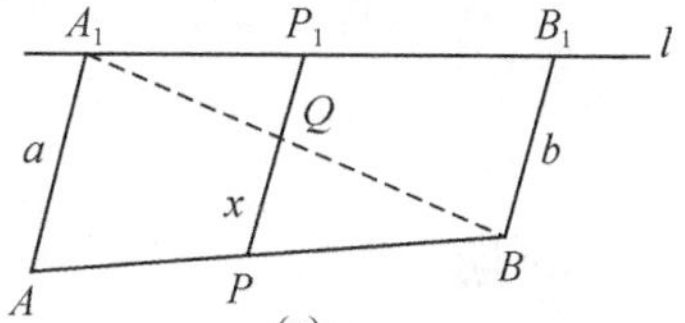

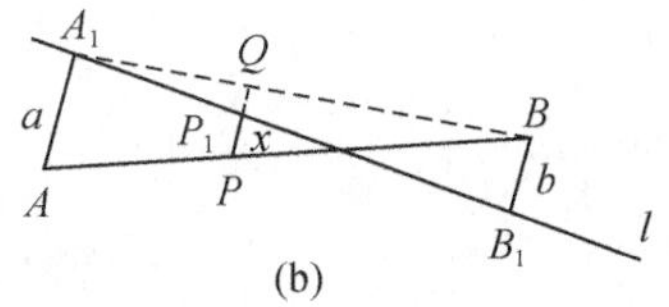

图 4-7

（2）如图 4-7（b）所示，连接 A_1B 交 PP_1 的延长线于 Q 类似于（1）即证（证略）.

特别地，当 $\lambda=1$ 时，式（4-4）即为梯形的中位线长公式；当 a，b 中有一个为 0 时，式（4-4）即为三角形的中位线长公式.

结论 4　凸四边形 $ABCD$ 中，M 为 CD 边上一点，若 $\frac{MD}{MC}=\lambda$，则

$$S_{\triangle ABM}=\frac{S_{\triangle ABD}+\lambda S_{\triangle ABC}}{1+\lambda}. \tag{4-6}$$

证明　如图 4-8 所示，过 D，M，C 分别作 AB 的垂线 DD'，MM'，CC'；

D'，M'，C'均为垂足.

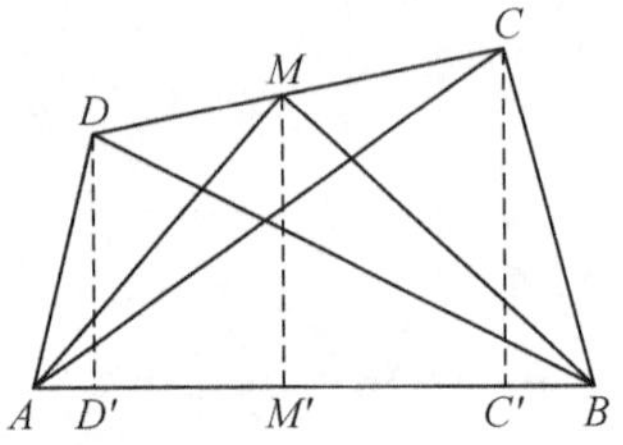

图 4-8

在梯形 $CDD'C'$ 中，由 $\frac{DM}{MC}=\lambda$，有 $MM'=\frac{DD'+\lambda CC'}{1+\lambda}$，从而

$$S_{\triangle ABM}=\frac{1}{2}MM'\cdot AB=\frac{\frac{1}{2}DD'\cdot AB+\frac{1}{2}CC'\cdot AB\cdot\lambda}{1+\lambda}$$

$$=\frac{S_{\triangle ABD}+\lambda S_{\triangle ABC}}{1+\lambda}.$$

特别地，当 $\lambda=1$ 时，$S_{\triangle ABM}=\frac{1}{2}(S_{\triangle ABD}+S_{\triangle ABC})$.

如上式（4-6）可称为定比分点面积公式，运用这个公式可以处理与凸四边形一边上分点有关的面积问题或借助此公式证明某些面积问题.

结论 5 设台体（棱台或圆台）的上、下底面面积分别为 S_1，S_2，与上、下底面距离之比为 λ 的一平行于底面的截面面积为 S，则

$$\sqrt{S}=\frac{\sqrt{S_1}+\lambda\sqrt{S_2}}{1+\lambda}. \quad (4\text{-}7)$$

证明 以棱台为例，见图 4-9.

由截面 A_1C_1∥底面 AC∥底面 $A'C'$，知 A_1B_1∥AB∥$A'B'$. 由截面与上、下底面距离之比为 λ，则知 $\frac{A'A_1}{A_1A}=\lambda$，则由式（4-4），

$$A_1B_1=\frac{A'B'+\lambda AB}{1+\lambda}.$$

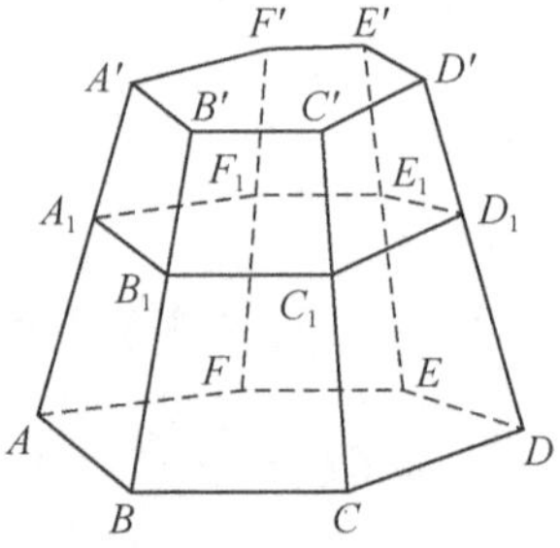

图 4-9

又截面多边形 $A_1B_1C_1D_1E_1F_1$∽底面多边形 $ABCDEF$∽底面多边形 $A'B'C'D'E'F'$，则

$$A_1B_1:A'B':AB=\sqrt{S}:\sqrt{S_1}:\sqrt{S_2},$$

故

$$\sqrt{S}=\frac{A_1B_1}{A'B'}\sqrt{S_1}=\frac{\frac{A'B'+\lambda AB}{1+\lambda}}{A'B'}\sqrt{S_1}$$

$$=\frac{1+\lambda\cdot\frac{AB}{A'B'}}{1+\lambda}\cdot\sqrt{S_1}=\frac{1+\lambda\cdot\frac{\sqrt{S_2}}{\sqrt{S_1}}}{1+\lambda}\cdot\sqrt{S_1}$$

$$=\frac{\sqrt{S_1}+\lambda\sqrt{S_2}}{1+\lambda}.$$

特别地，当截面为中截面时，有$\sqrt{S}=\frac{\sqrt{S_1}+\sqrt{S_2}}{2}$.

从上述两例可以看到：类比思想方法能帮助我们从固有的思维模式中解放出来，培养了思维的独创性，启发我们作多方探求，促进了思维的流畅，扩大了想象空间，使思维活泼善变.

当然，在运用类比思想方法时，应注意：

(i) 要尽量从本质上类比，不要被表面现象迷惑，否则，只抓住一点表面相似甚至假象就类比，那就会犯机械类比的错误.

(ii) 类比是似真推理，它得出的结论不一定正确，还须经实践或演绎推理证明.

综上，归纳思想方法与类比思想方法是值得我们特别关注的思想方法. 其实，数学思想方法的内容是非常丰富的，如果在中学范围内从基本数学思想方法的角度考虑，它有两大“基石”——符号化与变元表示思想方法和集合论思想方法，两大“支柱”——对应思想方法和公理化与数学结构思想方法，两大“主梁”——系统与统计思想方法和化归与辩证思想方法. 一些常运用的思想方法可以从“基石”、“支柱”、“主梁”直接衍生或相关衍生或传递衍生出来. 例如，归纳思想方法与类比思想方法可以从数学结构思想方法衍生出来（这可参见作者另著《数学思想领悟》. 哈尔滨工业大学出版社，2008）.

另外，每一学科也有其基本思想方法. 例如，平面解析几何的基本思想方法可归结为“两化”（几何图形代数化与代数结果几何化）“一算”（代数计算）.

4.4　切换、透视的灵活处置

对于一个对象，换一种角度看待它，或转换一种场景来分析它，称为切换. 透视就是看问题入木三分，明察秋毫，不被某些现象所遮挡. 这两者均可以让人看问题感觉焕然一新，不仅使我们的认识深刻，还可以获得新的认识，有新的收获、新的发现. 这也是我们较易接受数学新知识的途径之一（沈文选，2014）.

【例 1】　凸四边形 $ABCD$ 内接于圆 O，对角线 AC 与 BD 相交于点 P，$\triangle ABP$、$\triangle CDP$ 的外接圆相交于 P 和另一点 Q，且 O、P、Q 三点两两不重合，则$\angle OQP=90°$.

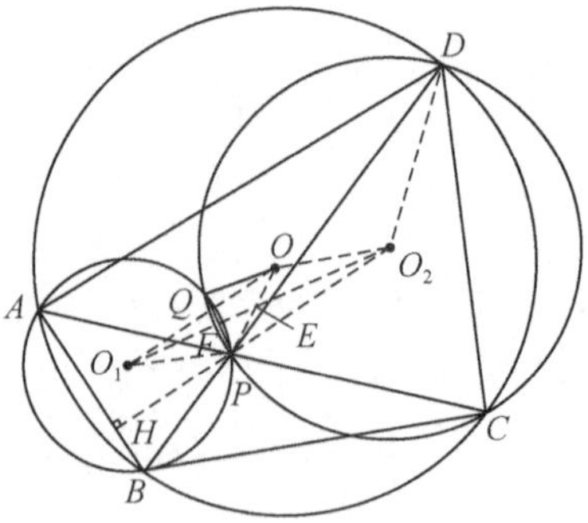

图 4-10

证明 如图 4-10 所示，设 O_1、O_2 分别为$\triangle ABP$ 和$\triangle PCD$ 的外心，连接 O_2P 并延长交 AB 于点 H，连接 O_2D. 于是，$\angle BPH=\angle O_2PD=90°-\dfrac{1}{2}\angle DO_2P=90°-\angle DCP=90°-\angle ABD$.

从而$\angle PHB=90°$，即 $O_2P\perp AB$.

又 $OO_1\perp AB$，则 $OO_1/\!/O_2P$.

同理，$OO_2/\!/O_1P$.

于是，四边形 O_1PO_2O 为平行四边形.

设 E 为 OP 的中点，F 为 PQ 的中点，则 $EF/\!/OQ$，且 E 在 O_1O_2 上，从而 $O_1O_2/\!/OQ$. 注意到 O_1O_2 是 PQ 的中垂线，从而 $PQ\perp OQ$. 故$\angle OQP=90°$.

或者证$\angle AQD=\angle AOD$ 得 A，Q，O，D 四点共圆，再计算$\angle PQO$ 的补角为 90°证得$\angle OQP=90°$.

对于这道问题，运用透视的眼光看待它，可以把凸四边形的“凸”字去掉，则有

结论 1 四边形 $ABCD$ 内接于圆 O，对角线所在直线 AC 与 BD 相交于点 P，$\triangle ABP$ 与$\triangle CDP$ 的外接圆相交于 P 和另一点 Q，且 O、P、Q 三点两两不重合，则$\angle OQP=90°$.

证明 内接于圆的四边形可以是凸四边形，也可以是折四边形.

如图 4-11、图 4-12 所示，连接 BO、BQ、CO、CQ，在射线 PQ 上取点 K.

对于凸四边形 $ABCD$ 内接于$\odot O$ 的情形，可按前面例 1 的证法来证. 下面给出另证：如图 4-11，由$\angle BQC=\angle BQK+\angle KQC=\angle BAC+\angle BDC=2\angle BAC=\angle BOC$. 即知 B、C、O、Q 四点共圆.

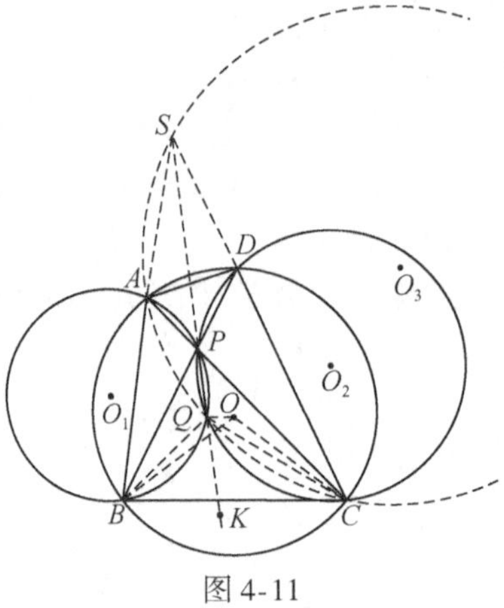

图 4-11

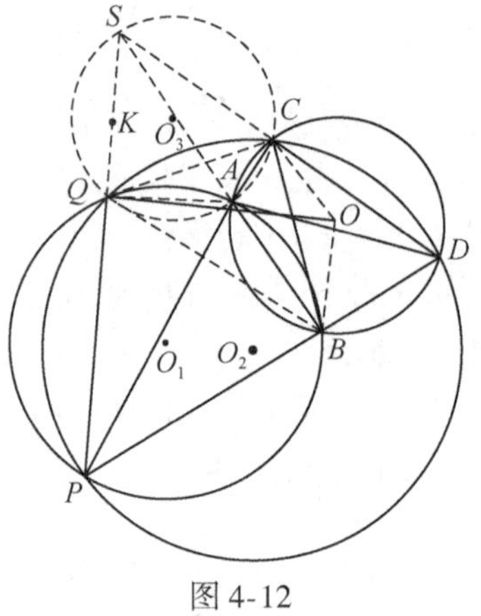

图 4-12

于是，$\angle OQK=\angle OQC+\angle KQC=\angle OBC+\frac{1}{2}\angle BOC=90°$.

故$\angle OQP=180°-\angle OQK=90°$.

对于折四边形 $ABCD$ 内接于$\odot O$ 的情形，如图 4-13. 由

$$\begin{aligned}\angle BQC&=\angle BQK-\angle KQC=(180°-\angle BQP)-\angle KQC\\&=180°-\angle BAP-\angle BDC=180°-2\angle BDC=180°-\angle BOC,\end{aligned}$$

即知 Q、B、O、C 四点共圆. 于是，

$$\begin{aligned}\angle OQK&=\angle BQK-\angle OQB=(180°-\angle BDC)-\angle OCB\\&=180°-(\frac{1}{2}\angle BOC+\angle OCB)=180°-90°=90°.\end{aligned}$$

故$\angle OQP=180°-\angle OQK=90°$.

如果切换视角，结论 1 又变为下述图形的命题：

结论 2　已知$\triangle PCD$，以 O 为圆心的圆经过顶点 C、D，且与边 PC、PD 或其延长线分别交于点 A、B. 若$\triangle PAB$ 与$\triangle PCD$ 的外接圆交于另一点 Q，则$\angle OQP=90°$.

结论 2 也分为图 4-11，图 4-12 两种情形，其中图 4-12 的情形即为第 26 届国际中学生数学奥林匹克题.

如上的结论 1 与结论 2 虽然结论表述不一样，但其本质是相同的. 如果再切换视角，记$\triangle ABP$、$\triangle PCD$ 的外心分别为 O_1、O_2，则又有下列的三个结论：

结论 3　两圆$\odot O_1$ 与$\odot O_2$ 相交于 P、Q 两点，AC、BD 是过点 P 的两条割线段，分别交$\odot O_1$、$\odot O_2$ 于点 A、B、C、D. 若 A、B、C、D 四点共圆于$\odot O$，则 $OQ\perp PQ$.

又注意到例 1 中 O、P、Q 两两不重合，知直线 AB 与 CD 必相交，由根心定理，知直线 AB、CD、PQ 三线共点，设该点为 S，则有

结论 4　设 Q 为完全四边形 $SABPCD$（对图 4-11）或 $DCSAPB$（对图 4-12）的密克尔点，若 A、B、C、D 四点共圆于$\odot O$，则点 Q 在对角线 SP 所在直线上，且 $OQ\perp PQ$.

再注意到$\angle AQS=\angle ABP=\angle ACS$（或 $180°-\angle ACS$），知 S、Q、A、C 四点共圆，记该圆为$\odot O_3$，则有

结论 5　两圆$\odot O_1$ 与$\odot O_3$ 相交于 A、Q 两点，过点 Q 的割线段 PS 分别交$\odot O_1$、$\odot O_3$ 于点 P、S，直线 AP 交$\odot O_3$ 于点 C，直线 AS 交$\odot O_1$ 于点 B. ①设 O 为$\triangle ABC$ 的外心，则 $OQ\perp PQ$；②设直线 PB 与 SC 交于点 D，则 A、B、C、D 及 D、P、Q、C 分别四点共圆.

上述这些结论，不仅使我们对例 1 认识更加深刻，而且丰富了我们的图

形认知，开阔了我们的眼界.

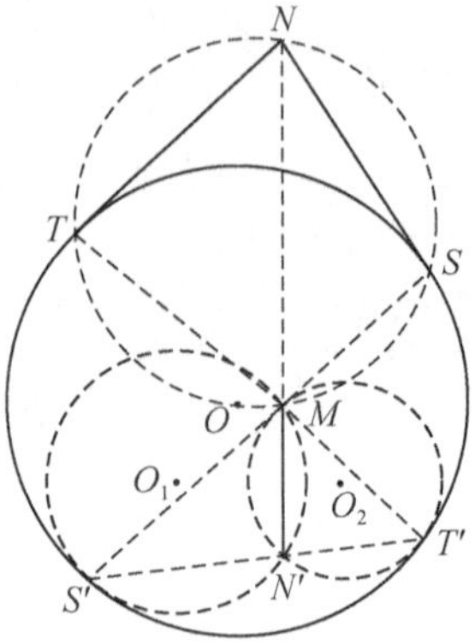

图 4-13

【例 2】 如图 4-13 所示，$\odot O$ 与 $\angle SNT$ 的两边分别切于点 S、T，M 是 $\odot O$ 内异于圆心 O 的一点，则 M、S、N、T 四点共圆的充要条件是 $OM\perp MN$.

证明 由 $OT\perp TN$，$OS\perp SN$，知 O、S、N、T 四点共圆. 于是，M、S、N、T 四点共圆$\Leftrightarrow M$、O、T、N 四点共圆$\Leftrightarrow\angle NMO=\angle NTO\Leftrightarrow OM\perp MN$.

如果，切换视角，用反演变换来看待这个命题，则得到一个新的结论：

设点 M 对 $\odot O$ 的幂为 k. 作反演变换 $I(M, k)$，则 $\odot O$ 是圆. 设点 X 的反点为 X'，则直线 NS 的反形为过点 M、N' 且与 $\odot O$ 内切于点 S' 的 $\odot O_1$，直线 NT 的反形为过点 M、N' 且与 $\odot O$ 内切于点 T' 的圆 $\odot O_2$，直线 MN 不变.

因 M 与圆心 O 不重合，所以 $\odot O_1$ 与 $\odot O_2$ 不相等，而 M、S、N、T 四点共圆当且仅当 S'、N'、T' 三点共线.

于是得命题（即 1997 年的全国高中联赛题）：

已知两个半径不等的 $\odot O_1$ 与 $\odot O_2$ 相交于 M、N 两点，且 $\odot O_1$、$\odot O_2$ 分别与 $\odot O$ 内切于点 S、T. 求证：$OM\perp MN$ 的充要条件是 S、N、T 三点共线.

4.5 移植、拓广的适时运用

移植、拓广的适时运用，是使数学变得易于接受的重要途径.

“移植”是借用生物学中的术语的一种形象比喻. 在科学研究中，我们也可把运用已有学科的知识去解决另一学科中的新问题，发现新学科中一些规律的思维方式称为“移植”.

【例 1】 运用移植得到数学解题方法原理.

在日常生活中，有许多至为明显的事实，由于它们实在太简单了，人们反而觉得平淡无奇，而将它们轻易地放过去了. 如全班学生中必有一个年龄最小的；四本书放到三个抽屉里，必有一个抽屉放有两本或两本以上的书；水总是由高处流向低处；等等. 一旦我们注意到它们，便可移植到数学中来，成为深刻的数学解题中的方法原理：“最小数原理”、“抽屉原理”、“局部调整原理”等.

【例 2】　运用移植得到实数系中的连续归纳法.

实数，是由自然数演变扩充得到的. 自然数集是全序集，实数集也是全序集. 那么，对自然数系而言的有力工具，能不能“移植”过来，用于实数系呢？具体地说，能不能把大家熟悉的数学归纳法搬到实数系里去一显身手呢？这样来移植，张景中院士便获得了关于实数系的连续归纳法：设 P_x 是涉及一个实数 x 的命题，如果①有某个 x_0，使对一切 $x<x_0$ 有 P_x 真；②若对一切 $x<y$ 有 P_x 真，则有 $\delta_y>0$，使 P_x 对一切 $x<y+\delta$ 也真. 那么，对一切实数 x，P_x 真.

【例 3】　计算 $\mathrm{C}_n^1+2\cdot\mathrm{C}_n^2+\cdots+n\cdot\mathrm{C}_n^n$ （$n\in\mathbf{N}_+$）（沈文选，1996a）.

虽然运用组合数的性质 $k\cdot\mathrm{C}_n^k=n\cdot\mathrm{C}_{n-1}^{k-1}$，也可求得结果为 $\mathrm{n}\cdot2^{n-1}$，但没有运用“移植”的手段令人难以忘怀.

把直线上的重心坐标公式 $x=\dfrac{m_1x_1+m_2x_2+\cdots+m_nx_n}{m_1+m_2+\cdots+m_n}$ 移植来运用，考虑数轴上坐标分别为 0，1，2，…，n 的点，显然其中点为 $\dfrac{n}{2}$，在每一点对应放置质量为 C_n^0，C_n^1，C_n^2，…，C_n^n 的物体，则由重心坐标公式有

$$\frac{n}{2}=\frac{\mathrm{C}_n^0\cdot0+\mathrm{C}_n^1\cdot1+\cdots+\mathrm{C}_n^n\cdot n}{\mathrm{C}_n^0+\mathrm{C}_n^1+\cdots+\mathrm{C}_n^n}.$$

即得 $\mathrm{C}_n^1+2\cdot\mathrm{C}_n^2+\cdots+n\cdot\mathrm{C}_n^n=n\cdot2^{n-1}$.

从给定的某对象的研究过渡到更广泛、更一般的一类对象的研究，常称为拓广. 推广是一种重要的拓广形式.

运用拓广的方法时，往往是先认识个别的和特殊的事物，然后逐步地扩大到认识一般的事物. 运用拓广的方法可把一个数学命题扩充、引申，从而得到众多新的结论或概括性更好的结论、更优化的结论.

在运用拓广方法的过程中，需要观察与实验，需要归纳与猜想，也就是需要直觉思维、归纳思维等发现性思维. 因此拓广本身闪现着创造性思维的火花. 或者说，没有拓广就没有数学的发展，想把数学应用到更广的领域，就要把有关的结果进行拓广. 拓广也是研究数学、学习数学的重要方法.

在整合创新优化数学中，拓广数学命题常可从如下几个方面思考：

由数字型向字母型拓广. 不少数学命题是由数字与运算符号构成，在挖掘命题中的隐含条件，找出数量间的关系和规律之后，用字母代替这些数字，往往可以产生意境更深的命题.

由特殊型向一般型拓广. 有些数学命题的结论，是在特定的条件下成立

的，如果抓住问题的实质，探讨具有共性的问题，往往可以由特殊型命题得一般型命题.

由静态型向动态型拓广．事物间的联系是普遍存在着的，静态时结论可视为运动事物在某一时刻产生的，静态事物往往隐孕着动态的因素，只有认真洞察问题，找出静与动的辩证关系，便可将静态型问题拓广成为动态型问题.

由平面型向立体型拓广．空间图形与平面图形息息相关，空间图形依托于平面图形，平面图形蕴涵着空间图形的属性．对于许多平面图形，通过类比与猜想，在空间中都可找到对应的几何图形，由此可以产生耐人寻味的空间图形的性质.

由有限型向无限型拓广．在分析、观察有限型命题结构特征的基础上，探求一般规律，猜想构思建立无限型问题模型，然后采用恰当的方法进行证明，便可产生脍炙人口的命题.

【例 4】 一个平面几何结论的拓广（沈文选，1989b）.

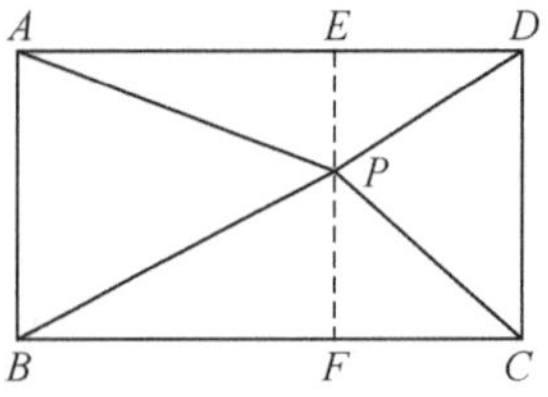

图 4-14

命题 1 如图 4-14，P 是矩形 $ABCD$ 内任意一点，求证：

$$PA^2+PC^2=PB^2+PD^2.$$

证明 过 P 作 $EF\perp BC$ 交 BC 于 F，交 AD 于 E. 由勾股定理得

$$PA^2=PE^2+AE^2,\quad PB^2=PF^2+BF^2,$$
$$PC^2=PF^2+CF^2,\quad PD^2=PE^2+ED^2.$$

从而 $PA^2+PC^2=PE^2+PF^2+AE^2+CF^2$. 而 $CF=DE$，$AE=BF$，故

$$\begin{aligned}PD^2+PB^2&=PE^2+DE^2+BF^2+PF^2\\&=PA^2+PC^2.\end{aligned}$$

将上述命题推广，有

命题 2 在矩形所在平面内，若 P 点运动到矩形的边上或矩形外，则仍有 $PA^2+PC^2=PB^2+PD^2$.

证明 当 P 点在矩形的边上时，如图 4-15 所示，由 $PB^2-PA^2=AB^2$，$PC^2-PD^2=CD^2$，$AB=CD$ 得 $PB^2-PA^2=PC^2-PD^2$. 故

$$PA^2+PC^2=PB^2+PD^2.$$

当 P 点在矩形外部时，如图 4-16 所示，过 P 点作 $PF\perp BC$，垂足为 F，从而 $PE\perp AD$，垂足为 E. 由

$$PA^2=PE^2+AE^2,\quad PC^2=PF^2+FC^2,$$

有

$$PA^2+PC^2=PE^2+AE^2+PF^2+FC^2,$$

又 $AE=BF$，$CF=DE$，得

$$PA^2+PC^2=PE^2+BF^2+PF^2+DE^2=PB^2+PD^2.$$

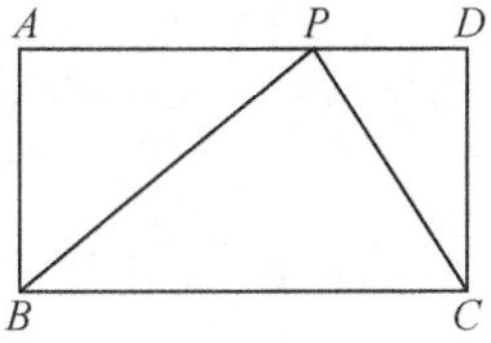

图 4-15

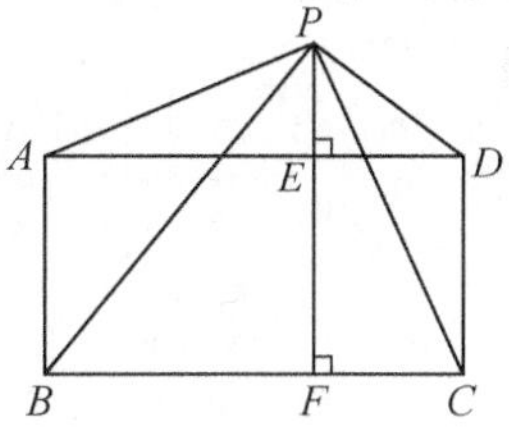

图 4-16

于是如上两命题可归结为：矩形 $ABCD$ 所在平面内有一点 P，则点 P 到矩形不相邻两顶点的距离的平方和等于该点到另两个顶点距离的平方和.

上述命题可进一步拓广为

命题 3　三维欧氏空间任一点到矩形两双相对顶点的距离的平方和相等.

证明　如图 4-17 所示，设 P 为空间任一点，$ABCD$ 为矩形. 当 P 在矩形 $ABCD$ 所在平面内时，命题已证. 下面证 P 为矩形 $ABCD$ 所在平面外任一点，又设 P 在矩形所在平面内的射影为 O，则 $AO^2+OC^2=BO^2+OD^2$. 从而有 $(AO^2+PO^2)+(OC^2+PO^2)=(BO^2+PO^2)+(OD^2+PO^2)$. 故

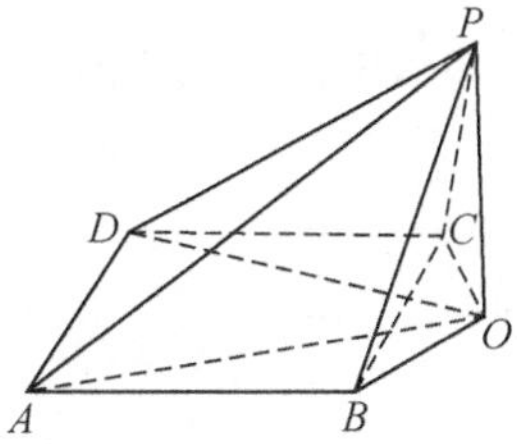

图 4-17

$$AP^2+PC^2=BP^2+PD^2.$$

由命题 3 可知，这个命题包括了命题 1、命题 2，这是一个更优化的结论.

【例 5】　一个三角乘积式的获得与证明启示.

由

$$\cos\frac{\pi}{3}=\frac{1}{2},$$

及

$$\cos\frac{\pi}{5}\cdot\cos\frac{2\pi}{5}=\frac{2\sin\frac{\pi}{5}\cdot\cos\frac{\pi}{5}\cdot\cos\frac{2\pi}{5}}{2\sin\frac{\pi}{5}}=\frac{2\sin\frac{2\pi}{5}\cdot\cos\frac{2\pi}{5}}{2^2\sin\frac{\pi}{5}}$$

$$=\frac{\sin\frac{4\pi}{5}}{2^2\sin\frac{\pi}{5}}=\frac{1}{2^2},$$

$$\cos\frac{\pi}{7}\cdot\cos\frac{2\pi}{7}\cdot\cos\frac{3\pi}{7}=\prod_{k=1}^{3}\cos\frac{k\pi}{2\cdot 3+1}=\prod_{k=1}^{3}\frac{2^3\sin\frac{\pi}{7}}{2^3\sin\frac{\pi}{7}}\cdot\cos\frac{k\pi}{2\cdot 3+1}$$

$$=\frac{\sin\frac{6\pi}{7}}{2^3\sin\frac{\pi}{7}}=\frac{1}{2^3},$$

……

从而，一般地，有 $\prod_{k=1}^{n}\cos\frac{k\pi}{2n+1}=\frac{1}{2^n}$.

为了从上述推广式中获得更多信息，我们运用单位根再给出它的证明：

由于二项方程 $x^{2n+1}-1=0$ 的 $2n+1$ 个单位根为

$$x_k=\cos\frac{2k\pi}{2n+1}+\mathrm{i}\sin\frac{2k\pi}{2n+1},\ k=1,\ 2,\ \cdots,\ 2n+1,$$

则

$$\begin{aligned}x^{2n+1}-1&=\prod_{k=1}^{2n+1}(x-x_k)=(x-1)\prod_{k=1}^{2n}(x-x_k)\\&=(x-1)\cdot\prod_{k=1}^{n}(x-x_k)(x-\bar{x}_k)\\&=(x-1)\prod_{k=1}^{n}\left(x^2-2\cos\frac{2k\pi}{2n+1}\cdot x+1\right).\end{aligned}\tag{4-8}$$

在式（4-8）中令 $x=-1$，则

$$-2=-2\prod_{k=1}^{n}\left(2+2\cos\frac{2k\pi}{2n+1}\right),$$

即

$$\prod_{k=1}^{n}\left[2\left(1+\cos\frac{2k\pi}{2n+1}\right)\right]=1,$$

即

$$2^{2n}\prod_{k=1}^{n}\cos^2\frac{k\pi}{2n+1}=1.$$

故

$$\prod_{k=1}^{n} \cos \frac{k\pi}{2n+1} = \frac{1}{2^n}.$$

显然在式（4-8）中令 $x=1$，则可得 $\prod_{k=1}^{n} \sin \frac{k\pi}{2n+1} \frac{\sqrt{2n+1}}{2^n}.$

同样的方法，可得

$$\prod_{k=1}^{n-1} \cos \frac{k\pi}{2n} = \frac{\sqrt{n}}{2^{n-1}}, \qquad \prod_{k=1}^{n-1} \sin \frac{k\pi}{2n} = \frac{\sqrt{n}}{2n-1}.$$

从上述两例可以看到：拓广结论，可以将条件放宽，也可以将条件和结论同时放宽；既可以运用运动的观念拓广，也可以运用归纳的方法拓广．但需注意对于某些问题或方法的拓广，常需要进行适当的改造．

改造拓广可以在各个层面上运用，改造拓广也可以从一些侧面考虑．

【例 6】　对一种解题方法的改造拓广（张青，2006）．

为了解决一个问题，或者解一道数学题，有时可以通过对问题中的一部分量进行有限次调整让其他对象暂时不变，得出局部结果之后，再作进一步调整和研究（有时是重复的调整），从而缩小范围，最终得到整个问题的圆满解决，这种思维方法就叫局部调整法．

（1）尝试调整，妙不可言

【习题 1】　在三角形 ABC 中，求证：

$$\cos A+\cos B+\cos C \leqslant \frac{3}{2}. \tag{4-9}$$

分析　当 $A=B=C=\frac{\pi}{3}$ 时，原式显然成立．因此，我们的证题策略就是在 A，B，$C>0$，$A+B+C=\pi$ 的条件下，逐次调整 A，B，C，使得每一次调整至少出现一个等于 $\frac{\pi}{3}$ 的角，亦即最多调整两次，问题得证．即要证：

$$\begin{aligned}\cos A+\cos B+\cos C &\leqslant \cos \frac{\pi}{3}+\cos\left(A+B-\frac{\pi}{3}\right)+\cos C \\ &\leqslant \cos \frac{\pi}{3}+\cos \frac{\pi}{3}+\cos \frac{\pi}{3}.\end{aligned}$$

证明　在 A，B，C 中至少有一个角不大于 $\frac{\pi}{3}$，一个角不小于 $\frac{\pi}{3}$，不妨设 $A\leqslant\frac{\pi}{3}\leqslant B$.

先证下列不等式成立：

$$\cos A+\cos B+\cos C \leqslant \cos \frac{\pi}{3}+\cos\left(A+B-\frac{\pi}{3}\right)+\cos C,$$

即证

$$\cos A+\cos B\leqslant\cos\frac{\pi}{3}+\cos\left(A+B-\frac{\pi}{3}\right),\tag{4-10}$$

即证

$$2\cos\frac{1}{2}(A+B)\cos\frac{1}{2}(A-B)$$
$$\leqslant 2\cos\frac{1}{2}(A+B)\cos\left(\frac{1}{2}(A+B)-\frac{\pi}{3}\right),$$

即证

$$\cos\frac{1}{2}(A-B)\leqslant\cos\left(\frac{1}{2}(A+B)-\frac{\pi}{3}\right),\ \left(\text{因}\cos\frac{1}{2}(A+B)>0\right)$$

即证

$$\cos\frac{1}{2}(A-B)-\cos\left(\frac{1}{2}(A+B)-\frac{\pi}{3}\right)\leqslant 0,$$

即证

$$-2\sin\left(\frac{A}{2}-\frac{\pi}{6}\right)\sin\left(-\frac{B}{2}+\frac{\pi}{6}\right)\leqslant 0.\tag{4-11}$$

而 $A\leqslant\frac{\pi}{3}\leqslant B$，故 $\sin\left(\frac{A}{2}-\frac{\pi}{6}\right)\leqslant 0$，$\sin\left(-\frac{B}{2}+\frac{\pi}{6}\right)\leqslant 0$，因此（4-11）成立，从而式（4-10）成立.

同法可证：$\cos\frac{\pi}{3}+\cos\left(A+B-\frac{\pi}{3}\right)+\cos C\leqslant\cos\frac{\pi}{3}+\cos\frac{\pi}{3}+\cos\frac{\pi}{3}$，因此式（4-9）成立.

（2）活用调整，触类旁通

下面用局部调整法解决一些稍微复杂的问题.

【习题 2】　（i）设 A，B，C 是三角形的三个内角，求 $\sin\frac{A}{2}\cdot\sin\frac{B}{2}\cdot\sin\frac{C}{2}$的最大值；

（ii）设 A，B，C，D 是四边形的四个内角，求 $\sin\frac{A}{2}\cdot\sin\frac{B}{2}\cdot\sin\frac{C}{2}\cdot\sin\frac{D}{2}$的最大值；

（iii）A_i（$i=1$，2，3，…，n）是 n 边形的 n 个内角，求 $\prod_{i=1}^{n}\sin\frac{A_i}{2}$ 的最大值.

分析 (i) 可以这样设想：$A=B=C=\frac{\pi}{3}$时，$\sin\frac{A}{2}\cdot\sin\frac{B}{2}\cdot\sin\frac{C}{2}$取最大值. 因此，第一步是证明（不妨在条件$A\leqslant\frac{\pi}{3}\leqslant B$下考虑）：

$$\sin\frac{A}{2}\sin\frac{B}{2}\sin\frac{C}{2}\leqslant\sin\frac{\pi}{6}\sin\left(\frac{A+B}{2}-\frac{\pi}{6}\right)\sin\frac{C}{2}, \tag{4-12}$$

即证

$$\sin\frac{A}{2}\sin\frac{B}{2}\leqslant\sin\frac{\pi}{6}\sin\left(\frac{A+B}{2}-\frac{\pi}{6}\right)\left(因\ \sin\frac{C}{2}>0\right),$$

即证

$$\cos\frac{A-B}{2}-\cos\frac{A+B}{2}\leqslant\cos\left(\frac{\pi}{3}-\frac{A+B}{2}\right)-\cos\frac{A+B}{2},$$

即证

$$\cos\frac{A-B}{2}-\cos\left(\frac{\pi}{3}-\frac{A+B}{2}\right)\leqslant 0,$$

即证

$$-2\sin\left(\frac{\pi}{6}-\frac{B}{2}\right)\sin\left(\frac{A}{2}-\frac{\pi}{6}\right)\leqslant 0. \tag{4-13}$$

由于$A\leqslant\frac{\pi}{3}\leqslant B$，故式（4-13）成立. 从而式（4-12）成立.

证明的第二步与第一步同，即再证（4-12）$\leqslant\sin\frac{\pi}{6}\sin\frac{\pi}{6}\sin\frac{\pi}{6}$，最后得最大值为$\frac{1}{8}$.

(ii) 与 (i) 相比较，毫无原则上的差异，这里不变量为$A+B+C+D=2\pi$，最多调整三次，便得

$$\sin\frac{A}{2}\sin\frac{B}{2}\sin\frac{C}{2}\sin\frac{D}{2}\leqslant\left(\sin\frac{\pi}{4}\right)^4.$$

(iii) 同法可得，当且仅当$A_i=\frac{(n-2)\pi}{n}$时，$\prod_{i=1}^{n}\sin\frac{A_i}{2}$取最大值.

(3) 直觉调整，茅塞顿开

在有些问题的解决过程中，变量的流向并不明显，要凭直觉去判断才行.

【习题3】 证明：在锐角三角形ABC中，$\sin A+\sin B+\sin C>2$.

分析 这里没有等号成立的情况，但是如果考虑到“退化”三角形，即在A，B，C分别为90°，90°，0°时，$\sin A+\sin B+\sin C$恰好等2. 因此问题就转化到$\sin A+\sin B+\sin C>\sin 90°+\sin 90°+\sin 0°$，这就需要凭直觉思维顿

悟得出.

证明策略当然是将三角形的三个角逐次调整为90°，90°，0°（流向明确了），并且保证在调整中 $\sin A+\sin B+\sin C$ 的值不增加.

证明 首先证明：

$$\sin A+\sin B>\sin 90^\circ+\sin(A+B-90^\circ), \tag{4-14}$$

即证

$$2\sin\frac{A+B}{2}\cos\frac{A-B}{2}>2\sin\frac{A+B}{2}\cos\left(90^\circ-\frac{A+B}{2}\right),$$

即证

$$\cos\frac{A-B}{2}>\cos\left(90^\circ-\frac{A+B}{2}\right),$$

即证

$$-2\sin\left(-\frac{B}{2}+45^\circ\right)\sin\left(\frac{A}{2}-45^\circ\right)>0,$$

即证

$$2\sin\left(\frac{B}{2}-45^\circ\right)\sin\left(\frac{A}{2}-45^\circ\right)>0.$$

在锐角三角形中，$0<\frac{B}{2}<45^\circ$，$0<\frac{A}{2}<45^\circ$，所以 $\sin\left(\frac{B}{2}-45^\circ\right)\cdot\sin\left(\frac{A}{2}-45^\circ\right)>0$. 因此不等式（4-14）成立.

式（4-14）的两端同时加上 $\sin C$ 便有

$$\sin A+\sin B+\sin C>\sin 90^\circ+\sin(A+B-90^\circ)+\sin C. \tag{4-15}$$

由于 $A+B-90^\circ$ 与 C 是互余的两个锐角，所以有：$\sin(A+B-90^\circ)+\sin C>1=\sin 90^\circ$ 成立. 代入式（4-15）得 $\sin A+\sin B+\sin C>\sin 90^\circ+\sin 90^\circ+\sin 0^\circ$.

所以原式得证.

仔细分析，可以发现：上述局部调整法解决三角问题的时候有一些局限性，所举的几道习题中，都是首先要对函数的最值点进行猜测，然后才能用局部调整法向最值点逐步进行调整. 好在这几个例子比较特殊，它们的最值点要么就是像 $A=B=C$ 的特殊点，要么就是在区域的边界上取到，猜起来比较容易，如果碰到不是这两种情况，上述的方法将无法应用.

对该方法进行改造，得出更一般的局部调整法，称之为广义局部调整法. 这种调整法可把上述3道习题作同一类问题用这里的方法统一解决. 还可求出最值点既不是边界点又不是 $A=B=C$ 这种特殊点的问题来显示广义局部调整法的优越性.

这个方法其实是来源于求多元函数的最值问题的偏导数方法. 在高等数

学中，解决多元函数最值问题的时候，是先求该多元函数对各个变量的偏导数，再求出稳定点，最后再判定稳定点是否为最值点. 其中关键的一步是求偏导数，其实质就是固定该多元函数的一个或多个变量，再对剩下的最后一个变量求导数. 此法只需用中学知识至多用上导数知识就够了.

简单地说，这里的广义局部调整法就是在解决多元函数最值问题的时候，固定其中的一个或多个变量，把多元函数的最值问题简化为一元函数的问题来解决.

由于上述 3 道习题实质上都是多元函数的最值问题，所以都可以用广义局部调整法来解决，下面来看这 3 道习题的解法.

【原习题 1】　在三角形 ABC 中，求证：$\cos A+\cos B+\cos C\leqslant\frac{3}{2}$.

分析　该问题可以看成是在条件 $A+B+C=\pi$ 的限制下，求函数 $f(A,B,C)=\cos A+\cos B+\cos C$（$A>0$，$B>0$，$C>0$）的最大值问题. 一般来说，可以把这样的条件极值问题转化为无条件极值问题. 也就是说从条件"$A+B+C=\pi$"中解出其中的一个变量 $C=\pi-(A+B)$ 代入 f 中，得到函数 $g(A,B)=f(A,B,\pi-(A+B))=\cos A+\cos B-\cos(A+B)$，这样问题就转化为求 $g(A,B)$（$1<A<\pi$，$0<B<\pi$）的最大值.

为此，先任意固定一个 $B\in(0,\pi)$，对于这个固定的 B，$g(A,B)$ 就是关于变量 A 的一元函数，可以先求出它的最大值点 $A=\varphi(B)$，然后代入 $g(A,B)$，得一元函数 $g(\varphi(B),B)$（$0<B<\pi$），最后求出此一元函数的最大值即为 $f(A,B,C)$ 的最大值. 这就是广义局部调整法的思想方法.

证明　记 $f(A,B,C)=\cos A+\cos B+\cos C$（$0<A<\pi$，$0<B<\pi$，$0<C<\pi$）. 只要证 $f(A,B,C)$ 在条件 $A+B+C=\pi$ 的限制下其最大值不超过 $\frac{3}{2}$.

由条件 $A+B+C=\pi$ 得 $C=\pi-(A+B)$，于是只要求二元函数 $g(A,B)=f(A,B,\pi-(A+B))=\cos A+\cos B-\cos(A+B)$（$0<A<\pi$，$0<B<\pi$）的最大值. 对于任意固定的一个 $B\in(0,\pi)$，把 $g(A,B)=G(A)$ 作为 A 的一元函数来看待，由于 $G(A)=\cos A-\cos(A+B)+\cos B=2\sin\left(A+\frac{B}{2}\right)\cdot\sin\frac{B}{2}+\cos B$，故当 $\sin\left(A+\frac{B}{2}\right)=1$，即 $A=\frac{\pi}{2}-\frac{B}{2}$，$G(A)$ 取得最大值，最大值为

$$G\left(\frac{\pi}{2}-\frac{B}{2}\right)=g\left(\frac{\pi}{2}-\frac{B}{2},B\right)=\cos\left(\frac{\pi}{2}-\frac{B}{2}\right)+\cos B-\cos\left(\frac{\pi}{2}-\frac{B}{2}+B\right)$$

$$=2\sin\frac{B}{2}+\cos B=2\sin\frac{B}{2}+1-2\sin^2\frac{B}{2}$$

$$=\frac{3}{2}-2\left(\sin\frac{B}{2}-\frac{1}{2}\right)^2.$$

易见，这个关于 B 的一元函数的最大值是$\frac{3}{2}$，即为 $f(A, B, C)$ 的最大值.

【原习题 2(i)】 设 A, B, C 是三角形的三个内角，求 $\sin\frac{A}{2}\cdot\sin\frac{B}{2}\cdot\sin\frac{C}{2}$的最大值.

解 记 $f(A, B, C)=\sin\frac{A}{2}\sin\frac{B}{2}\sin\frac{C}{2}$，$0<A<\pi$，$0<B<\pi$，$0<C<\pi$. 由条件 $A+B+C=\pi$ 得 $C=\pi-(A+B)$，代入 $f(A, B, C)$，得 $g(A, B)=f(A, B, \pi-(A+B))=\sin\frac{A}{2}\sin\frac{B}{2}\cos\frac{A+B}{2}$. 任意固定一个 $B\in(0, \pi)$，得函数 $G(A)=g(A, B)=\sin\frac{A}{2}\sin\frac{B}{2}\cos\frac{A+B}{2}=\frac{1}{2}\sin\frac{B}{2}\left[\sin\left(A+\frac{B}{2}\right)-\sin\frac{B}{2}\right]$. 故当 $\sin\left(A+\frac{B}{2}\right)=1$，即 $A=\frac{\pi}{2}-\frac{B}{2}$时，$G(A)$ 取得最大值，最大值为 $G\left(\frac{A}{2}-\frac{B}{2}\right)=\frac{1}{2}\sin\frac{B}{2}\left(1-\sin\frac{B}{2}\right)=\frac{1}{8}-\frac{1}{2}\left(\sin\frac{B}{2}-\frac{1}{2}\right)^2$.

易见，这个关于 B 的一元函数的最大值是$\frac{1}{8}$，即为 $f(A, B, C)$ 的最大值.

【原习题 3】 证明：在锐角三角形 ABC 中，

$$\sin A+\sin B+\sin C>2.$$

证明 记 $f(A, B, C)=\sin A+\sin B+\sin C$，$0<A<\frac{\pi}{2}$，$0<B<\frac{\pi}{2}$，$0<C<\frac{\pi}{2}$. 为方便，先考虑 $f(A, B, C)$ 在有限闭区域 $\overline{D}=\left\{(A, B, C)\,\middle|\,0<A<\frac{\pi}{2}, 0<B<\frac{\pi}{2}, 0<C<\frac{\pi}{2}\right\}$ 的最小值.

由条件 $A+B+C=\pi$，得 $C=\pi-(A+B)$，代入 $f(A, B, C)$，得 $g(A, B)=f(A, B, \pi-(A+B))=\sin A+\sin B+\sin(A+B)$. 对于任意固定的一个 $B\in(0, \pi)$，把 $g(A, B)=G(A)$ 作为 A 的一元函数来看待. 由于 $G(A)=\sin A+\sin(A+B)+\sin B=2\sin\left(A+\frac{B}{2}\right)\cos\frac{B}{2}+\sin B$，考虑到 $A\in\left[0, \frac{\pi}{2}\right]$或 $A+\frac{B}{2}\in\left[\frac{B}{2}, \frac{\pi}{2}+\frac{B}{2}\right]\subset\left[0, \frac{3\pi}{4}\right]$，且易知 $\sin\left(\frac{\pi}{2}+\frac{B}{2}\right)=\cos\frac{B}{2}\geqslant\sin\frac{B}{2}$（这是因为$\frac{B}{2}\in$

$\left[0,\ \frac{\pi}{4}\right]\Big)$，故当 $A+\frac{B}{2}=\frac{B}{2}$，即 $A=0$ 时，$\sin\left(A+\frac{B}{2}\right)$ 在 $A\in\left[0,\ \frac{\pi}{2}\right]$ 取得最小值，从而 $G(A)$ 在 $A=0$ 处取得最小值，最小值为 $G(0)=2\sin B$. 再由 $A+B+C=\pi$ 及 $0\leqslant A\leqslant\frac{\pi}{2}$，$0\leqslant B\leqslant\frac{\pi}{2}$，$0\leqslant C\leqslant\frac{\pi}{2}$，当 $A=0$ 时，必有 $B=C=\frac{\pi}{2}$，故最小值为 $g\left(0,\ \frac{\pi}{2}\right)=2$. 由对称性知最小值点全在闭区域 $\overline{D}$ 的边界上，从而在区域的内部，即当 $0<A<\frac{\pi}{2}$，$0<B<\frac{\pi}{2}$，$0<C<\frac{\pi}{2}$，$f(A,\ B,\ C)>2$.

由此可见，上述 3 道习题可以用统一的方法进行处理，而且只需要调整一步，不需要像前面那样作多步调整. 最主要的是不必去猜最值点将在哪一点取到，而是很自然地得到最值点并求得最值. 用这种方法还可以构造新的题目，而不是被动地解题. 碰到比较复杂的问题还可以用求一元函数导数的方法帮助我们求得最值点. 下面再看一道最值点既不在边界上，又不像在 $A=B=C$ 这样的特殊点上的习题，这时候想猜出最值点是比较困难的.

【习题 4】　已知三角形 ABC 的周长为 16，则当三角形的边长为何值时，该三角形绕一边旋转所得的旋转体体积最大？

解　设三角形绕边 BC 旋转，BC 的长度为 a，BC 边上的高为 h，易知旋转体的体积为

$$V=\frac{1}{3}\pi h^2 a,\ 0<a<16,\ h>0.$$

V 是一个以 h，a 为变量的二元函数. 现固定 a，把 V 看成是 h 的一元函数 $V(h)=\frac{1}{3}\pi a h^2$，由于三角形的周长为 16，故在 a 固定的情况下，点 A 到定点 B，C 的距离之和等于定长 $16-a$，即 A 在以 B，C 为焦点的椭圆上运动. 显然，当 A 运动到 BC 边的垂直平分线上时，h 达到最大值，从而 $V(h)$ 也达到最大，此时 A 到 BC 的距离 $h=\sqrt{\left(\frac{16-a}{2}\right)^2-\left(\frac{a}{2}\right)^2}=2\sqrt{16-2a}$. 对于每个 a 来说，$V(h)$ 的最大值为 $V=\frac{1}{3}\pi\cdot 4(16-2a)a=\frac{8\pi}{3}\left[16-(a-4)^2\right]$. 从而当 $a=4$ 时，V 取得最大值 $\frac{128\pi}{3}$，此时的另外两条边均匀为 6（因为 A 在 BC 边的垂直平分线上）.

【例 7】　凸多边形内角和定理向空间的拓广及应用.

多边形是平面内的直线形，多面体是空间中的“平面体”，形与体可能有一些性质相类似. 多边形（指凸多边形，下同）有内角和定理，多面体

(指凸多面体，下同）是否会有类似的性质呢？

首先注意到：n 边形有 n 个内角，每个内角都小于 π，n 边形的内角和为 $(n-2)\pi$. 多边形经连续的拉伸或压缩变形后其内角和不变，且多边形的边数（或顶点数）每增加 1，内角和就增加 π.

多边形内角和定理的一种证明方法如下：

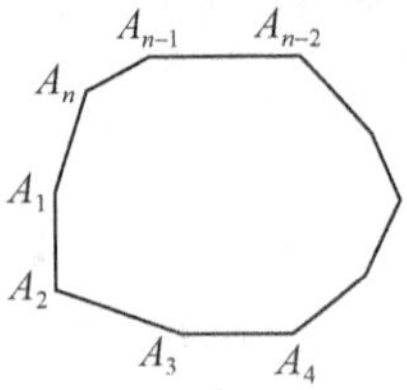

图 4-18

如图 4-18 所示，设 $A_1A_2\cdots A_n$ 是 n 边形，当 $n=3$ 时，定理显然成立. 当 $n>3$ 时，截去 $\triangle A_nA_1A_{n-1}$，这样，原 n 边形的内角和减少 π. 若 $n-1>3$，重复上述过程，得 $n-2$ 边形 $A_1A_2\cdots A_{n-2}$，这样，原 n 边形的内角和又减少了 π……经过 $n-3$ 次上述过程后，剩下一个三角形 $\triangle A_1A_2A_3$，它的内角和比原 n 边形减少了 $(n-3)\pi$，于是原 n 边形的内角和是 $(n-3)\pi+\pi=(n-2)\pi$.

下面来看 n 边形的顶点数、边数、封闭的区域数的关系.

对于一般的凸 n 边形，其顶点数为 n，边数也为 n，封闭的区域就只有 1 个. 若用 V、E、F 分别表示顶点数、边数、封闭的区域数，则有 $V-E+F=1$.

如果将多边形剖分，即用不相交的对角线连接其顶点，可得到一系列的三角形. 此时，顶点数 $V=n$，区域数 $F=n-2$，设边数用 E 表示，则这个边数由两部分线段组成，多边形的边数 n，对角线的条数 x. 由于区域均为三角形，则有 $3(n-2)=n+2x$（因对角线可作为两个三角形的公共边），即知 $x=n-3$，于是 $E=n+x=2n-3$. 从而 $V-E+F=n-(2n-3)+(n-2)=1$.

这说明关系 $V-E+F=1$ 具有特殊的意义.

上述的关系式，对于一般的多边形直线段分割还成立吗？

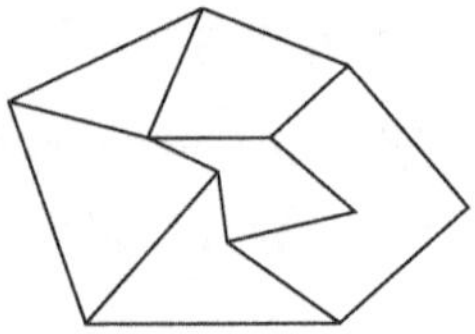
图 4-19

如图 4-19 所示，先考虑平面上一般的封闭直线型图形，即图形内部的连接线均为直线段.

设最外层的边数为 n，所有的顶点数为 V，所有封闭的区域数为 F，所有边数为 E.

下面，用两种方法计算所有不相交的封闭区域的内角和 S.

一方面，

$$\begin{aligned} S &=2\pi\cdot V-[\pi\cdot n-(n-2)\pi] \\ &=2\pi\cdot V-(n+2)\pi. \end{aligned} \tag{4-16}$$

另一方面，用 F_m 表示边数为 m 的多边形的个数，由多边形内角和结论，则

$$S=\sum_m F_m\cdot(m-2)\pi$$
$$=\pi\cdot\sum_m m\cdot F_m-2\pi\sum_m F_m. \tag{4-17}$$

注意到，

$$E=\frac{1}{2}\left(\sum_m m\cdot F_m+n\right), \tag{4-18}$$
$$F=\sum_m F_m. \tag{4-19}$$

由式（4-16）~式(4-19）得

$$2\pi\cdot V-(n+2)\pi=\pi(2E-n)-2\pi\cdot F,$$

故 $V-E+F=1$.

如果将多边形内的直线段变成曲线段，则为一般的多边形网络了. 这说明在一般的多边形网络中，也有这个特殊的关系式. 实际上，这就是平面中的欧拉定理.

对于多面体能否进行类似于多边形的研究并得出类似的结论呢？

首先，设多面体有 V 个顶点，每个顶点也是一个多面角的顶点，一个多面角的所有面角的和称为多面角的面角和（相当于多边形的一个内角），显然，每个多面角的面角和小于 2π. 多面体的 V 个多面角的面角和之和我们称为多面体的面角和. 多面体经连续的拉伸或压缩变形后其面角和不变，现在来探讨多面体的面角和与顶点数 V 的关系（许承厚，2004）.

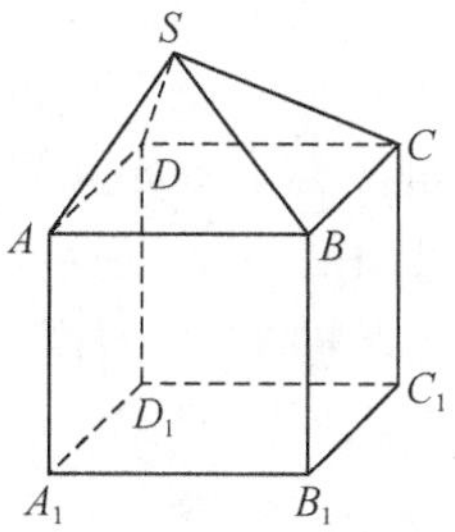

图 4-20

其次，在多面体外增加一个顶点（当然也同时增加一些面和棱），来看多面体面角和的变化. 例如，在正方体外增加一个顶点，得到有 9 个顶点的多面体，见图 4-20，面角和增加了 4 个三角形 $\triangle SAB$、$\triangle SBC$、$\triangle SCD$、$\triangle SDA$ 的内角和，同时减少了一个四边形即四边形 $ABCD$ 的内角和，即增加一个顶点后所得的多面体比原来的正方体面角和增加了 $4\pi-2\pi=2\pi$. 这个结论可推广到一般情形，在多面体外增加一个顶点，以这个顶点为顶点、原多面体的一个 n 边形的面为底面组成一个 n 棱锥，这个 n 棱锥与原多面体拼成一个多面体. 新多面体比原来多面体多一个顶点，面角和增加了 n 棱锥的 n 个侧面三角形的内角和，同时减少了一个 n 边形的内角和，面角和实际增加了 $n\pi-(n-2)\pi=2\pi$，即多面体的顶点数每增加 1，面角和就增加 2π.

我们知道，有 4 个顶点的多面体（四面体）的面角和是 4π，这样有 5 个顶点、6 个顶点、7 个顶点……的多面体的面角和就分别是 6π，8π，$10\pi\cdots$.

一般地，有多面体面角和定理（在严格证明之前还是一个猜想）：

有 V 个顶点的多面体的面角和是 2π（$V-2$）.

这个结论与多边形的内角和定理十分类似，且一样地简洁、深刻、优美！

下面，用特殊的多面体来验证. 可以选择一些熟悉的、特殊的多面体来验证上述的多面体面角和定理. 先计算每个多面体各个面（多边形）内角和之和（第一种算法），再根据多面体的顶点数应用多面体面角和定理计算（第二种算法），看用两种方法计算的结果是否相同（表 4-1）.

表 4-1

多面体	面角和（第一种算法）	面角和（第二种算法）
正六面体	$2\pi\cdot 6=12\pi$	$2\pi(8-2)=12\pi$
正八面体	8π	$2\pi(6-2)=8\pi$
正十二面体	$3\pi\cdot 12=36\pi$	$2\pi(20-2)=36\pi$
正二十面体	20π	$2\pi(12-2)=20\pi$
n 棱锥	$n\pi+(n-2)\pi=2\pi(n-1)$	$2\pi(n+1-2)=2\pi(n-1)$
n 棱柱	$2n\pi+2(n-2)\pi=4\pi(n-1)$	$2\pi(2n-2)=4\pi(n-1)$

通过以上具体多面体的验证，说明关于这些特殊多面体面角和的猜想是成立的.

现在，我们给出多面体面角和定理的证明：设多面体有 V（$V\geqslant 4$）个顶点，当 $V=4$ 时，定理显然成立. 当 $V>4$ 时，选取一个顶点 S（使其余的顶点不在同一个平面内），设与 S 相关联的棱有 n 条. 适当调整这 n 条棱的长度或方向，使这些棱另一端的 n 个端点 A_1，A_2，…，A_n 在同一个平面内，并且 $A_1A_2\cdots A_n$ 是一个凸 n 边形（多面体的其他部分也要作相应的调整，这样并不改变多面体的面角和）. 截去以 S 为顶点，$A_1A_2\cdots A_n$ 为底面的 n 棱锥（保留 n 边形 $A_1A_2\cdots A_n$），得到有 $V-1$ 个顶点的新多面体. 这样，多面体的面角和减少了 $n\pi$（n 棱锥的 n 个侧面三角的内角和），同时增加了 $(n-2)\pi$（n 边形 $A_1A_2\cdots A_n$ 的内角和），实际减少了 $n\pi-(n-2)\pi=2\pi$. 即多面体每减少一个顶点后，面角和就减少 2π，若 $V-1>4$，重复上述过程，经过 $V-4$ 次上述步骤后，剩下一个 4 面体（有 4 个顶点）. 所以原多面体的面角和为 $2\pi(V-4)+4\pi=2\pi(V-2)$，定理得证.

我们已经得到有 V 个顶点的多面体的面角和是 $2\pi(V-2)$. 还可以从另一个角度来研究多面体的面角和的应用. 设这个多面体有 F 个面，第 i 个面是 n_i 边形，其内角和是（n_i-2）π，于是多面体的面角和就是 $\sum_{i=1}^{F}(n_i-2)\pi=$

$\pi\sum_{i=1}^{F}n_i-2F\pi$，注意到 $\sum_{i=1}^{F}n_i$ 是所有多边形边数之和，而两个相邻的多边形的公共边是多面体的一条棱，设这个多面体的棱数为 E，这样 $\sum_{i=1}^{F}n_i=2E$. 于是多面体的面角和又可表示为 $2E\pi-2F\pi=2\pi(E-F)$.

由上，又可得 $2\pi(E-F)=2\pi(V-2)$，即 $E-F=V-2$.

从而，$F+V-E=2$.

这样也就发现并证明了多面体的欧拉定理：

设多面体的面数、顶点数、棱数分别为 F、V、E，则

$$F+V-E=2.$$

运用欧拉定理，可以证明正多面体只有 5 种（沈文选等，1996）.

正多边形有无限多种（只要边数大于或等于 3），正多面体是否也有无数多种？正多面体的所有面是全等的正多边形，所有多面角是全等的正多面角. 每一个多面角的面角和小于 2π，每一个多面角至少是三面角. 这样，正多面体的面只能是正三角形、正四边形或正五边形（因为和大于或等于 6 的正多边形的 3 个内角之和将大于或等于 2π）.

首先，多面体的每个面是正三角形. 正三角形的每个内角是 $\frac{\pi}{3}$，多面体的每个多面角可以是正三面角、正四面角和正五面角.

（1）每个多面角是正三面角. 这时 $3F=2E$，$3V=2E$，即 $F=\frac{2}{3}E$，$V=\frac{2}{3}E$. 应用欧拉定理，得 $\frac{2}{3}E+\frac{2}{3}E-E=2$. 于是 $E=6$，$F=4$，$V=4$. 这样得到正四面体.

（2）每个多面角是正四面角. 这时，$3F=2E$，$4V=2E$，即 $F=\frac{2}{3}E$，$V=\frac{1}{2}E$. 应用欧拉定理，得 $\frac{2}{3}E+\frac{1}{2}E-E=2$. 于是 $E=12$，$F=8$，$V=6$. 这样得到正八面体.

（3）每个多面角是正五面角. 这时，$3F=2E$，$5V=2E$，即 $F=\frac{2}{3}E$，$V=\frac{2}{5}E$. 应用欧拉定理，得 $\frac{2}{3}E+\frac{2}{5}E-F=2$，于是 $E=30$，$F=20$，$V=12$. 这样得到正二十面体.

其次，多面体的每个面是正四边形. 正四边形的每个内角是 $\frac{\pi}{2}$，多面体的

每个多面角只能是正三面角. 这时, $4F=2E$, $3V=2E$, 即 $F=\frac{1}{2}E$, $V=\frac{2}{3}E$. 应用欧拉定理, 得$\frac{1}{2}E+\frac{2}{3}E-E=2$, 于是 $E=12$, $F=6$, $V=8$, 这样得到正六面体.

再次, 多面体的每个面是正五边形. 正五边形的每个内角是$\frac{3\pi}{5}$, 多面体的每个多面角只能是正三面角. 这时, $5F=2E$, $3V=2E$, 即 $F=\frac{2}{5}E$, $V=\frac{2}{3}E$. 应用欧拉定理, 得$\frac{2}{5}E+\frac{2}{3}E-E=2$, 于是 $E=30$, $F=12$, $V=20$. 这样得到正十二面体.

这 5 种正多面体的面数、顶点数和棱数列于表 4-2.

表 4-2

正多面体	面数 F	顶点数 V	棱数 E
正四面体	4	4	6
正六面体	6	8	12
正八面体	8	6	12
正十二面体	12	20	30
正二十面体	20	12	30

4.6 陈述、呈现的方式改变

数学知识需要形式化的陈述或呈现, 数学符号语言是能完善、准确、明晰地提供把数学知识传达给别人的方式. 数学知识陈述、呈现的形式化, 更加深了抽象的层次, 也就增加了学习难度. 为把数学变得容易一些就要在抽象中找到具体、看到具体, 从形式中看到实质、抓住本质, 找出学习者易于接受的陈述、呈现方式.

同样的一个数学对象、一个数学命题、一条数学定理、一个数学公式等可以用不同的呈现方式来表述. 同样的空间形式, 同样的数量关系, 可以用不同的数学命题、数学结构、数学体系来反映. 因为, 有的表述方式或反映方式便于学习、掌握、理解、记忆, 有的则不然.

特别地, 数学中的恒等变形是一种极为重要的陈述、呈现方式的改变.

【例 1】　计算 $3\cdot5\cdot17\cdot\cdots\cdot(2^{2^{n-1}}+1)$ 的积.

解　原式 $=(2+1)(2^2+1)(2^4+1)\cdots(2^{2^{n-1}}+1)$

$$=(2-1)(2+1)(2^2+1)(2^4+1)\cdots(2^{2}+1)$$

$$=(2^2-1)(2^2+1)(2^4+1)\cdots(2^{2^{n-1}}+1)$$

$$\vdots$$

$$=2^{2^n}-1.$$

【例 2】　分解因式 a^5+a+1.

解法 1　原式 $=a^5-a^2+a^2+a+1$

$$=a^2(a^3-1)+a^2+a+1$$

$$=(a^2+a+1)(a^3-a^2+1).$$

解法 2　原式 $=a^5+a^4+a^3+a^2-a^4-a^3-a^2+a+1$

$$=a^3(a^2+a+1)-a^2(a^2+a+1)+a^2+a+1$$

$$=(a^2+a+1)(a^3-a^2+1).$$

进行代换或借助于模型变形处理也是重要的陈述、呈现方式改变.

【例 3】　求三个实数 x，y，z，使得它们同时满足下列条件：

（1）$2x+3y+z=13$，（2）$4x^2+9y^2+z^2-2x+15y+3z=82$.

解　由两个条件式相加并配方，得

$$(2x)^2+(3y+3)^2+(z+2)^2=108.$$

把条件（1）变为 $2x+(3y+3)+(z+2)=18$.

令 $2x=p$，$3y+3=q$，$z+2=r$，则有

$$\begin{cases}p+q+r=18,\\p^2+q^2+r^2=108.\end{cases}$$

注意到二次函数模型 $f(t)=(t-p)^2+(t-q)^2$

$$=2t^2-2(p+q)t+p^2+q^2$$

$$=2t^2-2(18-r)t+108-r^2,$$

又 $f(t)\geqslant0$，对 $t\in\mathbf{R}$ 恒成立，则 $\Delta\leqslant0$，即 $4(18-r)^2-8(108-r^2)\leqslant0$.

整理得 $12(r-6)^2\leqslant0$，从而 $r=6$.

同理 $p=6$，$q=6$.

即有 $\begin{cases}2x=6,\\3y+3=6,\\z+2=6.\end{cases}$　解得 $\begin{cases}x=3,\\y=1,\\z=4.\end{cases}$

【例 4】　已知 a，b，$c\in\mathbf{R}$，证明：

$$(a^2+ab+b^2)(b^2+bc+c^2)(c^2+ca+a^2)\geqslant(ab+bc+ca)^2.$$

证明 令 $a^2+ab+b^2=M_1$，$b^2+bc+c^2=M_2$，$c^2+ca+a^2=M_3$，则由

$$\begin{aligned}3&=\frac{M_1}{M_1}+\frac{M_2}{M_2}+\frac{M_3}{M_3}\\&=\frac{a^2+ab+b^2}{M_1}+\frac{b^2+bc+c^2}{M_2}+\frac{c^2+ca+a^2}{M_3}\\&=\left(\frac{a^2}{M_1}+\frac{c^2}{M_2}+\frac{ca}{M_3}\right)+\left(\frac{ab}{M_1}+\frac{b^2}{M_2}+\frac{a^2}{M_3}\right)+\left(\frac{b^2}{M_1}+\frac{bc}{M_2}+\frac{c^2}{M_3}\right)\\&\geqslant\frac{3ca}{\sqrt[3]{M_1M_2M_3}}+\frac{3ab}{\sqrt[3]{M_1M_2M_3}}+\frac{3bc}{\sqrt[3]{M_1M_2M_3}}\\&=\frac{3(ab+bc+ca)}{\sqrt[3]{M_1M_2M_3}},\end{aligned}$$

有 $3\geqslant\frac{3(ab+bc+ca)}{\sqrt[3]{M_1M_2M_3}}$. 即 $M_1M_2M_3\geqslant(ab+bc+ca)^3$.

故原不等式获证.

陈述、呈现的方式改变，灵活变形是极为值得注意的.

陈述、呈现的方式改变，有时还让人产生一系列联想，获得一些新的收获，这也可以说是一种易于接受新知的途径.

【例 5】 不等式的矩阵陈述方式（沈文选，1996a）.

首先看下列熟知的不等式.

设 a，b，$c\in\mathbf{R}^+$，则有

$$a^3+b^3+c^3\geqslant 3abc, \tag{4-20}$$

由式（4-20），显然有 $a+b+c\geqslant 3\sqrt[3]{abc}$，从而又有

$$27abc\leqslant(a+b+c)^3, \tag{4-21}$$

由式（4-20），又有

$$\begin{aligned}9(a^3+b^3+c^3)&=a^3+b^3+c^3+6\ (a^3+b^3+c^3)+2(a^3+b^3+c^3)\\&\geqslant a^3+b^3+c^3+3(a^2b+a^2c+ab^2+ac^2+bc^2+bc^2)+6abc\\&=(a+b+c)^3,\end{aligned}$$

从而又有

$$\frac{1}{3}(a^3+b^3+c^3)\geqslant\left(\frac{a+b+c}{3}\right)^3, \tag{4-22}$$

由 $a+b+c\geqslant 3\sqrt[3]{abc}$，亦有

$$[\ (a+b+c)^3]^{\frac{1}{3}}\geqslant\sqrt[3]{abc}+\sqrt[3]{abc}+\sqrt[3]{abc}. \tag{4-23}$$

上述 4 个不等式中的等号，均当且仅当 $a=b=c$ 时取得.

上述 4 个不等式均可以用矩阵陈述表示：

作出 3×3 矩阵

$$A=\begin{bmatrix}a&b&c\\a&b&c\\a&b&c\end{bmatrix},\quad B=\begin{bmatrix}a&b&c\\b&c&a\\c&a&b\end{bmatrix}.$$

矩阵 $\boldsymbol{A}$ 常称为可同序矩阵（即每行元素的大小顺序一致），矩阵 $\boldsymbol{B}$ 为矩阵 $\boldsymbol{A}$ 的一个乱序阵（即每行元素的大小顺序不一致，但还是原行中的元素），此时，上述各不等式可陈述为

结论 1　式（4-20）即为矩阵 $\boldsymbol{A}$ 的元素的列积之和不小于其乱序阵 $\boldsymbol{B}$ 的元素的列积之和.

结论 2　式（4-21）即为矩阵 $\boldsymbol{A}$ 的元素的列和之积不大于其乱序阵 $\boldsymbol{B}$ 的元素的列和之积.

结论 3　式（4-22）即为矩阵 $\boldsymbol{B}$ 的每列元素之积的算术平均值不小于其每个元素的算术平均值之积.

结论 4　式（4-23）即为矩阵 $\boldsymbol{B}$ 的每列元素之和的几何平均值不小于其每行元素的几何平均值之和.

上述 4 个结论中的 3 阶正实数矩阵 $\boldsymbol{A}$、$\boldsymbol{B}$ 均可以推广到 $n\times m$ 的非负实数矩阵的情形.

设 $a_{ij}\geqslant 0$（$i=1,2,\cdots,n$，$j=1,2,\cdots,m$），记

$$\boldsymbol{M}=\begin{bmatrix}a_{11}&a_{12}&\cdots&a_{1m}\\a_{21}&a_{22}&\cdots&a_{2m}\\\vdots&\vdots&&\vdots\\a_{n1}&a_{n2}&\cdots&a_{nm}\end{bmatrix}_{n\times m},\quad \boldsymbol{N}=\begin{bmatrix}a'_{11}&a'_{12}&\cdots&a'_{1m}\\a'_{21}&a'_{22}&\cdots&a'_{2m}\\\vdots&\vdots&&\vdots\\a'_{n1}&a'_{n2}&\cdots&a'_{nm}\end{bmatrix}_{n\times m},$$

其中 $\boldsymbol{M}$ 的每行元素的大小顺序一致，$\boldsymbol{N}$ 为 $\boldsymbol{M}$ 的乱序阵，每一行的元素虽仍是 $\boldsymbol{M}$ 中的行的元素，但大小顺序不一定是一致的.

此时，不等式（4-20）至式（4-23）分别推广为

$$\sum_{j=1}^{m}\prod_{i=1}^{n}a_{ij}\geqslant\sum_{j=1}^{m}\prod_{i=1}^{n}a'_{ij},\tag{4-24}$$

$$\prod_{j=1}^{m}\sum_{i=1}^{n}a_{ij}\leqslant\prod_{j=1}^{m}\sum_{i=1}^{n}a'_{ij},\tag{4-25}$$

$$\frac{1}{m}\sum_{j=1}^{m}\prod_{i=1}^{n}a'_{ij}\geqslant\prod_{i=1}^{n}\left(\frac{1}{m}\sum_{j=1}^{m}a'_{ij}\right),\tag{4-26}$$

$$\prod_{j=1}^{m}\left(\sum_{i=1}^{n}a'_{ij}\right)^{\frac{1}{m}}\geqslant\sum_{i=1}^{n}\left(\prod_{j=1}^{m}a'_{ij}\right)^{\frac{1}{m}}.\tag{4-27}$$

这四个不等式均是著名的不等式，即式（4-24）与式（4-25）称为微微对偶不等式，式（4-26）称为 Acsel 不等式，式（4-27）称为 Carlson 不等

式. 于是，上述4个著名不等式便可采用矩阵陈述表示. 只要将前述4个结论中的矩阵 $\boldsymbol{A}$、$\boldsymbol{B}$ 改为矩阵 $\boldsymbol{M}$、$\boldsymbol{N}$ 即可. 例如，式（4-27）即可陈述为：

对于 $n\times m$ 非负实数矩阵，m 列各列元素之和的几何平均值不小于 n 行各行元素的几何平均值之和.

矩阵是日常生活中，数学各分支中见得较多的数学对象（长方形数表）的表述形式，它能把头绪纷繁的事物或者数学对象按一定的规律排列表示出来，让人看上去一目了然，帮助我们保持清醒的头脑，不至于被一些杂乱无章的关系弄得晕头转向. 若运用上述著名不等式处理问题，则变成了巧妙设计矩阵处理问题了.

不等式的矩阵陈述方式，也可以看成是不等式的一种图示（数表图示）. “数形结合百般好，隔裂分家万事非”（华罗庚）.

【例6】 平面几何问题中条件的陈述改变获得新的结论（沈文选，2007a）.

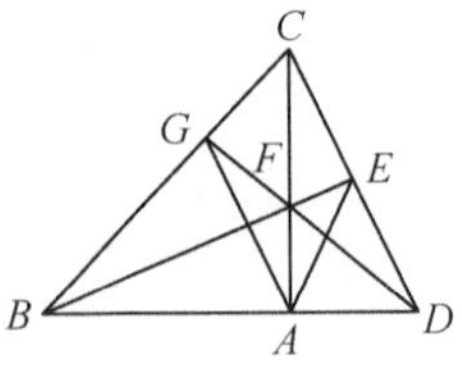

图4-21

我们先看如下一道几何命题：

命题1 如图4-21，在 $\triangle BCD$ 中，$CA\perp BD$ 于点 A，F 为 CA 上一点，直线 BF 交 CD 于点 E，直线 DF 交 BC 于点 G，连接 EA、GA，则 $\angle GAC=\angle EAC$.

这道题曾多次作为初中、高中，乃至大学的竞赛题，证法也非常多（可参见作者另著《高中数学竞赛的秘密》P. 216）.

对上述命题中的条件“$CA\perp BD$”，我们改变它的陈述为“CA 平分平角 $\angle BAD$”，这时，马上就会联想到，将平角 $\angle BAD$ 又改变成小于平角的角或大于平角的情形，CA 平分 $\angle BAD$ 不变，其他条件也不变，还有 $\angle GAC=\angle EAC$ 吗？恰好就是如下的两个命题：

命题2 如图4-22，在四边形 $ABCD$ 中，对角线 AC 平分 $\angle BCD$，在 CD 上取一点 E，BE 与 AC 相交于 F，延长 DF 交 BC 于 G. 求证：$\angle GAC=\angle EAC$.

此命题2即为1999年全国高中联赛题.

命题3 如图4-23，A 为 $\triangle DBC$ 内一点，满足 $\angle DAC=\angle BAC$，F 是线段 AC 内任一点，直线 DF、BF 分别交边 BC、CD 于 G，E，求证：$\angle GAC=\angle EAC$.

此命题3即为《数学教学》问题561号.

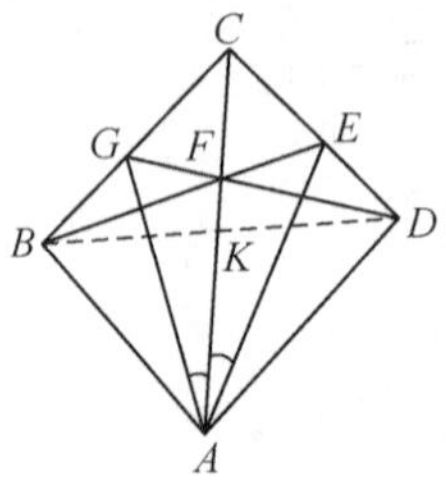

图4-22

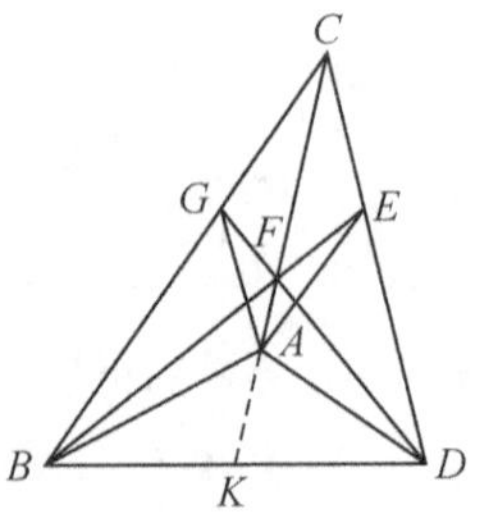

图4-23

命题2、命题3还可改述为下列命题（沈文选，2009a）：

命题4　在完全四边形 $CGBFDE$ 中，A 是对角线 CF 所在直线上一点，连接 AB、AD、AE、AG，若 $\angle CAB=\angle CAD$，则 $\angle GAC=\angle EAC$.

此命题4不仅包含了命题1～3，还推广了这三个命题，只要点 A 不与 C 重合都行. 此时，命题4的逆命题也是成立的. 于是有

命题5　在完全四边形 $CGBFDE$ 中，A 是对角线 CF 所在直线上异于点 C 的任一点，连接 AB、AD、AE、AG，则 $\angle GAC=\angle EAC$ 的充要条件是 $\angle CAB=\angle CAD$（即 CA 平分 $\angle BAD$）.

由命题5，改变陈述又可得

命题6　在完全四边形 $CGBFDE$ 中，A 是对角线 CF 所在直线上异于点 C 的任一点，则 $\cot\angle CAB+\cot\angle EAC=\cot\angle CAD+\cot\angle GAC$.

证明　如图4-22或图4-23所示，设直线 AC 与 BD 交于点 K.

在 $\triangle BDC$ 中对点 F 应用塞瓦定理，有

$$\frac{CG}{GB}\cdot\frac{BK}{KD}\cdot\frac{DE}{EC}=1. \qquad (*)$$

注意到

$$\frac{CG}{GB}=\frac{S_{\triangle ACG}}{S_{\triangle AGB}}=\frac{AC\cdot\sin\angle GAC}{AB\cdot\sin\angle BAG},\qquad \frac{BK}{KD}=\frac{S_{\triangle ABK}}{S_{\triangle AKD}}=\frac{AB\cdot\sin\angle CAB}{AD\cdot\sin\angle CAD},$$

$$\frac{DE}{EC}=\frac{S_{\triangle ADE}}{S_{\triangle AEC}}=\frac{AD\cdot\sin\angle DAE}{AC\cdot\sin\angle EAC}$$

将上述三式代入（*）式得

$$\frac{\sin\angle BAG}{\sin\angle CAB\cdot\sin\angle GAC}=\frac{\sin\angle DAE}{\sin\angle CAD\cdot\sin\angle EAC}. \qquad (**)$$

又

$$\begin{aligned}\sin\angle BAG&=\sin(\angle CAB-\angle GAC)\\&=\sin\angle CAB\cdot\cos\angle GAC-\cos\angle CAB\cdot\sin\angle GAC,\\ \sin\angle DAE&=\sin(\angle CAD-\angle EAC)\\&=\sin\angle CAD\cdot\cos\angle EAC-\cos\angle CAD\cdot\sin\angle EAC,\end{aligned}$$

将上述两式代入（**）式并整理，即得

$$\cot\angle CAB+\cot\angle EAC=\cot\angle CAD+\cot\angle GAC.$$

最后，还须值得指出的是，陈述、呈现的方式改变，不能改变原意，否则问题就改变了.

例如，对于例6中的命题1，若将条件“F 为 CA 上一点”，改变为“F 为 CA 所在直线上一点”，其他条件都不变，则结论就变了，变为 CA 平分 $\angle GAE$ 或其邻补角了. 这显然是对原问题的推广了.

4.7 对称性考虑

对称的形体在自然界中处处可见．树叶以其主叶脉为对称轴，花瓣的分布各个方向均匀，蜂巢、蛛网呈正多边形，人体也是左右对称的等．

人们欣赏对称的美，对称也给人类生活带来方便．例如，器物、房屋、庭院等的外形都讲究对称以体现既美感又实用．

在数学中，也充满着对称美，这其中，也不乏我们的前辈们在教育数学的研究中，运用对称性考虑而获得的成果．

解析几何中，方程 $\rho=\alpha\sin3\theta$ 及 $\rho=\alpha\cos3\theta$，$\rho=\alpha\sin2\theta$ 及 $\rho=\alpha\cos2\theta$ 所表示的曲线分别被冠以三叶玫瑰、四叶玫瑰的美称．

对称不仅表现在几何图形上，在数学表达式中也大量存在．二项式展开的系数具有对称性；三角形与代数中的恒等式、不等式也具有对称性．

多项式的对称性可用置换来刻画．例如，多项式 $Q(x)=x_1^2+x_2^2+x_3^2+x_4^2$，置换 $f=\begin{pmatrix}1&2&3&4\\3&4&2&1\end{pmatrix}$ 将 $Q(x)$ 变为自身．其实，置换 f 的第二行可以取成 1、2、3、4 的任一排列，这样的置换共有 24 个，它们刻画了 $Q(x)$ 的对称性．多项式 $G(x)=x_1^3+2x_2+x_3^3+2x_4$，在置换 $f=\begin{pmatrix}1&2&3&4\\1&2&3&4\end{pmatrix}$、$\begin{pmatrix}1&2&3&4\\3&2&1&4\end{pmatrix}$、$\begin{pmatrix}1&2&3&4\\1&4&3&2\end{pmatrix}$、$\begin{pmatrix}1&2&3&4\\3&4&1&2\end{pmatrix}$ 之下都是不变的．这四个置换刻画了 $G(x)$ 的对称性．

一般地，设集合 M 有一到自身的变换 f，M 的元素之间定义了某种关系“$*$”，a，$b\in M$ 在变换 f 之下的像是 a'，$b'\in M$．如果 a、b 之间具有关系“$*$”，则 a' 与 b' 之间仍保持关系“$*$”，即 $a'*b'$，就称变换 f 是集 M 关于关系“$*$”的一个自同构对应．反射、旋转、平移都是自同构对应．

设 M 是一个给定集合，P 是 M 的一个子集，如果 M 有一个自同构对应 f，使得对 P 的任一元素 x，仍有 $f(x)\in P$，则称集合 P 是对称的．

对称性可以更广义地解释为某种相应性．例如，乘与除、微分与积分都是如此．再如，在一定条件下，有一个关于极大值的命题，就相应地有一个关于极小值的命题．“如果三角形的周长一定，则当这个三角形是正三角形时面积最大”与“如果三角形的面积一定，则当这个三角形是正三角形时周长最小”是相应的命题．

由于我们周围许多事物不论是在静止状态，还是在运动变化状态，往往呈现出各种各样的对称性或相应性，因而为了揭示和掌握这些对称事物及对称变化的规律性，就导致了科学研究中的对称性思维方式. 人类利用这种方式发现了很多奥秘，获得了科学研究中的许多对称性成果.

由于具有对称性的物体的形状、性质及其变化规律各式各样，因而呈现出的对称性也有各种不同的形式，所以，我们在教育数学研究中进行对称性考虑时，也可以有不同的考虑方式. 如果从事物发展形态的层次结构来考虑，对称性可分为空间直观、定性抽象和精确定量三种不同形式. 与此相应的就有三种不同的对称考虑方式：位置对称考虑、定性对称考虑、数式对称考虑.

所谓位置对称考虑，指的是从面对的实体出发，根据对称原理，主要从位置的对称性考虑构造出具有反映实体对称性（可能很不完全）特征的直观模型、图形、数表等.

【例 1】　一道几何问题的简明求解.

题目　在边长为 1 的正方形 $ABCD$ 的周界上任意两点 P、Q 间连一曲线，把正方形的面积分为相等的两部分. 求证：曲线的长不小于 1.

证明　我们先讨论这两点在正方形边界上的各种可能分布情况：

（1）在相对的两边上；

（2）在相邻的两边上；

（3）在同一条边上.

显然，（1）是不证自明的.

如果从位置对称考虑，则（2）、（3）均可化归为（1）.

对于（2），当点 P 在 AB 上，点 Q 在 AD 上时，如图 4-24（a）所示. 连接 BD 与曲线 $\overset{\frown}{PQ}$ 必有交点 K，否则曲边三角形 APQ 完全位于 $\triangle ABD$ 内，曲线 $\overset{\frown}{PQ}$ 不平分正方形面积. 现以 BD 为对称轴，考虑点 Q 的对称点 Q'，则 Q' 必落在 CD 上. 至此，问题已化归为（1）.

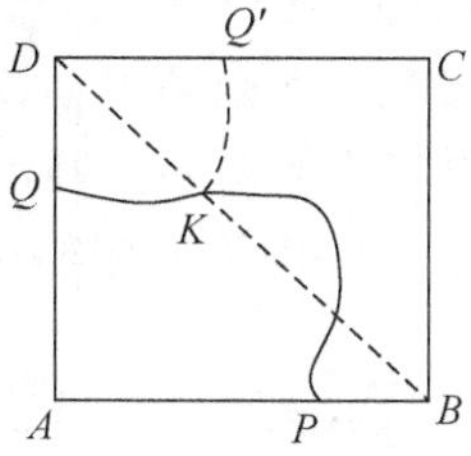

(a)

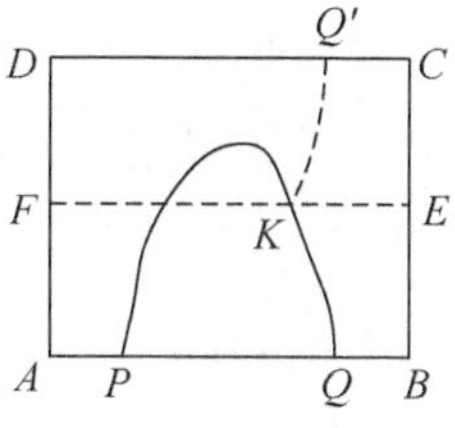

(b)

图 4-24

对于（3），当 P、Q 两点均在 AB 上时，如图 4-24（b），分别取 BC、AD 的中点 E、F，则 EF 与曲线 $\overset{\frown}{PQ}$ 必有交点 K（理由同（2）），以 EF 为对称轴，考虑点 Q 的对称点 Q'，则 Q' 必落在 CD 上. 此时，问题也化归为（1）.

综上所述，问题获证.

一般地讲，定性对称考虑分为两种不同类型，即添补对称考虑和平衡对称考虑.

所谓添补对称考虑，指的是对那些因缺项而不对称的客体进行对称性改造的一种科学思维. 具体地讲，根据对称性原理，对具有缺项的不对称客体，假设存在一个与已知方面相对称的未知面，把造成旧有概念、命题、理论系统不对称的项添补成一个新的具有对称性的概念、命题、理论系统. 这种具有探索性的思维方式为科学的发展开辟了道路. 例如，1924 年，德布罗意（de Broglie）觉察到，在当时物理学关于实物的基本理论中，仅仅注意了物质的粒子性而完全忽略了波动性：整个世纪以来，在光学上比起波动的研究方法，是过于忽略了粒子的研究方法；在实物理论上，是否发生了相反的错误呢？是不是我们把粒子的图像想象得太多，而过分忽略了波的图像？德布罗意深信物理学物质理论中的这种不对性并不是客观事物所固有的，而是人们认识的片面性造成的. 于是，德布罗意从对称原理出发创造性地运用类比法和对称添补法，大胆地提出了存在物质波的新见解. 从而为建立波动力学奠定了基础.

所谓平衡对称考虑，指的是对某些科学理论不平衡的对称性，进行对称性改造的科学思维. 具体地讲，某些科学概念、理论系统，虽然对客观事物的两个对称方面或者两个对称客体都有所反映，但这两方面的性质在理论系统中却处于一种不平衡地位. 如果能从对称原理出发，对该理论系统内部两个不对称方面进行适当调整或改造，使它们在理论系统内部基本处于平衡对称地位，从而提出一种具有内在对称性的新成果.

【例 2】 定性对称考虑获得重大成果的典型例子.

这样的例子有麦克斯韦（Maxwell）方程、德萨格（Desargues）定理等.

关于麦克斯韦方程的建立. 设 $\boldsymbol{E}$ 为电场强度矢量，$\boldsymbol{H}$ 为磁场强度矢量，c 为光速，$\mathrm{rot}\boldsymbol{E}$ 表示 $\boldsymbol{E}$ 的旋度，$\mathrm{div}\boldsymbol{E}$ 表示 $\boldsymbol{E}$ 的散度. 则有

$$\begin{cases}\mathrm{rot}\boldsymbol{H}=\dfrac{1}{c}\dfrac{\partial\boldsymbol{E}}{t},\\[2ex]\mathrm{rot}\boldsymbol{E}=-\dfrac{1}{c}\dfrac{\partial\boldsymbol{H}}{t},\end{cases}\qquad\begin{cases}\mathrm{div}\boldsymbol{H}=0,\\\mathrm{div}\boldsymbol{E}=0.\end{cases}$$

据说麦克斯韦是在法拉第经过实验所获得的电磁方程(Ⅰ)的基础上，一方面从电和磁的对称性考试；另一方面从法拉第方程组结构形式上的对称性考虑，从而大胆的猜想出方程(Ⅱ)

$$
(\mathrm{I})\begin{cases}\mathrm{rot}\boldsymbol{E}=-\dfrac{1}{c}\dfrac{\partial \boldsymbol{E}}{\partial \mathrm{t}},\\ \mathrm{div}\boldsymbol{H}=0.\end{cases}\qquad (\mathrm{II})\begin{cases}\mathrm{rot}\boldsymbol{H}=\dfrac{1}{c}\dfrac{\partial \boldsymbol{E}}{\partial t},\\ \mathrm{div}\boldsymbol{E}=0.\end{cases}
$$

麦克斯韦方程揭示了电磁波的存在，从而对推动科学的发展作出了划时代的贡献．显然，麦克斯韦的成功，是添补对称性考虑和平衡对称考虑综合运用的产物．

关于德萨格定理的发现．由在两个不同映射平面上的两个三角形对应顶点连线共点，根据对称性考虑可得两个三角形对应边的交点共线．这就是射影几何中著名的德萨格定理．

从数式对称考虑获得数学新成果，例子是相当地多的．

【例 3】　张景中院士从数式对称考虑提出的面积法的两个基本工具：三角形中的共边比例定理和共角比例定理（张景中，2002）．

共边比例定理　若线段 PQ 和线段 AB 交于 M，则

$$
\frac{S_{\triangle PAB}}{S_{\triangle QAB}}=\frac{PM}{QM}. \tag{4-28}
$$

共角比例定理　在$\triangle ABC$ 和$\triangle A'B'C'$中，$\angle A=\angle A'$或$\angle A+\angle A'=180°$，则

$$
\frac{S_{\triangle ABC}}{S_{\triangle A'B'C'}}=\frac{AB\cdot AC}{A'B'\cdot A'C'}. \tag{4-29}
$$

【例 4】　张景中院士关于“余面积”概念的给出．

对于十分有用的三角形面积公式 $S_{\triangle ABC}=\dfrac{1}{2}ac\cdot\sin B$，把公式中的 $\sin B$ 换成 $\cos B$，会得到另一个与$\triangle ABC$ 有关的量$\dfrac{1}{2}ac\cdot\cos B$. 为了方便，给它取个名字，叫做$\triangle ABC$ 关于$\angle B$ 的“余面积”，记作 $\widetilde{S}\triangle ABC=\dfrac{1}{2}ac\cdot\cos B$.

给出余面积的概念后，则可以进一步探讨它的性质，探讨它与三角形三边之间的新型关系，从而为提出勾股差的概念打下了基础．

4.8　充要性探究

在数学学习中，我们获得了一条定理，就获得了一个知识点．在获得这

条定理之后，探究其是否存在逆定理也是使我们不断扩大知识面的一条重要途径，这实际上也就是对于一个命题的充要条件进行探究．

充要性探究可分为浅层次和深层次．浅层次探究就是指一般的充分或必要条件探究．深层次探究是指把某一充要条件作为桥梁的充分或必要条件的探究．深层次探究是制作数学竞赛试题的一种重要方法．笔者也曾多次这样来命制竞赛试题．

【例 1】(梯形的中位线定理)　在梯形 $ABCD$ 中，点 E、F 分别是腰 AD、BC 的中点，则 $EF=\frac{1}{2}(AB+CD)$ ．

梯形的中位线定理是否存在逆定理呢？

即若 E、F 分别是平面四边形 $ABCD$ 的边 AD、BC 的中点，且满足 $EF=\frac{1}{2}(AB+CD)$，能否有 $AB/\!/DC$？

如图 4-25 所示，连接 AC，取 AC 的中点 G，连接 EG、GF. 由三角形中位线定理．有 $EG\underline{\underline{/\!/}}\frac{1}{2}CD$，$GF\underline{\underline{/\!/}}\frac{1}{2}AB$，于是

$$EG+GF=\frac{1}{2}(CD+AB).$$

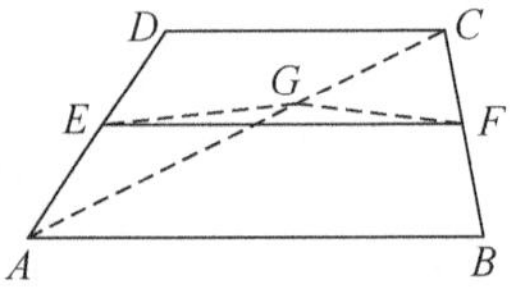

图 4-25

而 $EF=\frac{1}{2}(AB+CD)$，即有 $EG+GF=EF$，亦即知点 G 在 EF 上．从而 $EF/\!/DC$，$EF/\!/AB$，故 $AB/\!/DC$.

这说明梯形的中位线定理的逆定理是存在的．

于是有：若 E、F 分别为平面四边形 $ABCD$ 的边 AD、BC 的中点，则 $EF=\frac{1}{2}(AB+CD)$ 的充要条件是 $AB/\!/DC$.

【例 2】(自然数的一个恒等式)　对于前 n 个非零自然数 1，2，…，n，有恒等式

$$1^3+2^3+\cdots+n^3=\frac{1}{4}n^2(n+1)^2=(1+2+\cdots+n)^2.$$

这个命题是否存在逆命题？

即设 a_n 表示非零自然数．若 $\sum\limits_{i=1}^{n}a_i^3=\left(\sum\limits_{i=1}^{n}a_i\right)^2$，是否有 $a_i=i$ 呢？

事实上，当 $n=1$ 时，有 $a_1^3=a_1^2$，且 $a_1\neq0$，则 $a_1=1$.

假设当 $n\leqslant k$ 时，有 $a_1=1$，$a_2=2$，…，$a_{k-1}=k-1$，$a_k=k$，那么当 $n=k+1$

时，由条件 $\sum_{i=1}^{k+1} a_i^3 = (\sum_{i=1}^{k+1} a_i)^2$，即

$$a_1^3 + a_2^3 + \cdots + a_k^3 + a_{k+1}^3 = (a_1 + a_2 + \cdots + a_k + a_{k+1})^2,$$

而

$$a_1^3 + a_2^3 + \cdots + a_k^3 = (a_1 + a_2 + \cdots + a_k)^2 = \frac{1}{4}k^2(k+1)^2,$$

则

$$\frac{1}{4}k^2(k+1)^2 + a_{k+1}^3 = \left(\frac{k(k+1)}{2} + a_{k+1}\right)^2$$
$$= \frac{1}{4}k^2(k+1)^2 + k(k+1)a_{k+1} + a_{k+1}^2,$$

而 $a_{k+1} \neq 0$，则 $a_{k+1}^2 - a_{k+1} - k = k+1 = 0$.

又 $a_{k+1} > 0$，则 $a_{k+1} = k+1$.

这说明当 $n = k+1$ 时，有结论 $a_{k+1} = k+1$.

由数学归纳法原理．知对于任意非零自然数 i，有 $a_i = i$.

这说明上述自然数的一个恒等式的逆命题是成立的．

于是有：设 a_n 为非零自然数，则 $\sum_{i=1}^{n} a_i^3 = (\sum_{i=1}^{n} a_i)^2$ 的充要条件是 $a_i = i$.

【例 3】　已知 $A+B+C=\pi$，求证：

$$\sin A + \sin B + \sin C = 4\cos\frac{A}{2} \cdot \cos\frac{B}{2} \cdot \cos\frac{C}{2}.$$

这是课本中的一道例题．这个命题是否存在逆命题？

即设 A，B，$C \in (0,\ \pi)$，若 $\sin A + \sin B + \sin C = 4\cos\frac{A}{2}\cos\frac{B}{2}\cos\frac{C}{2}$，是否有 $A+B+C=\pi$？

事实上，(i) 先证 $A+B<\pi$.

若 $A+B \geqslant \pi$，则 $\frac{A}{2} \geqslant \frac{\pi}{2} - \frac{B}{2}$.

又 A，$B \in (0,\ \pi)$ 且 $\sin x$ 在 $\left(0,\ \frac{\pi}{2}\right)$ 内为增函数，则

$$1 > \sin\frac{A}{2} \geqslant \cos\frac{B}{2} > 0.$$

同理可得 $1 > \sin\frac{B}{2} \geqslant \cos\frac{A}{2} > 0$.

又 $\sin C > 0$，$0 < \cos\frac{C}{2} < 1$，所以

$$\sin A+\sin B+\sin C>\sin A+\sin B=2\sin\frac{A}{2}\cos\frac{A}{2}+2\sin\frac{B}{2}\cos\frac{B}{2}$$
$$\geqslant 2\cos\frac{B}{2}\cos\frac{A}{2}+2\cos\frac{A}{2}\cos\frac{B}{2}$$
$$=4\cos\frac{A}{2}\cos\frac{B}{2}>4\cos\frac{A}{2}\cos\frac{B}{2}\cos\frac{C}{2}.$$

此与条件

$$\sin A+\sin B+\sin C=4\cos\frac{A}{2}\cos\frac{B}{2}\cos\frac{C}{2}$$

矛盾.

(ii) 再证 $A+B+C=\pi$.

因为

$$\sin A+\sin B=2\sin\frac{A+B}{2}\cos\frac{A-B}{2},$$
$$2\cos\frac{A}{2}\cos\frac{B}{2}=\cos\frac{A+B}{2}+\cos\frac{A-B}{2}.$$

所以由 $\sin A+\sin B+\sin C=4\cos\frac{A}{2}\cos\frac{B}{2}\cos\frac{C}{2}$ 得

$$2\sin\frac{A+B}{2}\cos\frac{A-B}{2}+2\sin\frac{C}{2}\cos\frac{C}{2}=2\left(\cos\frac{A+B}{2}+\cos\frac{A-B}{2}\right)\cos\frac{C}{2},$$

即

$$\left(\sin\frac{A+B}{2}-\cos\frac{C}{2}\right)\cos\frac{A-B}{2}+\left(\sin\frac{C}{2}-\cos\frac{A+B}{2}\right)\cos\frac{C}{2}=0.$$

分别对各括号内的两项进行和差化积，得

$$2\cos\frac{1}{2}\left(\frac{A+B}{2}+\frac{\pi}{2}-\frac{C}{2}\right)\sin\frac{1}{2}\left(\frac{A+B}{2}+\frac{C}{2}-\frac{\pi}{2}\right)\cos\frac{A-B}{2}$$
$$+2\cos\frac{1}{2}\left(\frac{C}{2}-\frac{A+B}{2}+\frac{\pi}{2}\right)\sin\frac{1}{2}\left(\frac{C}{2}+\frac{A+B}{2}-\frac{\pi}{2}\right)\cos\frac{C}{2}=0,$$

即

$$\sin\frac{A+B+C-\pi}{4}\left(\cos\frac{A+B-C+\pi}{4}\cos\frac{A-B}{2}+\cos\frac{A+B-C-\pi}{4}\cos\frac{C}{2}\right)=0.$$

又 $A+B$，$C\in(0,\pi)$，则

$$\frac{1}{4}(A+B-C\pm\pi)\in\left(-\frac{\pi}{2},\frac{\pi}{2}\right).$$

又$\frac{A-B}{2}$，$\frac{C}{2}\in\left(-\frac{\pi}{2},\frac{\pi}{2}\right)$，从而，上式括号内值恒为正数，因而必有

$$\sin\frac{A+B+C-\pi}{4}=0.$$

又$\frac{1}{4}(A+B+C-\pi)\in\left(-\frac{\pi}{4},\ \frac{\pi}{4}\right)$，则

$$\frac{1}{4}(A+B+C-\pi)=0,$$

即$A+B+C=\pi$.

于是有：设A，B，$C\in(0,\ \pi)$，则

$$\sin A+\sin B+\sin C=4\cos\frac{A}{2}\cdot\cos\frac{B}{2}\cdot\cos\frac{C}{2} \tag{4-30}$$

的充要条件是$A+B+C=\pi$.

类似上例,设A，B，$C\in(0,\ \pi)$，则下列条件之一的充要条件是$A+B+C=\pi$.

（1）$\cos A+\cos B+\cos C=1+4\sin\frac{A}{2}\cdot\sin\frac{B}{2}\cdot\sin\frac{C}{2}$；　　(4-31)

（2）$\cos^2 A+\cos^2 B+\cos^2 C+2\cos A\cdot\cos B\cdot\cos C=1$；　　(4-32)

（3）$\sin 2A+\sin 2B+\sin 2C=4\sin A\cdot\sin B\cdot\sin C$.　　(4-33)

由此也可看到式（4-30）~式(4-33）是等价的，这样由这些等价的式子也可构成深层次的充要性探索问题.

下面看几道平面几何问题深层次的充要性探索问题(沈文选和冷岗松,2003).

【例4】　如图4-26所示，凸边形$ABDF$的两边对边AB、FD的延长线交于点C，AF、BD的延长线交于点E，对角线AD与CE相互垂直，且$AC\neq AE$，则$\angle CDE$与$\angle CAE$互补的充要条件是B、C、E、F四点共圆.

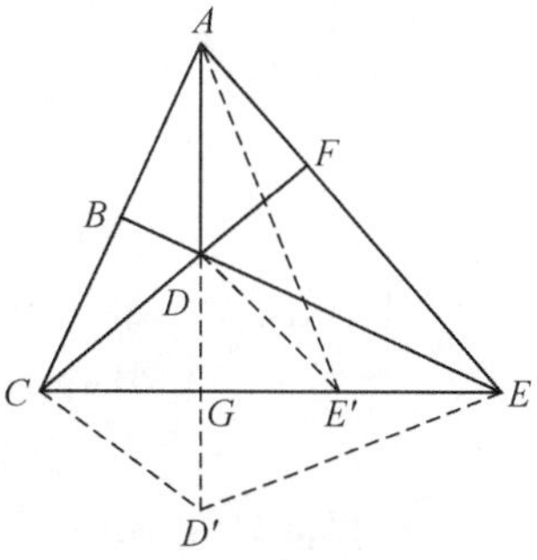

图4-26

证明　如图4-26所示，设直线AD交CE于点G.

（i）先证$\angle CDE$与$\angle CAE$互补$\Leftrightarrow D$为$\triangle ACE$的垂心.

设D'是D关于CE的对称点，连接CD'，$D'E$，

$$\begin{aligned}&\angle CD'E+\angle CAE=\angle CDE+\angle CAE=180^\circ\\&\Leftrightarrow A、C、D'、E\text{四点共圆}\\&\Leftrightarrow\angle CED=\angle CED'=\angle CAD'\\&\Leftrightarrow\angle EBC=\angle AGC=90^\circ\\&\Leftrightarrow D\text{为}\triangle ACE\text{的垂心}.\end{aligned}$$

（ii）再证B、C、E、F四点共圆$\Leftrightarrow D$为$\triangle ACE$的垂心.

因$AC\neq AE$，不妨设$AC<AE$. 在CE上取点E'，使$GE'=GC$，连接DE'，

AE'.

$$\begin{aligned}&B、C、E、F\text{ 四点共圆}\\ \Leftrightarrow&\angle DE'A=\angle DCA=\angle FCA=\angle DEA\\ \Leftrightarrow&A、D、E'、E\text{ 四点共圆}\\ \Leftrightarrow&\angle GAE=\angle GE'D=\angle GCD=\angle ECF\\ \Leftrightarrow&\angle CFE=\angle AGE=90^\circ\\ \Leftrightarrow&D\text{ 为 }\triangle ACE\text{ 的垂心}.\end{aligned}$$

故$\angle CDE$与$\angle CAE$互补的充要条件是B、C、E、F四点共圆.

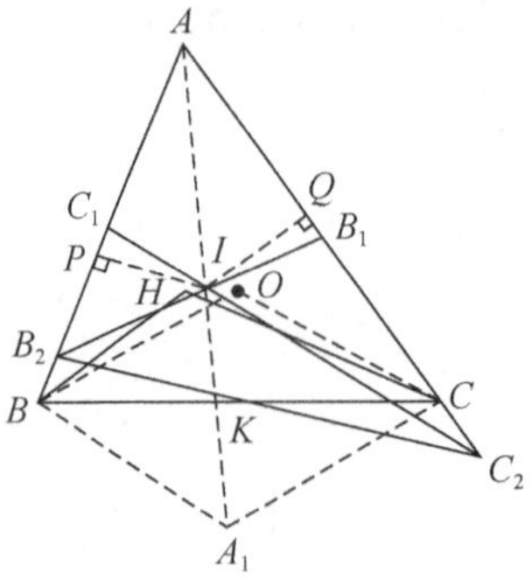

图 4-27

【例 5】 设点I、H分别为锐角$\triangle ABC$的内心和垂心，点B_1、C_1分别为边AC、AB的中点．已知射线B_1、I交边AB于点B_2（$B_2\neq B$），射线C_1I交AC的延长线于点C_2，B_2C_2与BC相交于点K，A_1为$\triangle BHC$的外心．试证：A、I、A_1三点共线的充分必要条件是$\triangle BKB_2$和$\triangle CKC_2$的面积相等．

证明 (i) 先证A、I、A_1三点共线$\Leftrightarrow\angle BAC=60°$.

如图4-27所示，设O为$\triangle ABC$的外心．连接BA_1，CA_1，则

$$\angle BHC=180^\circ-\angle HBC-\angle HCB=180^\circ-\angle BAC,$$

$$\angle BA_1C=2(180^\circ-\angle BHC)=2\angle BAC.$$

因此，$\angle BAC=60^\circ\Leftrightarrow\angle BAC+\angle BA_1C=180^\circ$

$\Leftrightarrow A_1$在$\triangle ABC$的外接圆$\odot O$上

$\Leftrightarrow AI$与AA_1重合$\Leftrightarrow A$、I、A_1三点共线．

(ii) 再证$S_{\triangle BKB_2}=S_{\triangle CKC_2}\Leftrightarrow\angle BAC=60^\circ$.

作$IP\perp AB$于点P，作$IQ\perp AC$于点Q，则

$$S_{\triangle AB_1B_2}=\frac{1}{2}IP\cdot AB_2+\frac{1}{2}IQ\cdot AB_1. \tag{4-34}$$

又令$BC=a$、$CA=b$、$AB=c$，则$r=\dfrac{2S_{\triangle ABC}}{a+b+c}$.

注意到

$$S_{\triangle AB_1B_2}=\frac{1}{2}AB_1\cdot AB_2\sin A. \tag{4-35}$$

由式(4-34)、式(4-35)及$AB_1=\dfrac{b}{2}$，$2AB_1\cdot\sin A=h_c=\dfrac{2S_{\triangle ABC}}{c}$，有

$$AB_2 \cdot \left(\frac{2S_{\triangle ABC}}{c} - 2 \cdot \frac{2S_{\triangle ABC}}{a+b+c}\right) = b \cdot \frac{2S_{\triangle ABC}}{a+b+c},$$

则 $AB_2 = \frac{bc}{a+b-c}$.

同理，$AC_2 = \frac{bc}{a+c-b}$.

由 $S_{\triangle BKB_2} = S_{\triangle CKC_2}$，有 $S_{\triangle ABC} = S_{\triangle AB_2C_2}$. 于是，

$$bc = \frac{bc}{a+b-c} \cdot \frac{bc}{a+c-b}，即 a^2 = b^2 + c^2 - bc,$$

由余弦定理，知 $\angle BAC = 60°$.

故命题获证 .

4.9　求简性追求

“简单是真的印记” . 自然科学研究的最高的使命是从繁杂中整理出秩序，秩序就意味着真理，意味着简洁 . 简单性是科学工作者一贯追求的目标. 这里的简单不是指简易、单薄、初等，而是要用简洁的公式概括众多的事实，简明的符号表示内涵丰富的概念，简捷的过程体现严谨的推理，简短的语言表达有效的信息，等等 . 因而，这种简单同时就显得深远 . 最突出的例子之一是爱因斯坦的质能关系式 $E=mc^2$，它深刻地揭示了微观、宏观、无数质能变化的规律，但其式子却极简单（刘云章，1999）.

我们曾在第 2 章中谈到过：把数学变得容易些，这是教育数学研究的目标之一 . 在教育数学研究中的求简性考虑，或者在整合创新优化数学中的求简性追求，可以从追寻表达形式的简明、求解方法的简捷、逻辑结构的简洁以及追求相似问题的统一处理等方面着手 .

在数学中，引进一些新的概念，就是为了表述的简明 .

例如，将“在凸四边形 $ABCD$ 中，两组对边 AB、DC 的延长线交于点 E，AD、BC 的延长线交于点 F”改称为“在完全四边形 $ABECFD$ 中”就简明多了 . 这也说明了引进“完全四边形”这个概念的必要了 .

又例如，有如下一个命题：

如图 4-28 所示，在 $\triangle ABC$ 中，顶点 B、C 在对边上的射影分别为 E、F，设顶点 B、C 处的外接圆的切线相交于点 P，与 EF 平行的直线分别交 AC、AB 于点 R、Q，则直线 AP 平分线段 RQ.

如果引进“逆平行线”的概念，则上述命题可简明表述为：

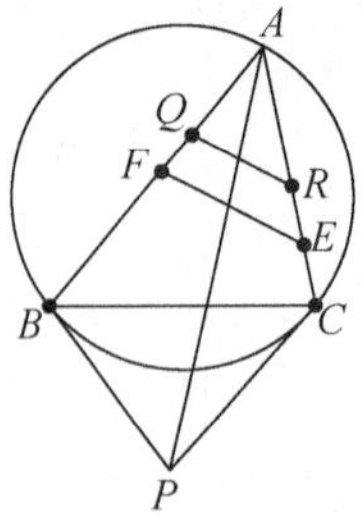

图 4-28

如图4-28所示，若$\triangle ABC$的顶点B、C处的外接圆的切线相交于点P，则AP平分与边BC逆平行的线段.

在求解数学问题中，分析、推理过程也应追求简捷.

英国的数学家德·摩根（De Morgan，1806—1871）说起话来极为风趣，有人问他："阁下今年有多大年纪了?"德·摩根笑道回答："到x^2年，我正好是x岁."

有人这样推算：他生于x^2-x年，此式可以分解因式. 变为$x^2-x=x(x-1)$.

当$x\leqslant 42$时，$x(x-1)\leqslant 1722$，

当$x\geqslant 44$时，$x(x-1)\geqslant 1892$.

作为19世纪的数学家，他不可能出生于1722年之前，也不可能出生于1892年之后. 故而$x=43$，即他出生于$43\times 42=1806$（年）

这样推算简捷吗? 注意到，在19世纪，作为完全平方数的年份，仅仅只有一年，即$43^2=1849$（年）. 事实上，因$44^2=1936$（年）已到了20世纪，而$42^2=1764$（年）则在18世纪. 于是由$1849-43=1806$即得他生于1806年了.

这也说明，为了得到简捷的求解问题的方法，有时还需整合题设所给条件.

【例1】 求和$S_n=\frac{1}{1\times 2}+\frac{1}{2\times 3}+\frac{1}{3\times 4}+\cdots+\frac{1}{n(n+1)}$.

解 注意到$\frac{1}{k(k+1)}=\frac{1}{k}-\frac{1}{k+1}$，从而

$$\begin{aligned}S_n&=\frac{1}{1\times 2}+\frac{1}{2\times 3}+\cdots+\frac{1}{n(n+1)}\\&=\left(1-\frac{1}{2}\right)+\left(\frac{1}{2}-\frac{1}{3}\right)+\cdots+\left(\frac{1}{n}-\frac{1}{n+1}\right)\\&=1-\frac{1}{n+1}=\frac{n}{n+1}.\end{aligned}$$

【例2】 求证：在非直角$\triangle ABC$中，$\dfrac{1}{1-\dfrac{1}{1-\dfrac{1}{1-\sin^2 A}}}=\sin^2 A$.

证法 1　左边 $=\dfrac{1}{1-\dfrac{1}{1-\dfrac{1}{\cos^2 A}}}=\dfrac{1}{1-\dfrac{1}{1-\sec^2 A}}=\dfrac{1}{1-\dfrac{1}{-\tan^2 A}}$

$$=\frac{1}{1+\cot^2 A}=\frac{1}{\csc^2 A}=\sin^2 A=\text{右边}.$$

证法 2　令 $\sin^2 A=x$，则

$$\text{左边}=\frac{1}{1-\dfrac{1}{1-\dfrac{1}{1-x}}}=\frac{1}{1-\dfrac{1}{\dfrac{-x}{1-x}}}=\frac{1}{1+\dfrac{1-x}{x}}=\frac{1}{\dfrac{1}{x}}=x=\text{右边}.$$

上述证法 1 中，角 A 的六个三角函数粉墨登场，全部一一出现了，忽而上台，忽而下台，且其间的关系还不能记错，证法 2 显然简捷多了．这也说明了证法 1 中也不必出现那么多的三角函数，即用 $\sin^2 A$ 直接推算就行了．

【例 3】　设 MN、PQ 是两条线段，则 $MN\perp PQ$ 的充要条件是 $PM^2-PN^2=QM^2-QN^2$.

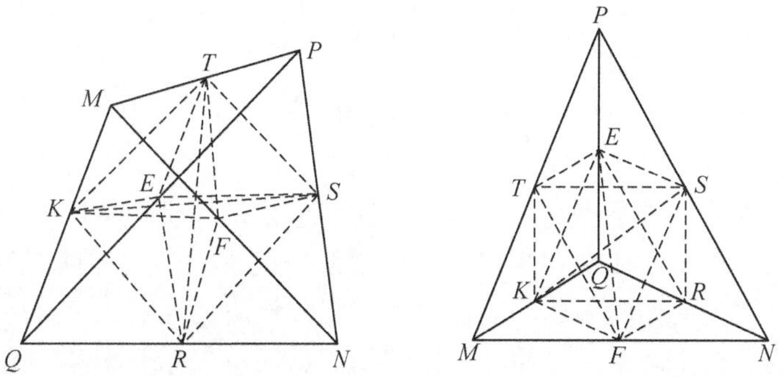

图 4-29

证法 1　如图 4-29 所示，设 R、S、T、K、E、F 分别为 QN、NP、PM、MQ、PQ、MN 的中点，将这些中点两两连接，则四边形 $KFSE$、$RFTE$ 及 $KRST$ 均为平行四边形．

由平行四边形性质，有

$$2(KE^2+KF^2)=EF^2+KS^2,\ 2(ER^2+RF^2)=EF^2+RT^2. \qquad (*)$$

于是

$MN\perp PQ \Leftrightarrow$注意 $KT/\!/QP$，$KR/\!/MN$，有 $KT\perp KR$

$\Leftrightarrow$平行四边形 $KRST$ 为矩形 $\Leftrightarrow KS=RT\Leftrightarrow KS^2=RT^2$

$\Leftrightarrow$注意到（$*$）式，有 $4(KE^2+KF^2)=4(ER^2+RF^2)$

$\Leftrightarrow$注意到三角形中位线性质，有 $PM^2+QN^2=PN^2+QM^2$

$\Leftrightarrow PM^2-PN^2=QM^2-QN^2$.

证法 2 注意到向量的运算，有

$$PM^2+QN^2-PN^2-QM^2$$
$$=\overrightarrow{PM}^2+\overrightarrow{QN}^2-\overrightarrow{PN}^2-\overrightarrow{QM}^2=\overrightarrow{PM}^2+(\overrightarrow{PN}-\overrightarrow{PQ})^2-\overrightarrow{PN}^2-(\overrightarrow{PM}-\overrightarrow{PQ})^2$$
$$=\overrightarrow{PM}^2+\overrightarrow{PN}^2+\overrightarrow{PQ}^2-2\overrightarrow{PN}\cdot\overrightarrow{PQ}-\overrightarrow{PM}^2-\overrightarrow{PQ}^2+2\overrightarrow{PM}\cdot\overrightarrow{PQ}-\overrightarrow{PN}^2$$
$$=2\overrightarrow{PM}\cdot\overrightarrow{PQ}-2\overrightarrow{PN}\cdot\overrightarrow{PQ}=2(\overrightarrow{PM}-\overrightarrow{PN})\cdot\overrightarrow{PQ}=2\overrightarrow{NM}\cdot\overrightarrow{PQ}.$$

于是

$$MN\perp PQ\Leftrightarrow\overrightarrow{NM}\perp\overrightarrow{PQ}\Leftrightarrow\overrightarrow{NM}\cdot\overrightarrow{PQ}=0$$
$$\Leftrightarrow\overrightarrow{PM}^2+\overrightarrow{QN}^2-\overrightarrow{PN}^2-\overrightarrow{QM}^2=0\Leftrightarrow PM^2-PN^2=QM^2-QN^2.$$

上述命题对平面、空间的情形均成立．在平面情形中的必要性即为定差幂线定理（载于欧几里得《几何原本》）．上述证法 1 虽然都比许多资料上的证明简捷，但还是没有证法 2 简捷．这也说明了，引进新的数学工具或知识是简捷求解有关问题的途径．

4.10 寻找本质

事物的本质，就是事物最基本的属性，也是运动变化中不变的属性．一些数学问题的本质常体现在知识的内在联系、规律的形成过程、思想方法的提炼、理性精神的体验中，因而需要我们想方设法去寻找．

寻找到了数学问题的本质，可以使我们从简单的数学对象中看到丰富多彩的数学信息，从而领悟到其中的奥妙．这也是激发学习数学兴趣的一种途径．

【例 1】 试证：任何一个正整数的倒数可以写或任意多个不同的非零自然数的倒数之和．

证明 注意到 $1=\frac{1}{2}+\frac{1}{3}+\frac{1}{6}$（这是证明本题的关键，即本题的本质之一）及 $\frac{1}{n(n+1)}=\frac{1}{n}-\frac{1}{n+1}$（本题的本质之二），有

$$\frac{1}{n}=\frac{1}{n}\left(\frac{1}{2}+\frac{1}{3}+\frac{1}{6}\right)=\frac{1}{2n}+\frac{1}{3n}+\frac{1}{6n}\text{（3 项之和）}$$
$$=\frac{1}{2n}+\frac{1}{3n}+\frac{1}{6n}\left(\frac{1}{2}+\frac{1}{3}+\frac{1}{6}\right)$$

$$=\frac{1}{2n}+\frac{1}{3n}+\frac{1}{12n}+\frac{1}{18n}+\frac{1}{36n}\text{（5 项之和）}$$

$$=\cdots\text{（任意奇数项之和）}\qquad(4\text{-}36)$$

$$\frac{1}{n}=\frac{1}{n+1}+\frac{1}{n(n+1)}\text{（2 项之和）}$$

$$=\frac{1}{n+1}+\frac{1}{n(n+1)}\left(\frac{1}{2}+\frac{1}{3}+\frac{1}{6}\right)$$

$$=\frac{1}{n+1}+\frac{1}{2n(n+1)}+\frac{1}{3n(n+1)}+\frac{1}{6n(n+1)}\text{（4 项之和）}$$

$$=\cdots\text{（任何偶数项之和）}\qquad(4\text{-}37)$$

由式（4-36）、式（4-37）知，原命题获证．

【例 2】　一道几何命题的本质寻找（沈文选，2009d）．

命题 1　设△ABC 的内切圆⊙I 分别切 BC、CA 于点 D、E. 若直线 BI 交 DE 于点 G，则 $AG\perp BG$.

证明　如图 4-30，连接 IE，IA，则 $IE\perp AE$，$\angle AIB=90°+\frac{1}{2}\angle C$.

于是

$\angle AIG=180°-\angle AIB=90°-\frac{1}{2}\angle C=\angle DEC=\angle AEG$.

从而，知 A、I、E、G 四点共圆．即有 $\angle AGI=\angle AEI=90°$，故 $AG\perp BG$.

此命题的逆命题也是成立的，即

命题 2　设△ABC 的内切圆⊙I 分别切 BC、CA 于点 D、E，点 G 在射线 BI 上．若 $AG\perp BG$，则 D、E、G 三点共线．

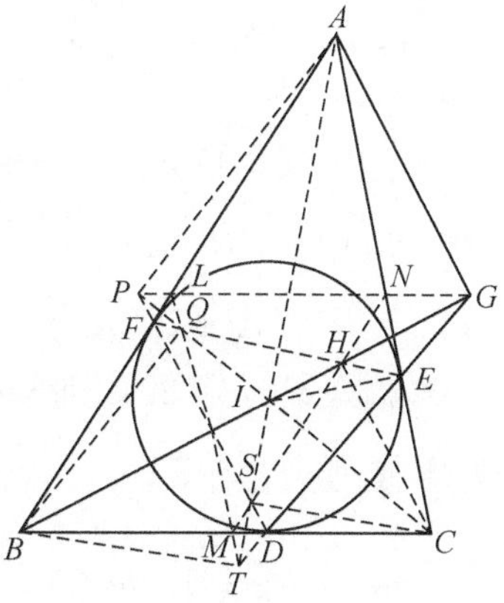

图 4-30

证明　如图 4-30，连接 IE，IA，则 $IE\perp AE$，于是即知 A、I、E、G 四点共圆，即知 $\angle AEG=\angle AIG=180°-\angle AIB=90°-\frac{1}{2}\angle C$. 而 $\angle DEC=90°-\frac{1}{2}\angle C$，即有 $\angle AEG=\angle DEC$，故 D、E、G 三点共线．

于是，命题 1 和命题 2 可合写为：

命题 3　设△ABC 的内切圆⊙I 分别切 BC、CA 于点 D、E，点 G 在射线 BI 上，则 $AG\perp BG$ 的充分必要条件是 D、E、G 三点共线．

在图 4-30 中，设⊙I 切 AB 于点 F. 同理，射线 BI 上的点 H，射线 CI 上

的点 P、Q，射线 AI 上的点 S、T 满足类同命题3 的条件与结论．因而，我们有结论：

结论 1 三角形—内角平分线上的点为三角形一顶点的射线的充分必要条件是另一顶点关于内切圆的切点弦直线与这条内角平分线的交点．

在图4-30 中，注意到 $AG\perp BG$ 时，设 L 为 AB 的中点，则由直角三角形斜边中线的性质，知 $LG=LB$，由此推知 $LG/\!/BC$.

若设 LG 与 AC 交于点 N，则推知 N 为 AC 中点，即知点 G 在中位线 LN 上．同理点 P 在中位线 LN 上．

同样，若设 M 为 BC 的中点，则点 Q、T 在中位线 ML 上，点 H、S 在中位线 MN 上．于是，我们又有结论：

结论 2 三角形的一条中位线，与平行于此中位线的边的一端点处的内角平分线及另一端点关于内切圆的切点弦直线，这三条直线相交于一点，该点为与中位线对应的顶点在这条内角平分线上的射影．

上述结论 1、结论 2 中的内切圆也可以改为旁切圆．

从而，结论 1、结论 2 都是对命题 1（或命题 2、命题 3）的本质表述．

【例 3】 一个代数问题的条件的本质寻找（沈文选，2012a）．

命题 4 已知 a、b、c 为正实数，且 $a^2+b^2+c^2+abc=4$. 求 $f(a, b, c)=a+b+c$ 的最大值．

解 由题设知 a、b、$c\in(0, 2)$，则可设 $a=2\cos A$，$b=2\cos B$，$c=2\cos C$，其中 A、B、$C\in\left(0, \frac{\pi}{2}\right)$，则 $a^2+b^2+c^2+abc=4$ 变为

$$\cos^2 A+\cos^2 B+\cos^2 C+2\cos A\cdot\cos B\cdot\cos C=1.$$

这就是式（4-32），即知有 $A+B+C=\pi$.

注意到余弦函数 $\cos x$ 在$\left(0, \frac{\pi}{2}\right)$内是上凸函数，从而

$$a+b+c=2(\cos A+\cos B+\cos C)\leqslant 2\cdot 3\cos\frac{A+B+C}{3}=3,$$

其中等于当且仅当 $A=B=C=\frac{\pi}{3}$时取得，此时 $a=b=c=1$.

故当 $a=b=c=1$ 时，$f(a, b, c)=a+b+c$ 的最大值为 3.

由上可知，命题 4 中的条件 $a^2+b^2+c^2+abc=4$（a，b，$c\in\mathbf{R}^{\dagger}$）的本质为锐角三角形中的恒等式（4-32）．

下面的一系列条件式，也可以看到其本质也均为式（4-32）：

（1）正实数 u、v、w 满足 $u+v+w+\sqrt{uvw}=4$；

（2）正实数 x、y、z 满足$\frac{1}{x^2+1}+\frac{1}{y^2+1}+\frac{1}{z^2+1}=2$；

(3) 正实数 x、y、z 满足 $xy+yz+zx+xyz=4$；

(4) 设正实数 a，b，$c\geqslant 1$，且满足 $abc+2(a^2+b^2+c^2)+ca-bc-4a+4b-c=28$.

下面的一些条件式，也可以看到其本质均为式 (4-33)：

(1) x，y，$z\in(0,1)$，满足 $\sqrt{\dfrac{1-x}{yz}}+\sqrt{\dfrac{1-y}{zx}}+\sqrt{\dfrac{1-z}{xy}}=2$；

(2) $|a|$，$|b|$，$|c|\in[0,2]$，满足

$$a\sqrt{4-a^2}+b\sqrt{4-b^2}+c\sqrt{4-c^2}=\sqrt{(4-a^2)(4-b^2)(4-c^2)}.$$

【例4】 一道不等式题多种证法的本质寻找（沈文选，2012a）.

命题5 设 a、b、$c\in\mathbf{R}^+$，求证

$$a^3+b^3+c^3\geqslant 3abc. \tag{4-38}$$

求解数学问题，解题方法的本质就是对数学问题形式的认识. 数学问题形式的变化常运用恒等变形、代换变形，运用一些基本结论和手法变形等.

下面，以各种不同形式看待这个不等式来给出它的如下20种证法（还有另外的15种证法可参见作者另著《数学眼光透视》第2版）：

注意到代数式的恒等变形（含代换）利用非负数的性质，则有

证法1 由

$$\begin{aligned}&a^3+b^3+c^3-3abc=(a+b)^3-3a^2b-3ab^2+c^3-3abc\\&=[(a+b)^3+c^3]-3ab(a+b+c)\\&=(a+b+c)[(a+b)^2-(a+b)c+c^2-3ab]\\&=\frac{1}{2}(a+b+c)[(a-b)^2+(b-c)^2+(c-a)^2]\geqslant 0,\end{aligned}$$

知 $a^3+b^3+c^3\geqslant 3abc$.

证法2 由

$$\begin{aligned}&a^3+b^3+c^3=(\sqrt{a^3}-\sqrt{b^3})^2+(\sqrt{c^3}-\sqrt{abc})^2+2\sqrt{a^3b^3}+2\sqrt{abc^4}-abc\\&=(\sqrt{a^3}-\sqrt{b^3})^2+(\sqrt{c^3}-\sqrt{abc})^2+2(\sqrt[4]{a^3b^3}-\sqrt[4]{abc^4})^2+3abc\end{aligned}$$

$\geqslant 3abc$，有 $a^3+b^3+c^3\geqslant 3abc$.

证法3 因 a、b、c 对称，不妨设 $a\geqslant b\geqslant c$，于是可设

$a=c+\alpha+\beta$，$b=c+\alpha$，其中 α、β 为非负实数，

则 $a^3+b^3+c^3-3ab=(c+\alpha+\beta)^3+(c+\alpha)^3+c^3-3(c+\alpha+\beta)\cdot(c+\alpha)$

$=3c(\alpha^2+\alpha\beta+\beta^2)+(\alpha+\beta)^3+\alpha^3\geqslant 0.$

故 $a^3+b^3+c^3\geqslant 3abc$.

又注意到两个正数的平均值不等式 $x^2+y^2\geqslant 2xy$，则有

证法4 由

$$\begin{aligned}&a^3+b^3+c^3+abc-abc\\ \geqslant\ &2\sqrt{a^3b^3}+2\sqrt{abc^4}-abc\\ \geqslant\ &2\sqrt{2\sqrt{a^3b^3}\cdot 2\sqrt{abc^4}}-abc\\ =\ &4abc-abc=3abc,\end{aligned}$$

有 $a^3+b^3+c^3\geqslant 3abc$.

证法 5 令$\frac{a^3+b^3+c^3}{3}=A$，应用等比定理有

$$A=\frac{a^3+b^3+c^3+A}{4}\geqslant\frac{\sqrt{a^3b^3}+\sqrt{c^3A}}{2}\geqslant\sqrt[4]{a^3b^3c^3A},$$

从而 $A^4\geqslant a^3b^3c^3A$，即 $A\geqslant abc$，故 $a^3+b^3+c^3\geqslant 3abc$.

证法 6 令 $abc=B$，则

$$\begin{aligned}&\frac{a^3}{B}+\frac{b^3}{B}+\frac{c^3}{B}+1\\ \geqslant\ &2\sqrt{\frac{a^3b^3}{B^2}}+2\sqrt{\frac{c^3}{B}\cdot 1}\geqslant 2\sqrt{2\sqrt{\frac{a^3b^3}{B^2}}\cdot 2\sqrt{\frac{c^3}{B}}}=4,\end{aligned}$$

即 $\frac{a^3+b^3+c^3}{B}\geqslant 3$. 故 $a^3+b^3+c^3\geqslant 3abc$.

证法 7 注意到 $x^3-3x+2=(x-1)^2(x+2)\geqslant 0(x>0)$，有 $x^3\geqslant 3x-2$.

于是

$$a^3+b^3+c^3=a^3+b^3+\sqrt{a^3b^3}\cdot\left(\frac{c}{\sqrt{ab}}\right)^3$$

$$\geqslant 2\sqrt{a^3b^3}+\sqrt{a^3b^3}\cdot\left(3\frac{c}{\sqrt{ab}}-2\right)=3abc.$$

证法 8 注意到 x、$y>0$ 时，有 $x^3+2y^3-3xy^2=(x-y)^2(x+2y)\geqslant 0$，从而 $x^3+2y^3\geqslant 3xy^2$. 于是 $a^3+2b^3\geqslant 3ab^2$，$a^3+2c^3\geqslant 3ac^2$.

上述两式相加，并应用 $b^2+c^2\geqslant 2bc$，有 $2(a^3+b^3+c^3)\geqslant 3a(b^2+c^2)\geqslant 6abc$. 故 $a^3+b^3+c^3\geqslant 3abc$.

证法 9 由于 a、b、c 的对称性，不妨设 $a\geqslant b\geqslant c$，则 $a^3\geqslant b^3\geqslant c^3$.

若令 $\frac{a^3+b^3+c^3}{3}=A$，则注意到数的大小关系时，有

$a^3\geqslant A$，$A\geqslant c^3$. 从而 $a^3+c^3-A>0$，且$(a^3-A)(A-c^3)\geqslant 0$.

于是，有 $a^3c^3\leqslant A(a^3+c^3-A)$.

亦即有 $a^3b^3c^3\leqslant A\cdot b^3\cdot(a^3+c^3-A)\leqslant A\cdot\left[\frac{b^3+(a^3+c^3-A)}{2}\right]^2=A^3$.

故 $a^3+b^3+c^3\geqslant 3abc$.

证法 10　运用两个正数的平均值不等式，对正数 x、y、z，有

$$(x+y+z)^2 \geqslant 3(xy+yz+zx). \qquad (*)$$

于是，运用（*）式，并应用循环和记号 $\sum$，有

$$\begin{aligned}(a^3+b^3+c^3)^3 &= (a^3+b^3+c^3)^2(a^3+b^3+c^3)\\ &\geqslant 3(a^3b^3+b^3c^3+c^3a^3)(a^3+b^3+c^3)\\ &= 3\sum a^3b^3 \cdot \sum a^3 = 3\left[\sum a^3(b^6+c^6)+3a^3b^3c^3\right]\\ &\geqslant 3\left(\sum 2a^3b^3c^3+3a^3b^3c^3\right) = 27a^3b^3c^3.\end{aligned}$$

故 $a^3+b^3+c^3 \geqslant 3abc$.

证法 11　累次运用（*）式，有

$$[(a^3+b^3+c^3)^2]^2 \geqslant [3(b^3c^3+c^3a^3+a^3b^3)]^2$$

$$\geqslant 9 \cdot 3(c^3a^3 \cdot a^3b^3+a^3b^3 \cdot b^3c^3+b^3c^3 \cdot c^3a^3) = 27a^3b^3c^3(a^3+b^3+c^3).$$

故 $a^3+b^3+c^3 \geqslant 3abc$.

再注意到柯西不等式、排序不等式，则有

证法 12　利用柯西不等式及（*）式，有

$$\begin{aligned}a^3+b^3+c^3 &= abc\left(\frac{a^2}{bc}+\frac{b^2}{ca}+\frac{c^2}{ab}\right) \geqslant abc \cdot \frac{(a+b+c)^2}{bc+ca+ab}\\ &\geqslant abc \cdot \frac{3(bc+ca+ab)}{bc+ca+ab} = 3abc.\end{aligned}$$

证法 13　利用排序不等式，有 $a^3+b^3 \geqslant a^2b+ab^2$，$b^3+c^3 \geqslant b^2c+bc^2$，$c^3+a^3 \geqslant c^2a+ca^2$.

上述三个不等式相加，有

$$\begin{aligned}2(a^3+b^3+c^3) &\geqslant a^2b+ab^2+b^2c+bc^2+c^2a+ca^2\\ &= a(b^2+c^2)+b(c^2+a^2)+c(a^2+b^2)\\ &\geqslant 2abc+2abc+2abc = 6abc.\end{aligned}$$

故 $a^3+b^3+c^3 \geqslant 3abc$.

证法 14　注意到排序不等式，有

$$\begin{aligned}&a^3+b^3+c^3-3abc\\ &= \frac{1}{2}[(b^3+c^3)+(c^3+a^3)+(a^3+b^3)-6abc]\\ &\geqslant \frac{1}{2}[(b^2c+bc^2)+(c^2a+ca^2)+(a^2b+ab^2)-6abc]\\ &= \frac{1}{2}[a(b^2+c^2)+b(c^2+a^2)+c(a^2+b^2)-6abc]\\ &= \frac{1}{2}[a(b-c)^2+b(c-a^2)+c(a-b^2)] \geqslant 0,\end{aligned}$$

故 $a^3+b^3+c^3\geqslant 3abc$.

若运用函数的观点来处理，则有

证法 15 考虑函数 $f(x)=x^3-3bcx+b^3+c^3$，$x\in\mathbf{R}^+$，求导则有 $f'(x)=3x^2-3bc$，即知 $x=\sqrt{bc}$ 时，$f(x)$ 取极(最)小值.

此时，

$$f(\sqrt{bc})=(\sqrt{bc})^3-3\sqrt{bc}\cdot bc+b^3+c^3=(b^{\frac{3}{2}}-c^{\frac{3}{2}})^2\geqslant 0,$$

从而 $f(x)\geqslant 0$，即有 $a^3+b^3+c^3\geqslant 3abc$.

运用数形结合的手法来处理，有

证法 16 如图 4-31，作两个相联的矩形.

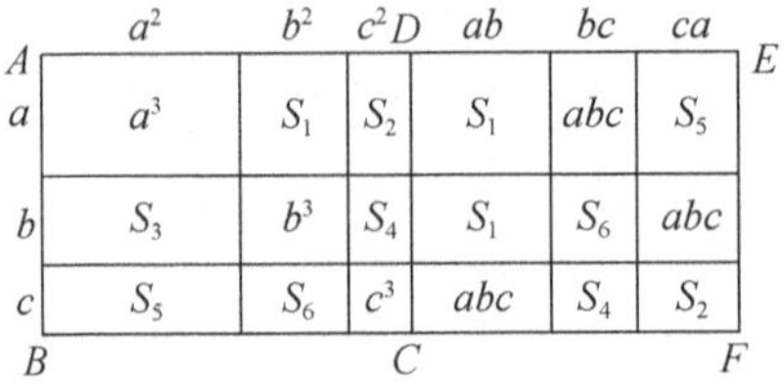

图 4-31

先以 $(a^2+b^2+c^2)$ 为长，$(a+b+c)$ 为宽作矩形 $ABCD$，再以 $(ab+bc+ca)$ 为长，$(a+b+c)$ 为宽作矩形 $CDEF$.

由两个数的平均值不等式，有

$$ab+bc+ca\leqslant a^2+b^2+c^2.$$

即有 $(ab+bc+ca)(a+b+c)\leqslant(a^2+b^2+c^2)(a+b+c)$，

此即为 $S_{矩形CDEF}\leqslant S_{矩形ABCD}$.

又 $\sum_{i=1}^{6}S_i+a^3+b^3+c^3=S_{矩形ABCD}$，$\sum_{i=1}^{6}S_i+3abc=S_{矩形CDEF}$，

即

$$a^3+b^3+c^3-3abc=S_{矩形ABCD}-S_{矩形CDEF}\geqslant 0.$$

故 $a^3+b^3+c^3\geqslant 3abc$.

证法 17 设 x、y、$z\in\mathbf{R}^+$，且 $xyz=1$ 时，则知 x、y、z 中必有一个不小于 1，另一个不大于 1. 不妨设为 $x\geqslant 1$，$y\leqslant 1$.

于是，$(1-x)(1-y)\leqslant 0$，即有 $x+y\geqslant 1+xy$，亦即有

$$x+y+z\geqslant 1+xy+z\geqslant 1+2\sqrt{xyz}=3，亦即 x+y+z\geqslant 3.$$

令 $x=\dfrac{a^2}{bc}$，$y=\dfrac{b^2}{ca}$，$z=\dfrac{c^2}{ab}$，此时 $xyz=1$，且 x、y、$z\in\mathbf{R}^+$.

从而，由 $\dfrac{a^2}{bc}+\dfrac{b^2}{ca}+\dfrac{c^2}{ab}\geqslant 3$，有 $a^3+b^3+c^3\geqslant 3abc$.

证法 18 设 x、y、$z\in\mathbf{R}^+$，且 $x+y+z=1$ 时，则知 x、y、z 中必有一个不小于 $\dfrac{1}{3}$，另一个不大于 $\dfrac{1}{3}$. 不妨设为 $x\geqslant\dfrac{1}{3}$，$y\leqslant\dfrac{1}{3}$.

于是，$\left(x-\dfrac{1}{3}\right)\left(y-\dfrac{1}{3}\right)\leqslant 0$，即有 $x+y\geqslant\dfrac{1}{3}+3xy$，亦即有

$$x+y+z \geqslant \frac{1}{3}+3xy+z \geqslant \frac{1}{3}+2\sqrt{3xyz},$$

亦即有　　　　$1 \geqslant \frac{1}{3}+2\sqrt{3xyz}$，从而 $xyz \leqslant \frac{1}{27}.$

令 $x=\frac{a^3}{a^3+b^3+c^3}$，$y=\frac{b^3}{a^3+b^3+c^3}$，$z=\frac{c^3}{a^3+b^3+c^3}$，此时 $x+y+z=1$，且 x，y，$z \in \mathbf{R}^+$.

从而由 $\frac{a^3}{a^3+b^3+c^3}\cdot\frac{b^3}{a^3+b^3+c^3}\cdot\frac{c^3}{a^3+b^3+c^3} \leqslant \frac{1}{27}$，有 $a^3+b^3+c^3 \geqslant 3abc$，

再注意到多项式知识处理，则有下述证法：

证法 19　用 $a=-b-c$ 代入式子 $a^3+b^3+c^3-3abc$ 得

$$a^3+b^3+c^3-3abc=(-b-c)^3+b^3+c^3-3(-b-c)bc=0.$$

运用带余除法，由

$$f(x)=x^3-3bcx+b^3+c^3$$
$$=(x-a)(x^2+ax+a^2-3bc)+a^3+b^3+c^3-3abc$$

知

$$f(a)=a^3+b^3+c^3-3abc=0.$$

于是，即知 $x=a=-b-c$ 是多项式 $f(x)=x^3-3bcx+b^3+c^3$ 的根，因而 $f(x)$ 有因式 $x-a$，即 $a+b+c$.

从而，

$$a^3+b^3+c^3-3abc=a^3-3bca+b^3+c^3$$
$$=(a+b+c)[(-b-c)^2+a(-b-c)+a^2-3bc]$$
$$=\frac{1}{2}(a+b+c)[(b-c)^2+(c-a)^2+(a-b)^2] \geqslant 0.$$

故 $a^3+b^3+c^3 \geqslant 3abc$.

由上述证法也看到了证法 1 的变形本质.

最后，从加强这个不等式的角度处理，给出下述证法.

证法 20　显然，不等式

$$a^3+b^3+c^3 \geqslant 3abc+a(b-c)^2+b(c-a)^2+c(a-b) \qquad (4\text{-}39)$$

是不等式 $a^3+b^3+c^3 \geqslant 3abc$ 的加强式，证得了式（4-39）便证明了欲证的不等式.

事实上，由式（4-39）的对称性，不妨设 $a \geqslant b \geqslant c>0$，则有 $(a-b)^2(a+b-c) \geqslant 0$ 及 $c(a-c)(b-c) \geqslant 0$.

即有 $a^3+b^3+2abc \geqslant ab(a+b)+b^2c+a^2c$ 及 $c^3+abc \geqslant bc^2+ac^2$.

上述两个不等式相加，并进行整理，即可证得式（4-39）成立.

故 $$a^3+b^3+c^3\geqslant 3abc.$$

【例 5】 一个代数恒等式的本质寻找．

阿贝尔恒等式：

$$\begin{aligned}&a_1b_1+a_2b_2+a_3b_3+\cdots+a_nb_n\\&=a_1(b_1-b_2)+(a_1+b_2)(b_2-b_3)+\cdots+(a_1+a_2+\cdots+a_{n-1})(b_{n-1}-b_n)\\&+(a_1+a_2+\cdots+a_n)b_n.\end{aligned}\tag{4-40}$$

这就是挪威数学家阿贝尔给出的一个恒等式．他是个天才，虽然只活了27岁，但对数学的贡献巨大，他的英名永垂史册．

假定 $n=3$，且 a_1，a_2，a_3，b_1，b_2，b_3 均为正实数，作出如下图形（图4-32）．

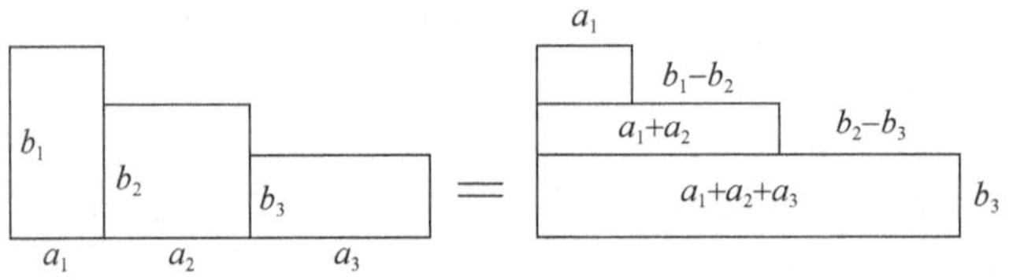

图 4-32

这里的图示一看就明白，这里很有意思，不过就是从横纵两个角度看而已．此即为阿贝尔恒等式的特例：

$$a_1b_1+a_2b_2+a_3b_3=a_1(b_1-b_2)+(a_1+a_2)(b_2-b_3)+(a_1+a_2+a_3)b_3.$$

这个恒等式看似复杂，但我们只要把本质寻找到了，就一目了然了．由面积关系，我们也就寻找到式（4-40）的本质如图 4-32 所示的图了．

苏东坡诗云：横看成岭侧成峰，远近高低各不同．

同一个事物，从不同角度看，所得到的表象是不一样的．多角度、多侧面、多层次地观察和分析，会将事物看得更全面、了解更细致，本质也就寻找到了．

4.11 揭示联结

相存是现象，联结是实质，那些看上去好像是风马牛不相及的相存对象，有时却有着不可思议的内在联结关系．学习内容的章、节呈现，学习时间的间断分开，使得各种图形、数式、定理等数学对象、数学问题在头脑中形成一些孤立知识点，当我们整合创新优化数学知识时，就要学会用数学的眼光揭示数学对象、数学问题间的相互紧密的内在联结关系．

【例1】 关于调和点列与调和四边形内在联结关系的探讨(沈文选,2009c).

设两点 C、D 内分、外分同一线段 AB 成同一比例，即 $\frac{AC}{CB}=\frac{AD}{DB}$，则称点列 A、B，C、D 为调和点列. 对边乘积相等的圆内接四边形常称为调和四边形. 这两者似乎有点风马牛不相及，它们有内在的联结关系吗?

如图4-33所示，设 A、C、B、D 是共线顺次四点，过其点直线外一点 P 引射线 PA、PC、PB、PD，记 $\angle APC=\theta_1$、$\angle CPB=\theta_2$，$\angle BPD=\theta_3$. 在 $\triangle APC$ 中应用正弦定理，有

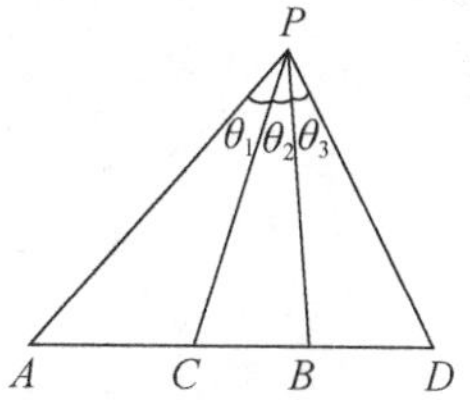

图4-33

$$\frac{AC}{\sin\theta_1}=\frac{AP}{\sin\angle ACP}, \text{ 即 } \sin\angle ACP=\frac{AP\cdot\sin\theta_1}{AC},$$

同理，

$$\sin\angle PCB=\frac{BP\cdot\sin\theta_2}{BC}, \quad \sin\angle PDB=\frac{BP\cdot\sin\theta_3}{BD},$$

$$\sin\angle PDA=\frac{AP\cdot\sin(\theta_1+\theta_2+\theta_3)}{AD}.$$

从而

$$\frac{AP\cdot\sin\theta_1}{AC}=\frac{BP\cdot\sin\theta_2}{BC}, \quad \frac{BP\cdot\sin\theta_3}{BD}=\frac{AP\cdot\sin(\theta_1+\theta_2+\theta_3)}{AD},$$

于是

$$\frac{\sin\theta_1}{\sin\theta_2}=\frac{BP\cdot AC}{AP\cdot BC}, \quad \frac{\sin(\theta_1+\theta_2+\theta_3)}{\sin\theta_3}=\frac{BP\cdot AD}{AP\cdot BD}.$$

故

$$\frac{\sin\theta_1}{\sin\theta_2}=\frac{\sin(\theta_1+\theta_2+\theta_3)}{\sin\theta_3}\Leftrightarrow\frac{AC}{BC}=\frac{AD}{BD}.$$

即

$$AC\cdot BD=AD\cdot CB\Leftrightarrow\sin\theta_1\cdot\sin\theta_3=\sin(\theta_1+\theta_2+\theta_3)\cdot\sin\theta_2. \quad (4\text{-}41)$$

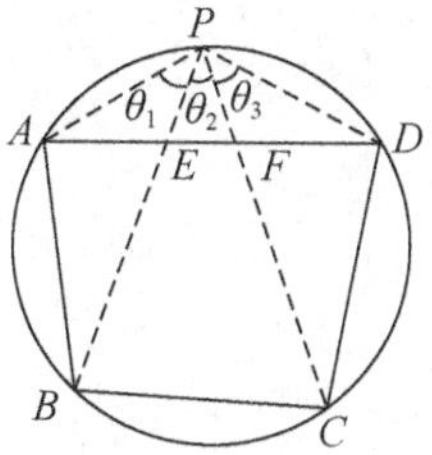

图4-34

如图4-34所示，设 E、F 在线段 AD 上，满足 $\frac{AE}{EF}=\frac{AD}{DF}$，即 A、F、E、D 为调和点列.

以 AD 为弦作圆，点 P 在弧 $\overset{\frown}{AD}$ 上，射线 PE、PF 分别交圆于点 B、C. 令 $\angle APE=\theta_1$，$\angle EPF=\theta_2$，$\angle FPD=\theta_3$，由式(4-41)，知有

$$\sin\theta_1\cdot\sin\theta_3=\sin(\theta_1+\theta_2+\theta_3)\cdot\sin\theta_2.$$

注意到正弦定理，有

$$AB \cdot CD = AD \cdot CB. \tag{4-42}$$

这说明四边形 $ABCD$ 为调和四边形.

于是，由式（4-41）、式（4-42），我们便发现了调和点列 A、F、E、D 与调和四边形 $ABCD$ 的关系.

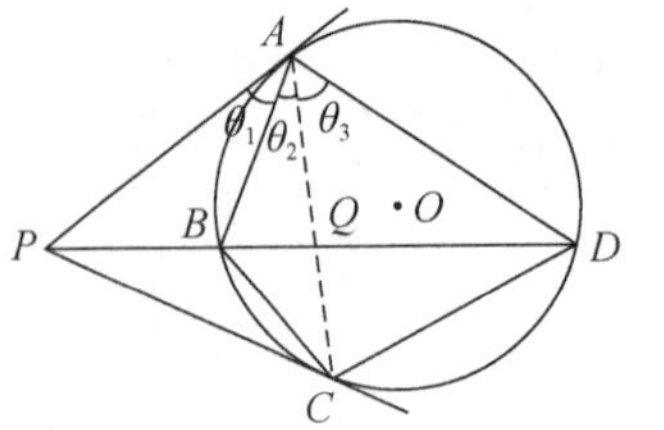

图 4-35

如图 4-35 所示，设⊙O 与∠APC 的边 PA、PC 切于点 A、C，过点 P 的割线交⊙O 于点 B、D（B 在 P、D 之间），则由△PAB∽△PDA，△PCB∽△PDC，有

$$\frac{AB}{DA}=\frac{PA}{PD}=\frac{PC}{PD}=\frac{CB}{DC}.$$

于是，

$$AB \cdot DC = DA \cdot CB\text{(即四边形 }ABCD\text{ 为调和四边形)} \tag{4-43}$$

令$\angle PAB=\theta_1$，$\angle BAC=\theta_2$，$\angle CAD=\theta_3$，AC 交 BD 于点 Q.

由式（4-43），应用正弦定理，有 $\sin\angle ADB \cdot \sin\theta_3=\sin\angle ACD \cdot \sin\theta_2$.

注意到弦切角定理，有$\angle ADB=\angle PAB=\theta_1$，$\angle ACD=180°-(\theta_1+\theta_2+\theta_3)$.

从而有 $\sin\theta_1 \cdot \sin\theta_3=\sin(\theta_1+\theta_2+\theta_3) \cdot \sin\theta_2$.

应用式（4-41），即知 $PB \cdot QD=PD \cdot BQ$，即

$$\frac{PB}{BQ}=\frac{PD}{DQ}. \tag{4-44}$$

从而知

P、Q，B、D 为调和点列.

由式（4-43）、式（4-44），我们又发现了调和四边形 $ABCD$ 与调和点列 P、Q，B、D 的关系.

【例 2】 关于两个著名定理内在联结关系的探讨（沈文选，2006）.

运用有向线段和有向角来探讨塞瓦（Ceva）定理和梅涅劳斯（Menelaus）定理的联系.

定理 1 设 A'，B'，C'分别是△ABC 的三边 BC、CA、AB 或其所在直线上的点，令$\frac{\overrightarrow{BA'}}{\overrightarrow{A'C}}=\lambda$，$\frac{\overrightarrow{CB'}}{\overrightarrow{B'A}}=\mu$，$\frac{\overrightarrow{AC'}}{\overrightarrow{C'B}}=\omega$，则

（1）AA'，BB'，CC'三线共点或平行的充要条件是

$$\lambda \cdot \mu \cdot \omega = 1; \tag{4-45}$$

（2）A'，B'，C'三点共直线的充要条件是

$$\lambda \cdot \mu \cdot \omega = -1. \tag{4-46}$$

在此还须指出的是：在式（4-45）中，λ、μ、ω 要么全为正值，要么其中两个为负值，另一个为正值；在式（4-46）中，λ、μ、ω 要么一个为负数，两个为正值；要么三个全为负值.

显然，上述定理 1 中的（1），（2）的必要性即分别为塞瓦定理、梅涅劳斯定理，其充分性即分别为两定理的逆定理，其证明在许多文献上均有.

在此给出这两个定理可以互相推证的证明：

首先，由梅涅劳斯定理推证塞瓦定理（共点情形）. 如图 4-36 所示，设 A'、B'、C'分别为$\triangle ABC$ 的三边 BC、CA、AB 所在直线上的点，AA'、BB'、CC'三线共点于 P.

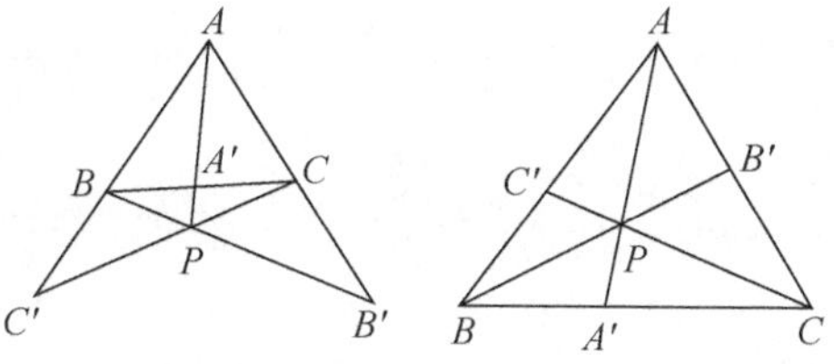

图 4-36

分别对$\triangle ABA'$及截线 $C'PC$、对$\triangle AA'C$ 及截线 BPB' 应用梅涅劳斯定理，有

$$\frac{\overrightarrow{BC}}{\overrightarrow{CA'}}\cdot\frac{\overrightarrow{A'P}}{\overrightarrow{PA}}\cdot\frac{\overrightarrow{AC'}}{\overrightarrow{C'B}}=-1,\qquad \frac{\overrightarrow{A'B}}{\overrightarrow{BC}}\cdot\frac{\overrightarrow{CB'}}{\overrightarrow{B'A}}\cdot\frac{\overrightarrow{AP}}{\overrightarrow{PA'}}=-1,$$

上述两式相乘，得

$$\frac{\overrightarrow{A'B}}{\overrightarrow{CA'}}\cdot\frac{\overrightarrow{CB'}}{\overrightarrow{B'A}}\cdot\frac{\overrightarrow{AC'}}{\overrightarrow{C'B}}=1.$$

故

$$\lambda\cdot\mu\cdot\omega=1.$$

其次，由塞瓦定理（共点情形）推证梅涅劳斯定理.

如图 4-37 所示，设 A'，B'，C'分别为$\triangle ABC$ 的三边 BC、CA、AB 所在直线上的点，且 A'、B'、C'三点共线.

令直线 BB'与 $C'C$ 交于点 X，直线 $C'C$ 与 AA'交于点 Y，直线 AA'与 BB'交于点 Z.

分别对点 C'、A'、B'、C、A、B 作为塞瓦点应用塞瓦定理，即

对 $\triangle BCB'$ 及点 C'(直线 BA、CX、$B'A'$ 的交点) 有 $\dfrac{\overrightarrow{BA'}}{\overrightarrow{A'C}}\cdot\dfrac{\overrightarrow{CA}}{\overrightarrow{AB'}}\cdot\dfrac{\overrightarrow{B'X}}{\overrightarrow{XB}}=1$,

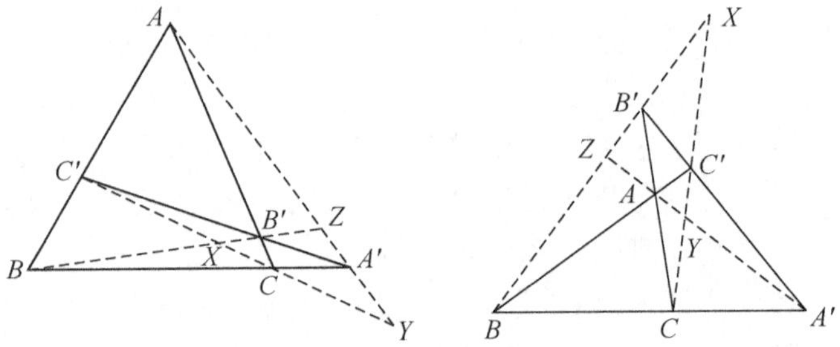

图 4-37

对 $\triangle CAC'$ 及点 A'(直线 CB、AY、$C'B'$ 的交点) 有$\dfrac{\overrightarrow{CB'}}{\overrightarrow{B'A}}\cdot\dfrac{\overrightarrow{AB}}{\overrightarrow{BC'}}\cdot\dfrac{\overrightarrow{C'Y}}{\overrightarrow{YC}}=1$,

对 $\triangle ABA'$ 及点 B'(直线 AC、BZ、$A'C'$ 的交点) 有$\dfrac{\overrightarrow{AC'}}{\overrightarrow{C'B}}\cdot\dfrac{\overrightarrow{BC}}{\overrightarrow{CA'}}\cdot\dfrac{\overrightarrow{A'Z}}{\overrightarrow{ZA}}=1$,

对 $\triangle BB'C'$ 及点 C(直线 BA'、$B'A$、$C'X$ 的交点) 有$\dfrac{\overrightarrow{BX'}}{\overrightarrow{XB'}}\cdot\dfrac{\overrightarrow{B'A'}}{\overrightarrow{A'C'}}\cdot\dfrac{\overrightarrow{C'A}}{\overrightarrow{AB}}=1$,

对 $\triangle CC'A'$ 及点 A(直线 CB'、$C'B$、$A'Y$ 的交点) 有$\dfrac{\overrightarrow{CY}}{\overrightarrow{YC'}}\cdot\dfrac{\overrightarrow{C'B'}}{\overrightarrow{B'A'}}\cdot\dfrac{\overrightarrow{A'B}}{\overrightarrow{BC}}=1$,

对 $\triangle AA'B'$ 及点 B(直线 AC'、$A'C$、$B'Z$ 的交点) 有$\dfrac{\overrightarrow{AZ}}{\overrightarrow{ZA'}}\cdot\dfrac{\overrightarrow{A'C'}}{\overrightarrow{C'B'}}\cdot\dfrac{\overrightarrow{B'C}}{\overrightarrow{CA}}=1$.

上述六式相乘，得

$$\left(\frac{\overrightarrow{BA'}}{\overrightarrow{A'C}}\cdot\frac{\overrightarrow{CB'}}{\overrightarrow{B'A}}\cdot\frac{\overrightarrow{AC'}}{\overrightarrow{C'B}}\right)^2=1.$$

即有 $\dfrac{\overrightarrow{BA'}}{\overrightarrow{A'C}}\cdot\dfrac{\overrightarrow{CB'}}{\overrightarrow{B'A}}\cdot\dfrac{\overrightarrow{AC'}}{\overrightarrow{C'B}}=-1$，故 $\lambda\cdot\mu\cdot\omega=-1$.

由上即可看到梅涅劳斯定理与塞瓦定理的密切关系.

定理 2 设 A', B', C'分别是$\triangle ABC$ 的三边 BC、CA、AB 或其所在直线上的点，记∠表示有向角（即逆时针方向表正确，顺时针方向表负角），则

（1）AA', BB', CC'三线共点或平行的充要条件是

$$\frac{\sin\angle BAA'}{\sin\angle A'AC}\cdot\frac{\sin\angle CBB'}{\sin\angle B'BA}\cdot\frac{\sin\angle ACC'}{\sin\angle C'CB}=1; \qquad (4\text{-}47)$$

（2）A', B', C'三点共直线的充要条件是

$$\frac{\sin\angle BAA'}{\sin\angle A'AC}\cdot\frac{\sin\angle CBB'}{\sin\angle B'BA}\cdot\frac{\sin\angle ACC'}{\sin\angle C'CB}=-1. \qquad (4\text{-}48)$$

证明　用$\overline{S_{\triangle}}$表示三角形的有向面积（顶点按逆时针方向排列为正值，按顺时针方向排列为负值），则

$$\frac{\overrightarrow{BA'}}{\overrightarrow{A'C}}=\frac{\overline{S}_{\triangle BAA'}}{\overline{S}_{\triangle A'AC}}=\frac{\frac{1}{2}AB\cdot AA'\cdot\sin\angle BAA'}{\frac{1}{2}AA'\cdot AC\cdot\sin\angle A'AC}=\frac{AB\cdot\sin\angle BAA'}{AC\cdot\sin\angle A'AC}$$

同理，

$$\frac{\overrightarrow{CB'}}{\overrightarrow{B'A}}=\frac{BC\cdot\sin\angle CBB'}{AB\cdot\sin\angle B'BA},\ \frac{\overrightarrow{AC'}}{\overrightarrow{C'B}}=\frac{AC\cdot\sin\angle ACC'}{BC\cdot\sin\angle C'CB}.$$

以上三式相乘，分别应用式（4-45）、式（4-46）即得式（4-47）、式（4-48）．

上述定理 2 常称为角元形式的塞瓦定理和梅涅劳斯定理及其逆定理．

由定理 1 和定理 2，可看到塞瓦定理和梅涅劳斯定理的密切联系．

定理 3　设 A_1，B_1，C_1 分别为$\triangle ABC$ 的外接圆三段弧$\overset{\frown}{BC}$，$\overset{\frown}{CA}$，$\overset{\frown}{AB}$上的点，则 AA_1，BB_1，CC_1 三线共点的充要条件是

$$\frac{BA_1}{A_1C}\cdot\frac{CB_1}{B_1A}\cdot\frac{AC_1}{C_1B}=1.\qquad(4\text{-}49)$$

证明　如图 4-38 所示，设$\triangle ABC$ 的外接圆半径为 R，AA_1 交 BC 于 A'，BB_1 交 CA 于 B'，CC_1 交 AB 于 C'.

由 A，C_1，B，A_1，C，B_1 六点共圆及正弦定理，有

$$\frac{BA_1}{A_1C}=\frac{2R\cdot\sin\angle BAA_1}{2R\cdot\sin\angle A_1AC}=\frac{\sin\angle BAA'}{\sin\angle A'AC}.$$

同理，

$$\frac{CB_1}{B_1A}=\frac{\sin\angle CBB'}{\sin\angle B'BA},\ \frac{AC_1}{C_1B}=\frac{\sin\angle ACC'}{\sin\angle C'CB}.$$

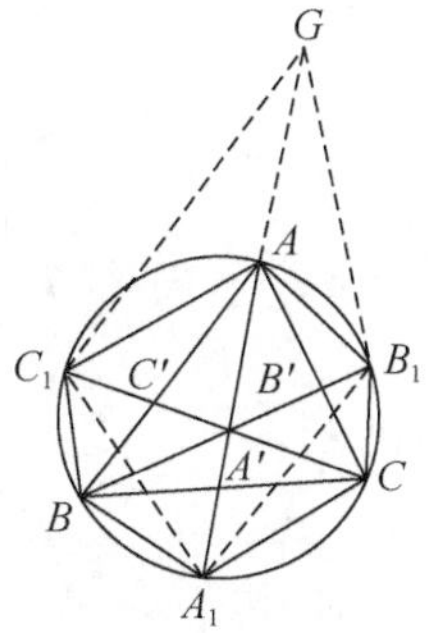

图 4-38

以上三式相乘，并应用式（4-47）即得式（4-49）．

由上述定理 3，可得如下推论：

推论　设 A_1、B_1、C_1 分别为$\triangle ABC$ 的外接圆三段弧$\overset{\frown}{BC}$、$\overset{\frown}{CA}$、$\overset{\frown}{AB}$上的点，若 AA_1，BB_1，CC_1 三线共点，则

（1）$\angle BA_1C+\angle CB_1A+\angle AC_1B=360°$；　（4-50）

（2）$\angle B_1A_1C_1=\angle B_1CA+\angle ABC_1$，且

$$\frac{B_1A_1}{A_1C_1}\cdot\frac{C_1B}{BA}\cdot\frac{AC}{CB_1}=1;\tag{4-51}$$

（3）$\angle C_1B_1A_1=\angle C_1AB+\angle BCA_1$，且

$$\frac{C_1B_1}{B_1A_1}\cdot\frac{A_1C}{CB}\cdot\frac{BA}{AC_1}=1;\tag{4-52}$$

（4）$\angle A_1C_1B_1=\angle A_1BC+\angle CAB_1$，且

$$\frac{A_1C_1}{C_1B_1}\cdot\frac{B_1A}{AC}\cdot\frac{CB}{BA_1}=1.\tag{4-53}$$

证明 如图 4-38 所示，

（1）由圆周角定理即得．

（2）由同弧上圆周角相等有 $\angle B_1A_1C_1=\angle B_1CA+\angle ABC_1$.

延长 A_1A 至 G，使 $\angle AC_1G=\angle BC_1A_1$，连 A_1C_1，则由 $\angle C_1AG=\angle C_1BA_1$，知 $\triangle C_1AG\backsim\triangle C_1BA_1$，有 $\frac{C_1G}{C_1A}=\frac{C_1A_1}{C_1B}$，且 $\angle A_1C_1C=\angle BC_1A$，从而 $\triangle A_1C_1G\backsim\triangle BC_1A$，即有

$$\frac{A_1G}{A_1C_1}=\frac{AB}{BC_1}.\tag{4-54}$$

连接 B_1G、A_1B_1，同理 $\triangle A_1B_1G\backsim\triangle CB_1A$，即有

$$\frac{B_1A_1}{A_1G}=\frac{B_1C}{CA}.\tag{4-55}$$

于是，由式（4-54）、式（4-55）有

$$\frac{B_1A_1}{A_1C_1}=\frac{B_1A_1}{A_1G}\cdot\frac{A_1G}{A_1C_1}=\frac{B_1C}{CA}\cdot\frac{AB}{BC_1}.$$

故

$$\frac{B_1A_1}{A_1C_1}\cdot\frac{C_1B}{BA}\cdot\frac{AC}{CB_1}=1.$$

（3）、（4）可类似于（2）而证．（略）

对于式（4-49）、式（4-51）~式（4-53）中的比例式的字母顺序，可形象地由下述凸六边形、折六边形记忆之（图 4-39）．

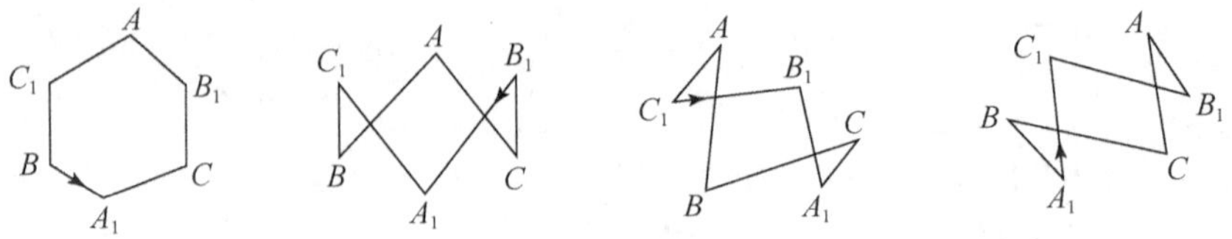

图 4-39

可将上述推论推广到更一般的情形：

定理 4　以任意$\triangle ABC$的三边BC、CA、AB为一边作三个三角形（也可以是退化的三角形）$\triangle BA_1C$、$\triangle CB_1A$、$\triangle AC_1B$，使之满足：

（i）$\dfrac{BA_1}{A_1C}\cdot\dfrac{CB_1}{B_1A}\cdot\dfrac{AC_1}{C_1B}=1$；

（ii）$\angle BA_1C+\angle CB_1A+\angle AC_1B=360°$，

则(1）$\angle B_1A_1C_1=\angle B_1CA+\angle ABC_1$，且

$$\frac{B_1A_1}{A_1C_1}\cdot\frac{C_1B}{BA}\cdot\frac{AC}{CB_1}=1;\tag{4-56}$$

（2）$\angle C_1B_1A_1=\angle C_1AB+\angle BCA_1$，且

$$\frac{C_1B_1}{B_1A_1}\cdot\frac{A_1C}{CB}\cdot\frac{BA}{AC_1}=1;\tag{4-57}$$

（3）$\angle A_1C_1B_1=\angle A_1BC+\angle CAB_1$，且

$$\frac{A_1C_1}{C_1B_1}\cdot\frac{B_1C}{AC}\cdot\frac{CB}{BA_1}=1.\tag{4-58}$$

上述式（4-56）~式（4-58）与式（4-51）~式（4-53）中字母及位置顺序完全相同，其记忆时亦可按图 4-39 中折六边形处理．

证明　仅证式（4-56），其余类同（亦可参见文献（萧振纲，1991））．

以$\triangle ABC$的三边作的三个三角形$\triangle BA_1C$、$\triangle CB_1A$、$\triangle AC_1B$的情形有四种；三个都向$\triangle ABC$的形外；三个都向形内；两个向形外，一个向形内；两个向形内、一个向形外．下面仅就图 4-40 所代表的两种情形给出证明，其余两种情形可类似证明．

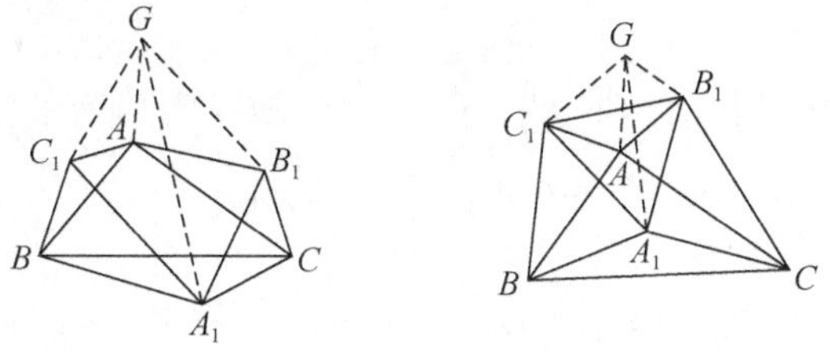

图 4-40

作$\triangle AGC_1$同向相似于$\triangle BA_1C_1$，连接GA_1、GB_1，则$\dfrac{C_1G}{C_1A_1}=\dfrac{C_1A}{C_1B}$，$\angle GC_1A=\angle A_1C_1B$，$\angle C_1AG=\angle C_1BA_1$，由此易知$\triangle GC_1A_1\backsim\triangle AC_1B$，即有

$$\angle GA_1C_1=\angle ABC_1.\tag{4-59}$$

又由$\triangle AGC_1 \backsim \triangle BA_1C_1$，有$\dfrac{AG}{AC_1}=\dfrac{BA_1}{BC_1}$.

于是，由条件（i）得

$$\frac{AG}{AB_1}=\frac{AG}{AC_1}\cdot\frac{AC_1}{AB_1}=\frac{BA_1}{BC_1}\cdot\frac{AC_1}{AB_1}=\frac{A_1C}{CB_1}.$$

再由条件（ii）及六边形的内角和公式，得

$$\angle B_1AC_1+\angle C_1BA_1+\angle A_1CB_1=360^\circ.$$

从而，由$\angle B_1AC_1+\angle C_1AG+\angle GAB_1=360^\circ$及$\angle C_1AG=\angle C_1BA_1$得

$$\angle GAB_1=\angle A_1CB_1,$$

因而$\triangle AB_1G\backsim\triangle CB_1A_1$. 所以

$$\frac{GB_1}{AB_1}=\frac{A_1B_1}{CB_1}\text{且}\angle GB_1A=\angle A_1B_1C.$$

于是，$\triangle GB_1A_1\backsim\triangle CB_1A$，即有

$$\angle B_1A_1G=\angle B_1CA. \qquad (4\text{-}60)$$

由式（4-59）、式（4-60）即知，$\angle B_1A_1C_1=\angle B_1A_1G+\angle GA_1C_1=\angle B_1CA+\angle ABC_1$.

再由$\triangle A_1GC_1\backsim\triangle BAC_1$，$\triangle GB_1A_1\backsim\triangle AB_1C$，得

$$\frac{B_1A_1}{A_1C_1}=\frac{B_1A_1}{A_1G}\cdot\frac{A_1G}{A_1C_1}=\frac{B_1C}{CA}\cdot\frac{AB}{BC_1},$$

即

$$\frac{B_1A_1}{A_1C_1}\cdot\frac{C_1B}{BA}\cdot\frac{AC}{CB_1}=1.$$

上述定理4在确定三角形形状、三点共线等问题方面有广泛应用，这可参见文献（萧振纲，1991）. 特别地，若$\triangle BA_1C$、$\triangle CB_1A$、$\triangle AC_1B$都是退化的，即点A_1、B_1、C_1分别位于BC、CA、AB所在直线上，且满足定理4的条件，如图4-41所示，则有$\angle B_1A_1C_1=\angle B_1CA+\angle ABC_1=0+0=0$. 这说明$A_1$，$B_1$，$C_1$是共线的.

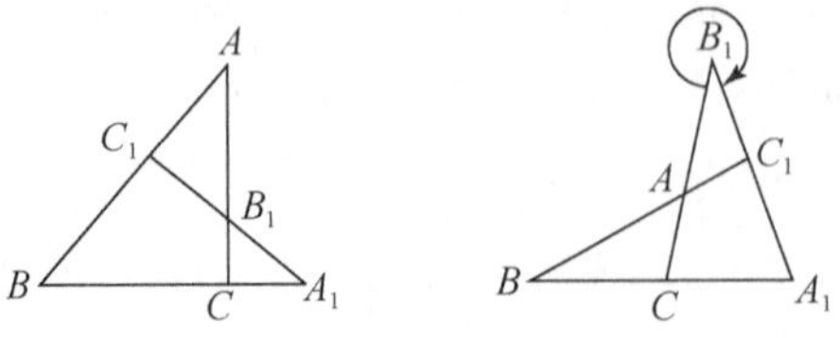

图4-41

定理5 设A_1、B_1、C_1分别为$\triangle ABC$的三边BC，CA，AB所在直线上的三点. 若

（i）$\dfrac{BA_1}{A_1C}\cdot\dfrac{CB_1}{B_1A}\cdot\dfrac{AC_1}{C_1B}=1$；

（ii）$\angle BA_1C+\angle CB_1A+\angle AC_1B=360^\circ$，

则A_1、B_1、C_1三点共直线.

注意到上述条件（i）、（ii）等价于

$$\frac{\overrightarrow{BA_1}}{\overrightarrow{A_1C}}\cdot\frac{\overrightarrow{CB_1}}{\overrightarrow{B_1A}}\cdot\frac{\overrightarrow{AC_1}}{\overrightarrow{C_1B}}=-1.$$

从而定理 5 即为梅涅劳斯定理的逆定理.

显然，定理 5 的逆命题也是正确的.

从而我们又获得了塞瓦定理与梅涅劳斯定理的又一种密切关系.

【例 3】　一组立体几何命题同真伪的内在相联关系探讨(沈文选等，1996).

命题 1　若直线 a 和直线 b 不平行，则不存在直线 c，使得 $c/\!/a$，$c/\!/b$.

命题 2　若平面 α 和直线 b 不垂直，则不存在直线 c，使得 $c\perp\alpha$，$c/\!/b$.

命题 3　若平面 α 和平面 β 不平行，则不存在直线 c，使得 $c\perp\alpha$，$c\perp\beta$.

命题 4　若平面 α 和平面 β 不平行，则不存在平面 γ，使得 $\gamma/\!/\alpha$，$\gamma/\!/\beta$.

命题 5　若直线 a 和平面 β 不垂直，则不存在平面 γ，使得 $\gamma\perp a$，$\gamma/\!/\beta$.

命题 6　若直线 a 和直线 b 不平行，则不存在平面 γ，使得 $\gamma\perp a$，$\gamma\perp b$.

命题 7　若平面 α 和直线 b 不垂直，则不存在平面 γ，使得 $\gamma/\!/\alpha$，$\gamma\perp b$.

命题 8　若直线 a 和平面 β 不垂直，则不存在平面 γ，使得 $\gamma/\!/\alpha$，$\gamma/\!/\beta$.

显然，上述 8 个命题同为真命题. 并且还可看到有如下的内在相联关系：把命题中某一直线（平面）换以平面（直线），同时把与这一直线（平面）有关的平行（垂直）关系换以垂直（平行）关系，所得的命题与原命题同真伪.

为什么会有这种内在的相联关系呢？

如果以非零向量 $\boldsymbol{a}=(a_1,a_2,a_3)$，$\boldsymbol{b}=(b_1,b_2,b_3)$ 分别表示三维空间中的直线的方向向量或平面的法向量. 对于等式

$$(a_1,a_2,a_3)=k(b_1,b_2,b_3),\quad k\neq 0,\tag{4-61}$$

当 (a_1,a_2,a_3)，(b_1,b_2,b_3) 均是直线的方向向量或均是平面的法向量时，它是两直线或两平面平行（包括重合意义下的平行）的充要条件；当 (a_1,a_2,a_3)，(b_1,b_2,b_3) 之一为直线的方向向量，另一为平面的法向量时，它是直线与平面垂直的充要条件. 对于等式

$$(a_1,a_2,a_3)\cdot(b_1,b_2,b_3)=0,\tag{4-62}$$

当 (a_1,a_2,a_3)，(b_1,b_2,b_3) 均是直线的方向向量或均是平面的法向量时，它是两直线垂直或两平面垂直的充要条件；当 (a_1,a_2,a_3)，(b_1,b_2,b_3) 之一为直线的方向向量，另一为平面的法向量时，它们是直线与平面平行的充要条件.

这样，在等式（4-61）或式（4-62）中，对其中任一向量给以不同的几何解释，相应地便得出不同的几何命题. 当等式（4-61）或式（4-62）为真

(伪) 时，由不同的几何解释所相应的几何命题也就同真（伪）. 另外，由一个有关平行或垂直的几何命题为真，也可以相应地列出等式（4-61）或式(4-62)，从而由不同的几何解释所引出的其他几何命题亦真.

【例 4】 椭圆、双曲线、抛物线的相关性探讨（沈文选等，1996）.

椭圆、抛物线、双曲线既可看做平面截圆锥面所得的截线，又可看成是动点到定点与动点到定直线距离的比等于常数的点的轨迹，因而有统一定义和分别定义. 这几种曲线的同一性和特殊性决定了它们的几何性质具有相同的和不同的. 所以，当我们在一种曲线上得到某项性质时，也希望在其他曲线上也找到相关的性质.

如何找？我们可运用射影几何的观点来处理，引进无穷远点和无穷远直线. 这时，可把椭圆、抛物线、双曲线看做与无穷远直线分别有零个交点、一个交点和两个交点；双曲线、椭圆各有唯一的中心，有为有穷点，各有两个焦点，曲线与焦点轴相交各有两个顶点；而抛物线的中心为只穷远点，焦点只有一个，曲线与焦点轴相交只有一个顶点，这时可看成是另一个焦点、顶点均为无穷远点.

在射影几何观点下，椭圆、抛物线、双曲线之间有如下演变规律:

(1) 椭圆的两焦点连线先演变成抛物线自焦点出发的射线（中心 O 由有穷点演变成无穷远点)，继而演变成双曲线对称轴上自两焦点出发的两条不重合的射线（中心又由无穷远点演变成另一侧的有穷点）.

(2) 椭圆内部含焦点的区域（或外部不含焦点的区域)，先演变成抛物线的含焦点的区域（或不含焦点的区域)，继而演变成双曲线左右两支含焦点的内部区域（或左右两支中间不含焦点的区域）.

下面看具体的例子:

命题 9 （1）设 F_1、F_2 分别为椭圆 $\dfrac{x^2}{a^2}+\dfrac{y^2}{b^2}=1$ （$a>b>0$）的左、右焦点，点 P 是椭圆上的一点（不与长轴顶点重合)，则 $\angle PF_1F_2$ 所含的 $\triangle PF_1F_2$ 的旁切圆必切于椭圆的右顶点 A_2，$\angle PF_2F_1$ 所含的 $\triangle PF_1F_2$ 的旁切圆必切于椭圆的左顶点 A_1.

利用演变规律，可得关于抛物线、双曲线的命题:

(2) 设 F 为抛物线 $y^2=2px$ （$p>0$）上一点（不与顶点重合)，过点 P 作平行于抛物线对称轴 x 轴的直线 l，则与 x 轴、PF、直线 l 同时相切的圆必切于抛物线的顶点.

(3) 设 F_1，F_2 分别为双曲线 $\dfrac{x^2}{a^2}-\dfrac{y^2}{b^2}=1$ （$a>0$，$b>0$）的左、右焦点，点 P 在右支上时（不与顶点重合)，则 $\triangle PF_1F_2$ 的内切圆必切于双曲线的右顶

点；点 P 在左支上时（不与顶点重合），则 $\triangle PF_1F_2$ 的内切圆必切于双曲线的左顶点.

对于下述命题均可以这样找出相关曲线的命题.

命题 10　设点 P 是椭圆 $\frac{x^2}{a^2}+\frac{y^2}{b^2}=1$（$a>b>0$）上一点，$F_1$、$F_2$ 是椭圆的两个焦点，I 是 $\triangle PF_1F_2$ 的内心，PI 的延长线交 F_1F_2 于点 T，则 $|TI|$ 与 $|IP|$ 的比等于椭圆的离心率.

命题 11　设 PQ 是椭圆的非直径（不过中心弦），A_1，A_2 为椭圆长轴上两顶点，A_1P 与 A_2Q 相交于点 M，A_2P 与 A_1Q 相交于点 N，则 $MN\perp A_1A_2$.

命题 12　设 A_1、A_2 分别为椭圆 $\frac{x^2}{a^2}+\frac{y^2}{b^2}=1$（$a>b>0$）的左、右顶点，$F$ 为其右焦点，l 为 F 对应的准线，P 为椭圆上一点（异于 A_1、A_2），设 A_1P、A_2P 分别与 l 交于 M、N，则①$MF\perp NF$；②以 MN 为直径的圆与 PF 相切于点 F；③FM 平分 $\angle PFA_2$.

4.12　演绎深化

从一个基本问题或基本图形或一组条件出发，或从反面考虑、对称性考虑，或扩大条件与结论之间的距离，或深入挖掘其隐含的性质，从易到难，进行演绎推导，促使我们对这类问题进行深入的探究，从而深刻地认识到这类问题更一般的属性，使我们的认识不断地深化. 这就是演绎深化.

演绎深化常将简单的问题、平凡的事实逻辑推演出体现数学本质的、非平凡的问题；常从已有的知识、方法出发，演进、演变出新的问题，形成纵向的或横向的问题链；常将数学解题中的观察、联想、类比、化归、变换、赋值、放缩、构造、一般化、特殊化、数形结合等方法技巧融汇进来，使得我们眼光更加敏锐.

【例 1】　一个代数不等式的演绎深化（沈文选，2014）.

设 a，b，c 为非负实数，由 $(b-c)^2\geqslant 0$，有 $-(b-c)^2\leqslant 0$.

亦有　$a^2-(b-c)^2\leqslant a^2$.

从而

$$a^2\geqslant a^2-(b-c)^2=(a+b-c)(a-b+c)=(a+b-c)(c+a-b).$$

同理

$$b^2\geqslant(a+b-c)(b+c-a),\ c^2\geqslant(b+c-a)(c+a-b).$$

上式三式相乘，两边开平方，即得如下的命题：

命题 1 设 a，b，c 为非负实数，则

$$abc \geqslant (a+b-c)(c+a-b)(b+c-a), \tag{4-63}$$

其中等号当且仅当 $a=b=c$ 时取得.

此时，将式（4-63）的右边展开，并注意两个数的平均值不等式，有

$$\begin{aligned} 3abc+a^3+b^3+c^3 &\geqslant (a^2b+b^2a)+(b^2c+c^2b)+(a^2c+c^2a) \\ &\geqslant 2(a^{\frac{3}{2}}b^{\frac{3}{2}}+b^{\frac{3}{2}}c^{\frac{3}{2}}+c^{\frac{3}{2}}a^{\frac{3}{2}}). \end{aligned} \tag{4-64}$$

由三个数的均值不等式，有

$$1+2(abc)^{\frac{3}{2}}=1+(abc)^{\frac{3}{2}}+(abc)^{\frac{3}{2}} \geqslant 3\sqrt[3]{(abc)^{\frac{3}{2}}(abc)^{\frac{3}{2}}}=3abc.$$

结合式（4-64），有

$$1+2(abc)^{\frac{3}{2}}+a^3+b^3+c^3 \geqslant 2(a^{\frac{3}{2}}b^{\frac{3}{2}}+b^{\frac{3}{2}}c^{\frac{3}{2}}+c^{\frac{3}{2}}a^{\frac{3}{2}}).$$

对上式作置换（$a^{\frac{3}{2}}$，$b^{\frac{3}{2}}$，$c^{\frac{3}{2}}$）→（a，b，c）得

$$a^2+b^2+c^2+2abc+1 \geqslant 2(ab+bc+ca).$$

上式两边同加上 $a^2+b^2+c^2$ 后再除以 2，后又加上$\frac{9}{2}$得

$$abc+a^2+b^2+c^2+5 \geqslant \frac{1}{2}(a+b+c)^2+\frac{9}{2}. \tag{4-65}$$

注意到两个数的均值不等式，有

$$\frac{1}{2}(a+b+c)^2+\frac{9}{2} \geqslant 3(a+b+c). \tag{4-66}$$

于是，由式（4-65）、式（4-66），有下述命题：

命题 2 设 a，b，c 为非负实数，则

$$abc+a^2+b^2+c^2+5 \geqslant 3(a+b+c), \tag{4-67}$$

其中等号当且仅当 $a=b=c$ 时取得.

又若注意到三个数的均值不等式，有

$$a+b+c \geqslant 3\sqrt[3]{abc}, \quad ab+bc+ca \geqslant 3\sqrt[3]{a^2b^2c^2}.$$

上述两个不等式相乘，有

$$(a+b+c)(ab+bc+ca) \geqslant 9abc.$$

设 $a+b+c=s$，则

$$\frac{9}{s}abc \leqslant ab+bc+ca. \tag{4-68}$$

又由式（4-63），即

$$\begin{aligned} abc &\geqslant (a+b-c)(c+a-b)(b+c-a) \\ &= (s-2c)(s-2b)(s-2a) \\ &= s^3-2s^2(a+b+c)+4s(ab+bc+ca)-8abc, \end{aligned}$$

从而

$$ab+bc+ca \leqslant \frac{9}{4s}abc+\frac{s^2}{4}. \tag{4-69}$$

由式（4-68）及式（4-69），又有下述命题：

命题 3　设 a，b，c 为非负实数，且 $a+b+c=s$（$s>0$），则

$$\frac{9}{s}abc \leqslant ab+bc+ca \leqslant \frac{9}{4s}abc+\frac{s^2}{4}. \tag{4-70}$$

若令 $a^3+b^3+c^3=P$，$abc=Q$，$a^2b+ab^2+b^2c+bc^2+a^2c+ac^2=\mathbf{R}$，则由式(4-63)有

命题 4
$$2P \geqslant P+3Q \geqslant \mathbf{R} \geqslant 6Q, \tag{4-71}$$
其中等号当且仅当 $a=b=c$ 时取得．

上面由命题1 演绎深化出了命题2、命题3、命题4，这三个命题在处理某些不等式问题给我们带来了方便．

利用命题 2 可简捷处理下述问题：

（1）设 a，b，$c\in\mathbf{R}_+$，且 $a^2+b^2+c^2+abc=4$，证明：$a+b+c\leqslant 3$.

（2）设 x，y，$z\in\mathbf{R}_+$，且 $\frac{1}{x^2+1}+\frac{1}{y^2+1}+\frac{1}{z^2+1}=2$，证明：$xy+yz+zx\leqslant\frac{3}{2}$.

（3）设 x，y，$z\geqslant 1$，且 $\frac{1}{x}+\frac{1}{y}+\frac{1}{z}=2$，证明：$\sqrt{x+y+z}\geqslant\sqrt{x-1}+\sqrt{y-1}+\sqrt{z-1}$.

（4）设 a，b，$c>0$，求证：$(a^2+2)(b^2+2)(c^2+2)\geqslant 9(ab+bc+ca)$.

（5）设 a，b，$c\geqslant 1$，且 $abc+2a^2+2b^2+2c^2+ca-cb-4a+4b-c=28$，求 $a+b+c$ 的最大值．

利用命题 3 可简捷处理下述问题：

（6）设 x，y，$z\geqslant 0$，且 $x+y+z=1$，求证：$0\leqslant xy+yz+zx-2xyz\leqslant\frac{7}{27}$.

（7）设 a，b，c 为$\triangle ABC$ 的边长，且 $a+b+c=3$，求

$$f(a,\ b,\ c)=a^2+b^2+c^2+\frac{4}{3}abc$$

的最小值．

（8）设 a，b，$c>0$，且 $a+b+c=1$，求证：$(1+a)(1+b)(1+c)\geqslant 8(1-a)\cdot(1-b)(1-c)$.

利用命题 4 可简捷处理下述问题：

（9）对于正实数 a，b，c 满足 $a+b+c=3$，则 $2(a^3+b^3+c^3)+3abc\geqslant 9$.

（10）设 a，b，c 为$\triangle ABC$ 的边长，且 $a+b+c=3$，则

$$5(a^2+b^2+c^2)+18abc \geqslant \frac{7}{8}.$$

（11）设 a，b，c 为正实数，且 $a+b+c=2$. 求证：

$$\frac{1-a}{a}\cdot\frac{1-b}{b}+\frac{1-b}{b}\cdot\frac{1-c}{c}+\frac{1-c}{c}\cdot\frac{1-a}{a} \geqslant \frac{3}{4}.$$

【例 2】 一道传统教材中的例题的演绎深化（沈文选，1989a）.

在传统的中学《立体几何》教材中，有如下一道例题：

命题 5 如图 4-42，已知两条异面直线 a、b 所成的角为 θ，它的公垂线 AA' 的长度为 d，在直线 a、b 上分别取点 E、F，设 $A'E=m$，$AF=n$，$EF=l$，则

$$l=\sqrt{d^2+m^2+n^2\mp 2mn\cos\theta}, \tag{4-72}$$

其中"+"号取得是点 F（或 E）在点 A（或 A'）的另一侧.

课本中的例题是教材编写者们经过反复筛选的典型问题. 在教学（特别是在课外活动）时，可以对这些典型问题进行演绎深化，改造成为进行研究性学习活动的材料.

下面，从演变的角度出发进行演绎深化，可得如下一系列命题：

命题 6 已知两条共面直线 a，b 所成角为 θ，它们的公垂线段 AA' 的长度为 d，在直线 a、b 上分别取点 E、F，设 $A'E=m$，$FA=n$，$EF=l$.

（1）若 $d=0$，$\theta=0$，则

$$l=|m+n|. \tag{4-73}$$

此时，a 与 b 重合，式（4-73）为直线上两点间距离公式.

（2）若 $d=0$，$\theta\neq 0$，则

$$l=\sqrt{m^2+n^2\pm 2mn\cdot\cos\theta}. \tag{4-74}$$

此时，a 与 b 相交，式（4-74）为两相交直线上两点间距离公式. 亦为三角形余弦定理.

（3）若 $d\neq 0$，$\theta=0$，则

$$l=\sqrt{d^2+(m\mp n)^2}. \tag{4-75}$$

此时，a 与 b 平行，式（4-75）为两平行直线上两点间距离公式，即直角梯形中非直角腰长公式.

命题 7 已知两异面直线 a、b 所成角为 θ，它们的公垂线段 AA' 的长度为 d，在直线 a、b 上分别取点 E、F，设 $A'E=m$，$AF=n$，$EF=l$.

（1）若 $d\neq 0$，$\theta=\frac{\pi}{2}$，则

$$l=\sqrt{d^2+m^2+n^2}, \tag{4-76}$$

此时 l 为以 d，m，n 为三度的长方体对角线长；

（2）若 $m=0$，$n=0$，则 $l=d$.

此时说明分别在两异面直线上的两点间的距离中以其公垂线段的长为最小.

又由式（4-72）有

$$\begin{aligned}\cos\theta &= \left|\frac{d^2+m^2+n^2-l^2}{2mn}\right| \\ &= \left|\frac{(m^2+d^2)+(n^2+d^2)-(l^2+d^2)}{2mn}\right| \\ &= \left|\frac{(AE^2+A'F^2)-(EF^2+AA'^2)}{2A'E\cdot AF}\right|.\end{aligned}$$

因而有如下命题.

命题 8　若两条异面直线 a，b 所成角为 θ，A'，E 是 a 上两点，A、F 是 b 上两点，且 $AA'=d$，$A'E=m$，$AF=n$，$EF=l$，$AE=p$，$A'F=q$，则

$$\cos\theta = \left|\frac{(p^2+q^2)-(l^2+d^2)}{2m\cdot n}\right|. \tag{4-77}$$

此命题的证明，作四面体 $A'AFE$ 的外接平行六面体，运用平行四边形性质而证(略).

命题 9　若两异面直线 a、b 所成角为 θ，它们的公垂线段 AA' 的长度为 d. 在 a、b 上分别取点 E、F，设 $\angle A'EF=\alpha$（$\alpha\neq 90°$），$\angle AFE=\beta$（$\beta\neq 90°$），$EF=l$，则

$$l^2\sin^2\theta = d^2\sin^2\theta + l^2\cos^2\alpha + l^2\cos^2\beta \pm 2l^2\cos\alpha\cdot\cos\beta\cdot\cos\theta. \tag{4-78}$$

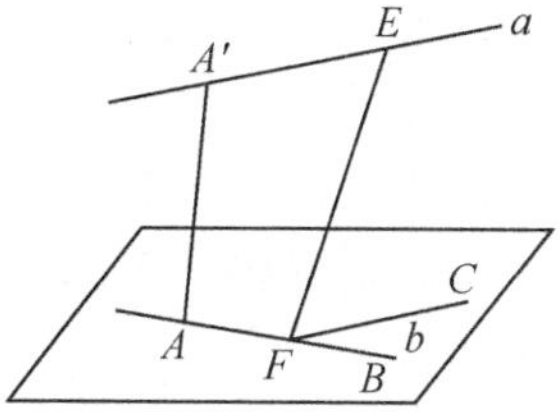

图 4-42

证明　如图 4-42 所示，过 F 作 $FC/\!/a$，则在凸三面角中，可证棱 EF 与它所对的面 BFC 所成的角 φ 满足

$$\sin\varphi = \sqrt{\frac{\sin^2\angle CFB - \cos^2\angle EFC - \cos^2\angle EFB \pm 2\cos\angle EFC\cdot\cos\angle EFB\cos\angle CFB}{\sin\angle CFB}}.$$

而 E 到面 CFB 的距离就是 a 与 b 的距离 d，$\angle CFB$ 或 $\pi-\angle CFB$ 就是异面直线 a、b 所形成的角 θ，$\angle EFC=\angle A'EF=\alpha$，$\angle EFB=\pi-\beta$. 从而由 $d=l\cdot\sin\varphi$ 即有 $l^2\sin^2\theta=d^2\sin^2\theta+l^2\cos^2 d+l^2\cos^2\beta\pm 2l^2\cos\alpha\cdot\cos\beta\cdot\cos\theta$，其中“+”的取得同式（4-72）说明.

在此，顺便指出：式（4-78）中若 $\cos\theta=-\cos\alpha\cos\beta$，则式（4-78）为

$$d = \frac{l}{\sqrt{1+\cot^2\alpha+\cot\beta}}. \tag{4-79}$$

命题 10　若两异面直线 a、b 所成角为 θ，A'、E 是 a 上两点，A、F 是 b

上两点，且$\angle EA'A=\alpha$，$\angle A'AF=\beta$，二面角$E\text{-}AA'\text{-}F=\gamma$，则

$$\cos\theta=\cos\gamma\cdot\sin\alpha\cdot\sin\beta-\cos\alpha\cdot\cos\beta. \qquad (4\text{-}80)$$

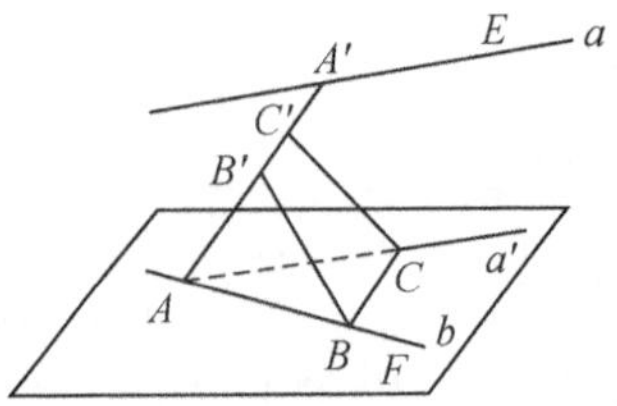

图 4-43

证明 当α、β均不为$\frac{\pi}{2}$（至少有一个为$\frac{\pi}{2}$时显然成立）时，如图 4-43，过A作$a'\parallel a$，在a'、b上分别取点B、C、使$AB=AC=1$，作$BB'\perp AA'$于B'，$CC'\perp AA'$于C'，则BB'与CC'所成的角就是二面角的大小γ，且$CC'=\sin(180°-\alpha)=\sin\alpha$，$AC'=-\cos\alpha$，$BB'=\sin\beta$，$AB'=\cos\beta$. $B'C'=|-\cos\alpha-\cos\beta|$. 连$BC$，则由前面的余弦定理或式（4-74）$BC^2=2-2\cos\theta$. 由式（4-72）又有$BC^2=B'C'^2+B'B^2+C'C^2-2B'B\cdot C'C\cdot\cos\gamma=2+2\cos\alpha\cdot\cos\beta-2\sin\alpha\cdot\sin\beta\cdot\cos\gamma$，故

$$\cos\theta=\cos\gamma\cdot\sin\alpha\cdot\sin\beta-\cos\alpha\cdot\cos\beta.$$

【例 3】 一道平面解析几何题解题思维层次的演绎深化（金兔，2004）.

题目 已知点$A(0,2)$、$B(0,-2)$，点P在圆$(x-3)^2+(y-4)^2=1$上，求$|PA|^2+|PB|^2$的最大值.

本题可从代数层次、几何层次、向量与导数层次演绎深化.

若从代数层次而言，可从方程、函数、三角、复数等方面思考.

考虑到本题是与圆的方程有关的问题，可选择运用方程的方法作为思维的起点.

解法 1 由$(x-3)^2+(y-4)^2=1$得$x^2+y^2=6x+8y-24$，又设$|PA^2|+|PB|^2=t$，则

$$t=x^2+(y-2)^2+x^2+(y+2)^2=12x+16y-40,$$

所以$12x+16y-40-t=0$，由$\begin{cases}(x-3)^2+(y-4)^2=1\\12x+16y-40-t=0\end{cases}$消去$y$得到关于$x$的二次方程$400x^2-24(40+t)x+t^2-48t+2624=0$，由$\Delta\geqslant0$，并化简得：$t^2-120t+3200\leqslant0$，解得$40\leqslant t\leqslant80$，因此，$|PA|^2+|PB|^2$的最大值为 80.

联想到圆的参数方程，可考虑运用三角方法解.

解法 2 设$P(x, y)$是已知圆上任意一点，由于圆的参数方程为

$$\begin{cases}x=3+\cos\theta,\\y=4+\sin\theta,\end{cases}$$

则

$$\begin{aligned}|PA|^2+|PB|^2&=x^2+(y-2)^2+x^2+(y+2)^2=12x+16y-40\\&=4(3\cos\theta+4\sin\theta)+60=20\sin(\theta+\varphi)+60\end{aligned}$$

$$\leqslant 80 \quad (\text{其中 } \varphi = \arcsin\frac{3}{5}).$$

联想到复数的几何意义和三角形式，可考虑用复数方法解.

解法 3　由于已知圆的复数方程式为 $|z-(3+4i)|=1$,即 $z-(3+4i)=\cos\theta+i\sin\theta$,所以 $z-2i=(\sin\theta+3)+i(\sin\theta+2)$,$z+2i=(\cos\theta+3)+i(\sin\theta+6)$,则

$$\begin{aligned}|PA|^2+|PB|^2 &= |z-2i|^2+|z+2i|^2\\ &=(\cos\theta+3)^2+(\sin\theta+2)^2+(\sin\theta+3)^2+(\sin\theta+6)^2\\ &=60+(12\cos\theta+16\sin\theta)\\ &=60+20\sin(\theta+\varphi)\leqslant 80(\text{其中 }\tan\varphi=\frac{3}{4}).\end{aligned}$$

考虑到曲线方程可转化或分割成函数,这时可考虑用函数方法求解,在求解过程中往往要用到数形结合.

解法 4　设 $P(x,y)$ 是已知圆上任意一点,则

$$\begin{aligned}|PA|^2+|PB|^2 &= x^2+(y-2)^2+x^2+(y+2)^2\\ &=12x+16y-40=\pm16\sqrt{1-(x-3)^2}+12x+24\\ &=16\left[\pm\sqrt{1-(x-3)^2}-\frac{3}{4}(3-x)\right]+60.\end{aligned}$$

在同一坐标中分别作出 $y_1=\pm\sqrt{1-(x-3)^2}$,$y^2=\frac{3}{4}(3-x)$ 的图像,即图 4-44 中的圆 $(x-3)^2+y^2=1$ 和直线 l,再作与 l 平行的圆的两条切线 l_1 和 l_2,则对同一个 x,y_1 与 y_2 的差的最大值为直线 l_1 与 l 的截距之差,可求得为 $\frac{5}{4}$. 因此 $|PA|^2+|PB|^2$ 的最大值为 $16\times\frac{5}{4}+60=80$.

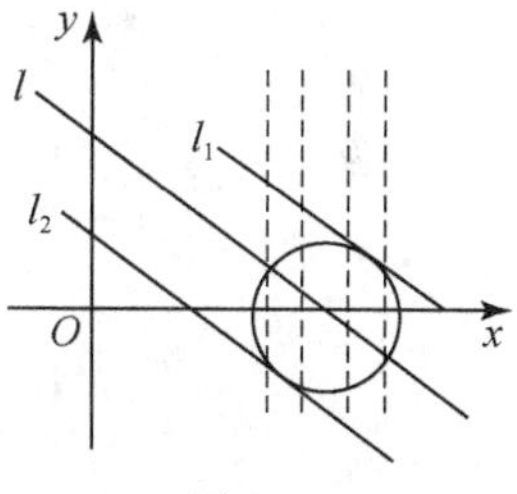

图 4-44

从几何层次而言,可分别从解析几何和平面几何方面考虑.

若从解析几何方面考虑,本题可考虑用点到直线的距离公式来解.

解法 5　根据解法 1 可知,$12x+16y-40-t=0$,所以 P 点既在圆 $(x-3)^2+(y-4)^2=1$ 上,又在直线 $12x+16y-40-t=0$ 上,由圆与直线的位置关系可得

$$\frac{|12\times3+16\times4-40-t|}{\sqrt{12^2+16^2}}\leqslant 1,$$

解得 $40\leqslant t\leqslant 80$.

因此,$|PA|^2+|PB|^2$ 的最大值为 80.

圆和直线是平面几何研究的对象,本题可考虑运用平面几何方法解.

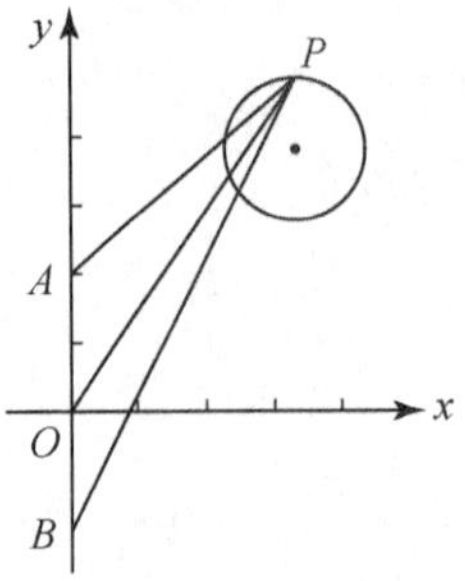

图 4-45

解法 6 如图 4-45 所示，在圆 C 上任取一点 P，连接 AP、BP、OP，则由三角形中线长可得：$|PA|^2+|PB|^2=2|OA|^2+2|OP|^2=8+2|OP|^2$，显然 $|OP|$ 的最大值为 $5+1=6$，因此，$|PA|^2+|PB|^2$ 的最大值为 80.

最后从向量和导数层次考虑.

解法 7 设 $P(x,y)$ 是已知圆上任意一点，则

$$|PA|^2+|PB|^2=x^2+(y-2)^2+x^2(y+2)^2$$
$$=12x+16y-40.$$

又设 $\boldsymbol{a}=(12,16)$，$\boldsymbol{b}=(x,y)$，则 $12x+16y=\boldsymbol{a}\cdot\boldsymbol{b}\leqslant|\boldsymbol{a}||\boldsymbol{b}|=20|\boldsymbol{b}|$，其中 $|\boldsymbol{b}|$ 表示已知圆上的点 P 到原点的距离，显然 $|\boldsymbol{b}|$ 的最大值为 $5+1=6$，从而 $12x+16y$ 的最大值为 120，因此，$|PA|^2+|PB|^2=12x+16y-40$ 的最大值为 80.

用导数来解决函数的单调性、极值和最值问题是行之有效的方法.

解法 8 设 $P(x,y)$ 是已知圆上任意一点，则

$$\begin{aligned}|PA|^2+|PB|^2&=x^2+(y-2)^2+x^2+(y+2)^2\\&=12x+16y-40\\&=\pm16\sqrt{1-(x-3)^2}+12x+24\\&=16\left[\pm\sqrt{1-(x-3)^2}-\frac{3}{4}(3-x)\right]+60.\end{aligned}$$

对 x 求导得

$$(|PA|^2+|PB|^2)'=\pm\frac{16(x-3)}{\sqrt{1-(x-3)^2}}+12.$$

令 $(|PA|^2+|PB|^2)'=0$，得到 $x-3=\pm\frac{3}{5}$，此时，

$$|PA|^2+|PB|^2=16\left(\pm\sqrt{1-\frac{9}{25}}\pm\frac{3}{4}\times\frac{3}{5}\right)+60=\pm20+60,$$

得 $|PA|^2+|PB|^2=80$ 或 $|PA|^2+|PB|^2=40$. 由于 $x\in[2,4]$，当 $x=2$ 或 4 时，$|PA|^2+|PB|^2<80$，而闭区间上的连续函数必有最大值，因此，$|PA|^2+|PB|^2$ 的最大值为 80.

4.13 发掘中巧

学数学当然要解题. 如何学会并善于解题呢？有一种方法是题海战术，

收集大量问题,分成各种类型,归纳巧法和妙招,以备套用;还有一种方法是强调一般的解题思考原则,如波利亚在他的一系列著作中提倡的启发法、探索法原则．项武义教授把前一种方法叫做小巧,后一种方法叫做大巧．但张景中院士认为,小巧一题一法,固不应提倡,大巧无定法,也确实太难(即便是出色数学家,面对一个不难但却陌生的题目,也不一定能在短时间内解决,或者说,数学家在自己的专长领域之外,也未必敢说掌握了大巧)．许多人在数学教育实践中也发现:学习者即使具备了足够的数学知识,掌握了相应的启发法原则,仍然不能有效地解决问题．

张景中院士认为出路在于提倡“中巧”．所谓中巧,就是能有效地解决一类问题的算法或模式．它不像小巧那么呆板琐屑,又不像大巧那么法无定法．代数里的解方程、列方程解题,分析里求导数、用导数研究函数凸凹,还有数学归纳法,均属中巧．长期以来,几何难学,是因为几何里只有小巧大巧,而没有中巧．几何这“一理一证”的特点,给初学者带来很大困难,也给数学教师加重了负担．“小巧是零食,大巧是养生之道,中巧才是主食正餐”．教育数学要研究有效而易学的解题方法,要发掘中巧,提供中巧．面积法和消点法就是发掘出来的平面几何解题的一类中巧,使初等几何方法从四则杂题的水平提高到代数方程的水平,对成类的几何问题变“一理一证”为“万理一证”,可使人们节省高级的脑力劳动．

4.13.1　面积法——神通的解题工具,数学里面的多面手

在解数学题时,根据题目中的有关量,特别是几何量或它的几何量背景所涉及的有关图形面积之间的内在联系,用面积表示有关量或几何量,从而把要论述的有关量或几何量之间的关系化为有关面积之间的关系,并通过图形面积的割补或等积变换对所证问题来进行求解的一种方法,称为面积法．

利用面积法求解问题要用到面积分割原理、出入相补原理、几个基本面积公式、面积比定理及等积变形定理．如

(1)一个图形的面积等于它的各部分面积的和(面积分割原理);

(2)$S_{\triangle}=\frac{1}{2}a\cdot h_a=\frac{1}{2}ab\cdot\sin C$;

(3)$S_{正方形}=a^2$,$S_{矩形}=ab$;

(4)共边比例定理、共角比例定理、张角定理等;

(5)两个同(等)底的三角形(平行四边形)的面积比等于这边上对应高的比;两个同(等)高的三角形(平行四边形)的面积比等于它们底边的比．

……

【例1】 当$a,b\in\mathbf{R}_+$时,求证:(1)$(a+b)^2=a^2+2ab+b^2$;(2)$(a-b)^2=a^2-2ab+b^2$;(3)$(a+b)(a-b)=a^2-b^2$;(4)$\frac{1}{2}(a^2+b^2)\geqslant\left(\frac{a+b}{2}\right)^2$;(5)$a^2+b^2\geqslant 2ab$.(6)若$a,b,c\in\mathbf{R}_+$,则$ab+bc+ca\leqslant a^2+b^2+c^2$.

证明 分别作出如图4-46中的6个图形.

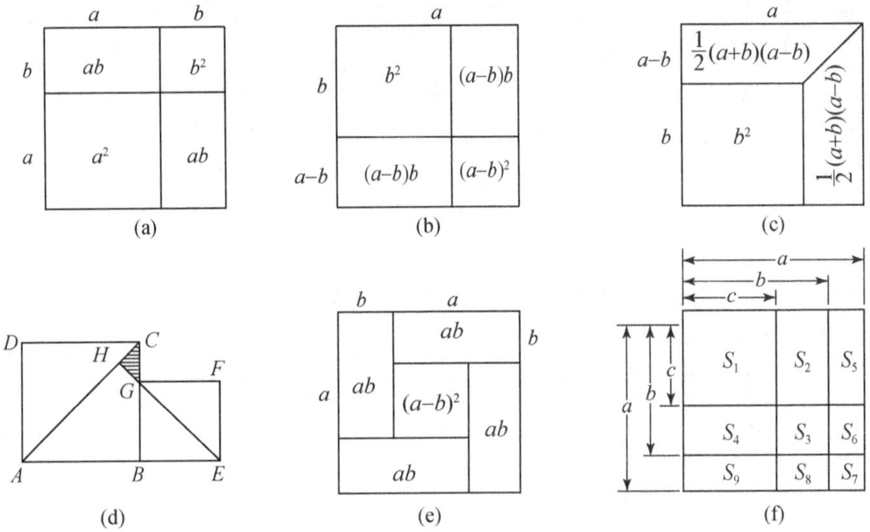

图4-46

(1)由图4-46(a)知,$(a+b)^2=a^2+b^2+ab+ab=a^2+2ab+b^2$.

(2)由图4-46(b)知,$(a-b)^2=a^2-b^2-2(a-b)b=a^2-2ab+b^2$.

(3)由图4-46(c)知,$a^2-b^2=2\cdot\frac{1}{2}(a+b)(a-b)=(a+b)(a-b)$.

(4)作正方形$ABCD$、正方形$BEFG$如图4-46(d),使$AB=a$,$BE=b$($a>b$)延长EG交AC于H,则$S_{\triangle ABC}=\frac{a^2}{2}$,$S_{\triangle BEG}=\frac{b^2}{2}$,$S_{\triangle AEH}=\left(\frac{a+b}{2}\right)^2$.由$S_{\triangle ABC}+S_{\triangle BEG}=S_{\triangle AEH}+S_{\triangle GCH}>S_{\triangle AEH}$,故$\frac{1}{2}(a^2+b^2)\geqslant\left(\frac{a+b}{2}\right)^2$.

(5)由图4-46(e),$(a+b)^2-4ab=(a-b)^2$,因为$(a-b)^2\geqslant 0$,则$(a+b)^2\geqslant 4ab$,从而$a^2+b^2\geqslant 2ab$.

(6)因a,b,c具有对称性,所以可设$a\geqslant b\geqslant c>0$.分别以$a$,$b$,$c$为边作正方形和其间的矩形,如图4-46(f),令各小矩形面积为S_i($i=1$,2,…,9),由图易知:$a^2+b^2+c^2=\sum\limits_{i=1}^{9}S_i+\sum\limits_{i=1}^{4}S_i+S_1$;$ab+bc+ca=\sum\limits_{i=1}^{6}S_i+\sum\limits_{i=1}^{2}S_i+$

$(S_1+S_4+S_9)$. 从而 $a^2+b^2+c^2-(ab+bc+ca)=S_3+S_7+S_8\geqslant 0$（非负数之和非负）. 故

$$ab+bc+ca\leqslant a^2+b^2+c^2, \tag{4-81}$$

其中等号成立的充要条件是 $S_3+S_7+S_8=0$.

而 $S_3+S_7+S_8=0\Leftrightarrow S_3=S_7=S_8=0\Leftrightarrow a=b=c$，即不等式（4-80）中等号当且仅当 $a=b=c$ 时方成立.

【例2】 两角和、差的正弦和余弦公式的证明：

（1）当 $0°<\alpha$，$\beta<90°$，且 $\alpha+\beta<90°$时，则

$$\sin(\alpha+\beta)=\sin\alpha\cdot\cos\beta+\cos\alpha\cdot\sin\beta;$$

$$\cos(\alpha+\beta)=\cos\alpha\cdot\cos\beta-\sin\alpha\cdot\sin\beta;$$

当 $0°<\beta<\alpha<90°$时，则

$$\sin(\alpha-\beta)=\sin\alpha\cdot\cos\beta-\cos\alpha\cdot\sin\beta;$$

$$\cos(\alpha-\beta)=\cos\alpha\cdot\cos\beta+\sin\alpha\cdot\sin\beta;$$

证明　如图4-47（a）所示，在锐角$\triangle ABD$中，$AC\perp BD$于C，$BE\perp AD$于E，AC与BE交于点F，令$\angle BAC=\alpha$，$\angle DAC=\beta$.

显然，有 $BE\cdot AD=2S_{\triangle ABD}=BD\cdot AC$，则

$$\sin(\alpha+\beta)=\frac{BE}{AB}=\frac{AD\cdot BE}{AB\cdot AD}=\frac{BD\cdot AC}{AB\cdot AD}=\frac{(BC+CD)AC}{AB\cdot AD}$$

$$=\frac{BC}{AB}\cdot\frac{AC}{AD}+\frac{AC}{AB}\cdot\frac{CD}{AD}=\sin\alpha\cdot\cos\beta+\cos\alpha\cdot\sin\beta;$$

在图4-47（a）中，也有 $BF\cdot AE=2S_{\triangle AFB}=AF\cdot BC$，则

$$\cos(\alpha+\beta)=\frac{AE}{AB}=\frac{AE\cdot BF}{BF\cdot AB}=\frac{AF\cdot BC}{BF\cdot AB}=\frac{(AC-FC)\cdot BC}{BF\cdot AB}$$

$$=\frac{AC}{AB}\cdot\frac{BC}{BF}-\frac{BC}{AB}\cdot\frac{FC}{BF}=\cos\alpha\cdot\cos\beta-\sin\alpha\cdot\sin\beta.$$

如图4-47（b）所示，在钝角$\triangle ABD$中，$\angle ADB$为钝角，$AC\perp BD$于C，$BE\perp AD$于E，AC与BE的延长线交于点F. 令$\angle BAC=\alpha$，$\angle DAC=\beta$. 显然，有

$$BE\cdot AD=2S_{\triangle ABD}=BD\cdot AC,\qquad BF\cdot AE=2S_{\triangle ABF}=AF\cdot BF,$$

则

$$\sin(\alpha-\beta)=\frac{BE}{AB}=\frac{AD\cdot BE}{AB\cdot AD}=\frac{BD\cdot AC}{AB\cdot AD}=\frac{(BC-CD)AC}{AB\cdot AD}$$

$$=\frac{BC}{AB}\cdot\frac{AC}{AD}-\frac{AC}{AB}\cdot\frac{CD}{AD}=\sin\alpha\cdot\cos\beta-\cos\alpha\cdot\sin\beta,$$

$$\cos(\alpha-\beta)=\frac{AE}{AB}=\frac{AE\cdot BF}{BF\cdot AB}=\frac{AF\cdot BC}{BF\cdot AB}=\frac{(AC+FC)\cdot BC}{BF\cdot AB}$$

$$=\frac{AC}{AB}\cdot\frac{BC}{BF}+\frac{BC}{AB}\cdot\frac{FC}{BC}=\cos\alpha\cdot\cos\beta+\sin\alpha\cdot\sin\beta.$$

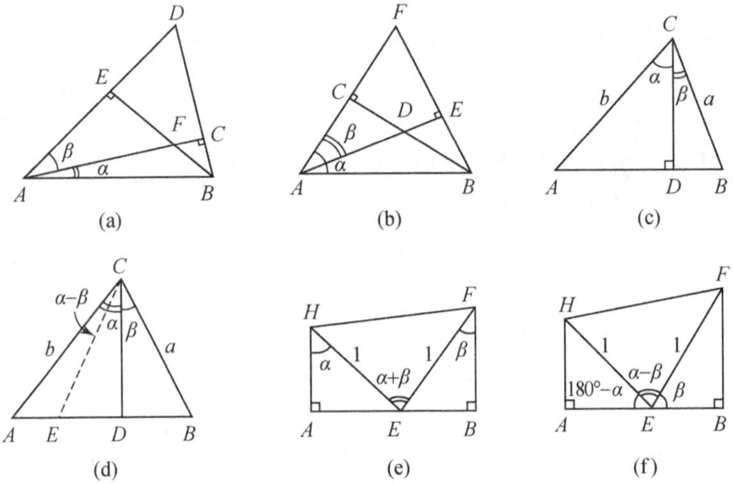

图 4-47

（2）当 $0°<\alpha$，$\beta<90°$，且 $\alpha+\beta<180°$时，则

$$\sin(\alpha+\beta)=\sin\alpha\cdot\cos\beta+\cos\alpha\cdot\sin\beta,$$
$$\cos(\alpha+\beta)=\cos\alpha\cdot\cos\beta-\sin\alpha\cdot\sin\beta;$$

当 $0°<\beta<\alpha<90°$时，则

$$\sin(\alpha-\beta)=\sin\alpha\cdot\cos\beta-\cos\alpha\cdot\sin\beta,$$
$$\cos(\alpha-\beta)=\cos\alpha\cdot\cos\beta+\sin\alpha\cdot\sin\beta.$$

证法 1 如图 4-47（c）所示，作 $\triangle ABC$，$CD\perp AB$ 于 D，令 $\angle ACD=\alpha$，$\angle DCB=\beta$，则 $0<\alpha+\beta<180°$. 令 $AC=b$，$BC=a$，则 $\frac{CD}{b}=\cos\alpha$，$\frac{CD}{a}=\cos\beta$. 由 $S_{\triangle ABC}=S_{\triangle ACD}+S_{\triangle CDB}$. 有 $\frac{1}{2}ab\cdot\sin(\alpha+\beta)=\frac{1}{2}b\cdot CD\cdot\sin\alpha+\frac{1}{2}a\cdot CD\cdot\sin\beta$.

故

$$\sin(\alpha+\beta)=\sin\alpha\cdot\cos\beta+\cos\alpha\cdot\sin\beta,$$

$$\cos(\alpha+\beta)=\frac{a^2+b^2-(b\sin\alpha+a\sin\beta)^2}{2ab}$$
$$=\frac{a^2\cos^2\alpha+b^2\cos^2\beta}{2ab}-\sin\alpha\cdot\sin\beta=\frac{2CD^2}{2\cdot\frac{CD}{\cos\alpha}\cdot\frac{CD}{\cos\beta}}-\sin\alpha\cdot\sin\beta$$
$$=\cos\alpha\cdot\cos\beta-\sin\alpha\cdot\sin\beta.$$

如图 4-47(d)所示，作 $\triangle ABC$，$CD\perp AB$ 于 D，令 $\angle ACD=\alpha$，$\angle DCB=\beta$

($\alpha>\beta$) 在$\angle ACD$内作$\angle ECD=\beta$，则$\angle ACD=\alpha-\beta$，且$0°<\alpha-\beta<90°$. 令$AC=b$，$BC=a$，则$CE=a$，且$\frac{CD}{b}=\cos\alpha$，$\frac{CD}{a}=\cos\beta$.

由$S_{\triangle ACE}=S_{\triangle ACD}-S_{\triangle CDB}$，有

$$\frac{1}{2}ab\cdot\sin(\alpha-\beta)=\frac{1}{2}b\cdot CD\cdot\sin\alpha-\frac{1}{2}a\cdot CD\cdot\sin\beta,$$

有

$$\sin(\alpha-\beta)=\sin\alpha\cdot\cos\beta-\cos\alpha\cdot\sin\beta,$$

$$\cos(\alpha-\beta)=\frac{a^2+b^2-(b\sin\alpha-a\sin\beta)^2}{2ab}=\cdots=\cos\alpha\cdot\cos\beta+\sin\alpha\cdot\sin\beta.$$

证法 2　仅证前述两式. 如图 4-47 (e) 所示，作直角梯形$ABFH$. 在AB上取点E，使$EF=EH=1$，$\angle AHE=\alpha$，$\angle BFE=\beta$，则$\angle HEF=\alpha+\beta$，且$AH=\cos\alpha$，$AE=\sin\alpha$，$BF=\cos\beta$，$BE=\sin\beta$.

由$S_{梯形ABFH}=S_{\triangle AEH}+S_{\triangle EBF}+S_{\triangle EFH}$，有

$$\frac{1}{2}(\cos\alpha+\cos\beta)(\sin\alpha+\sin\beta)$$

$$=\frac{1}{2}\sin\alpha\cdot\cos\alpha+\frac{1}{2}\sin\beta\cdot\cos\beta+\frac{1}{2}\cdot1\cdot\sin(\alpha+\beta).$$

故

$$\sin(\alpha+\beta)=\sin\alpha\cdot\cos\beta+\cos\alpha\cdot\sin\beta.$$

在图 4-47 (e) 中，由$AB^2+(AH-BF)^2=HF^2=EH^2+EF^2-2EH\cdot EF\cdot\cos(\alpha+\beta)$有$(\sin\alpha+\sin\beta)^2+(\cos\alpha-\cos\beta)^2=1+1-2\cos(\alpha+\beta)$.

故

$$\cos(\alpha+\beta)=\cos\alpha\cdot\cos\beta-\sin\alpha\cdot\sin\beta.$$

对于后两式，考虑α为钝角，β为锐角时情形.

如图 4-47 (f)，作直角梯形$ABFH$，在AB上取点E，使$EF=1$，$\angle BEF=\beta$ (β为锐角)，$\angle AEH=180°-\alpha$ (α为钝角). 则$\angle HEF=\alpha-\beta$ ($\alpha-\beta<180°$)，$AH=\sin\alpha$，$AE=-\cos\alpha$，$EB=\cos\beta$，$BF=\sin\beta$.

由$S_{梯形ABFH}=S_{\triangle AEH}+S_{\triangle EBF}+S_{\triangle EFH}$，有

$$\frac{1}{2}(\sin\alpha+\sin\beta)(-\cos\alpha+\cos\beta)$$

$$=-\frac{1}{2}\sin\alpha\cdot\cos\beta+\frac{1}{2}\sin\beta\cdot\cos\beta+\frac{1}{2}\cdot1\cdot1\cdot\sin(\alpha+\beta).$$

故$\sin(\alpha-\beta)=\sin\alpha\cdot\cos\beta-\cos\alpha\cdot\sin\beta$ (α为钝角，β为锐角).

在图 4-47 (f) 中，由$AB^2+(AH-BF)^2=HF^2=EH^2+EF^2-2EH\cdot EF\cdot\cos\angle HEF$，有

$$(-\cos\alpha+\cos\beta)^2+(\sin\alpha-\sin\beta)^2=2-2\cos(\alpha-\beta).$$

故 $\cos(\alpha-\beta)=\cos\alpha\cdot\cos\beta+\sin\alpha\cdot\sin\beta$（$\alpha$ 为钝角，β 为锐角）.

【例 3】 正弦、余弦的和差化积公式的证明：

当 $0°<\beta<\alpha<90°$时，则

$$\sin\alpha+\sin\beta=2\sin\frac{\alpha+\beta}{2}\cdot\cos\frac{\alpha-\beta}{2},$$

$$\sin\alpha-\sin\beta=2\cos\frac{\alpha+\beta}{2}\cdot\sin\frac{\alpha-\beta}{2},$$

$$\cos\alpha+\cos\beta=2\cos\frac{\alpha+\beta}{2}\cdot\cos\frac{\alpha-\beta}{2},$$

$$\cos\alpha-\cos\beta=-2\sin\frac{\alpha+\beta}{2}\cdot\sin\frac{\alpha-\beta}{2}.$$

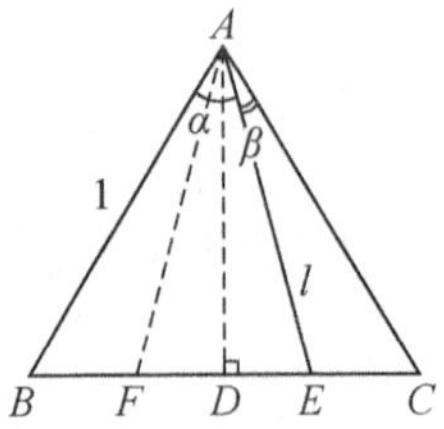

图 4-48

证明 如图 4-48 所示，作顶角$\angle BAC=\alpha+\beta$，腰长为 1 的等腰$\triangle ABC$，在 BC 上取点 E，使$\angle EAC=\beta$，作$\angle BAF=\beta$交 BC 于 F，作 $AD\perp BC$ 于 D. 设 $AE=l$，则 $AF=l$，$\angle DAE=\frac{1}{2}(\alpha-\beta)$，$\angle ACB=90°-\frac{1}{2}(\alpha+\beta)$，$AD=l\cdot\cos\angle DAE=l\cdot\cos\frac{1}{2}(\alpha-\beta)=\cos\frac{1}{2}(\alpha+\beta)$.

于是，$S_{\triangle ABE}=\frac{1}{2}\cdot1\cdot l\cdot\sin\alpha$，

$$S_{\triangle ACE}=\frac{1}{2}\cdot1\cdot l\cdot\sin\beta,$$

$$BD=DC=\sin\frac{\alpha+\beta}{2},\qquad DE=DF=l\cdot\sin\frac{1}{2}(\alpha-\beta).$$

由 $S_{\triangle ABE}+S_{\triangle ACE}=S_{\triangle ABC}$，有

$$\frac{1}{2}l\sin\alpha+\frac{1}{2}l\cdot\sin\beta=BD\cdot AD=l\cdot\sin\frac{1}{2}(\alpha+\beta)\cdot\cos\frac{1}{2}(\alpha-\beta),$$

即

$$\sin\alpha+\sin\beta=2\sin\frac{1}{2}(\alpha+\beta)\cdot\cos\frac{1}{2}(\alpha-\beta).$$

由

$$S_{\triangle ABE}-S_{\triangle AEC}=S_{\triangle ABE}-S_{\triangle ABF}=S_{\triangle AEF}=DF\cdot AD,$$

有

$$\frac{1}{2}\cdot1\cdot l\cdot\sin\alpha-\frac{1}{2}\cdot1\cdot l\cdot\sin\beta=l\cdot\sin\frac{1}{2}(\alpha-\beta)\cdot\cos\frac{1}{2}(\alpha+\beta),$$

即

$$\sin\alpha - \sin\beta = 2\cos\frac{1}{2}(\alpha+\beta)\cdot\sin\frac{1}{2}(\alpha-\beta).$$

又

$$\cos\alpha = \frac{l^2+1-\left(\sin\frac{\alpha+\beta}{2}+l\sin\frac{\alpha-\beta}{2}\right)^2}{2\cdot 1\cdot l},$$

$$\cos\beta = \frac{l^2+1-\left(\sin\frac{\alpha+\beta}{2}-l\sin\frac{\alpha-\beta}{2}\right)^2}{2\cdot 1\cdot l},$$

则

$$\cos\alpha+\cos\beta = \frac{2\cos^2\frac{\alpha+\beta}{2}+2l^2\cdot\cos^2\frac{\alpha-\beta}{2}}{2l} = \frac{2AD^2}{l} = 2AD\cdot\cos\frac{\alpha-\beta}{2}$$

$$=2\cos\frac{1}{2}(\alpha+\beta)\cdot\cos\frac{1}{2}(\alpha-\beta),$$

$$\cos\alpha-\cos\beta = \frac{-4l\cdot\sin\frac{\alpha+\beta}{2}\cdot\sin\frac{\alpha-\beta}{2}}{2l}$$

$$= -2\sin\frac{1}{2}(\alpha+\beta)\cdot\sin\frac{1}{2}(\alpha-\beta).$$

【例 4】 推导直线的截距式方程．

解 如图 4-49 所示，设直线 l 与直角坐标系 xOy 的 x 轴相交于点 $A(a,0)$，与 y 轴相交于点 $B(0,b)$．

在 l 上任取一点 $M(x,y)$，由于 $S_{\triangle OAM}+S_{\triangle OBM}=S_{\triangle OAB}$，即 $\frac{1}{2}ay+\frac{1}{2}bx=\frac{1}{2}ab$. 两边同时除以 $\frac{1}{2}ab$，得

$$\frac{x}{a}+\frac{y}{b}=1.$$

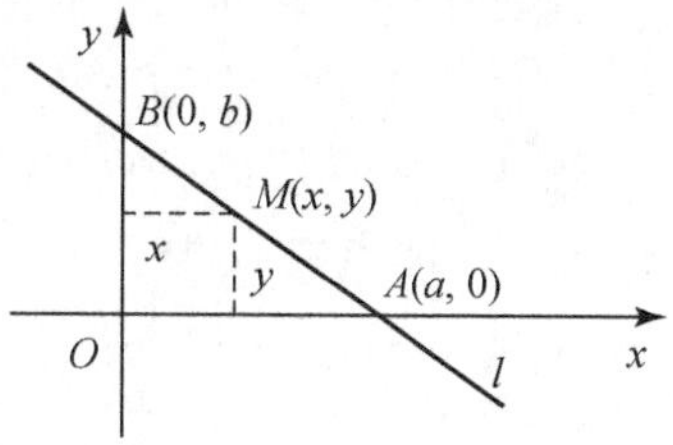

图 4-49

【例 5】 求点 $M(x_1, y_1)$ 到直线 $Ax+By+C=0$ 的距离．

解 直线 $Ax+By+C=0$ 上任取一点 $P(x,y)$，不难验证，点 $Q(x+B, y-A)$ 也是此直线上的点，如图 4-50 所示．那么 $|PQ|=\sqrt{A^2+B^2}$，从而

$$S_{\triangle MPQ}=\frac{1}{2}d\cdot|PQ|=\frac{1}{2}d\sqrt{A^2+B^2}.$$

另外，

$$S_{\triangle MPQ}=\frac{1}{2}\begin{vmatrix} x & y & 1 \\ x+B & y-A & 1 \\ x_1 & y_1 & 1 \end{vmatrix}=\frac{1}{2}|Ax_1+By_1+C|.$$

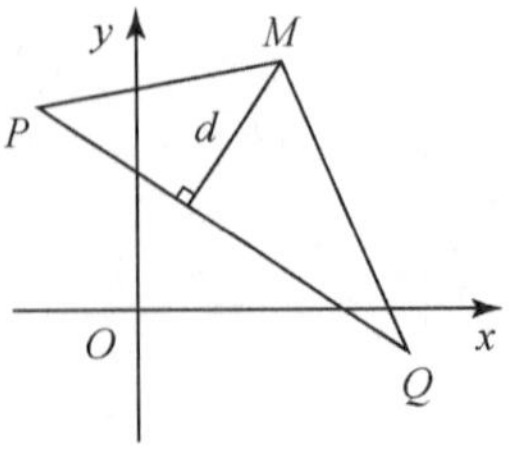

图 4-50

由上，有

$$\frac{1}{2}|Ax_1+By_1+C|=\frac{1}{2}d\sqrt{A^2+B^2},$$

故

$$d=\frac{|Ax_1+By_1+C|}{\sqrt{A^2+B^2}}.$$

这就是点 M 到直线 $Ax+By+C=0$ 的距离公式．

限于篇幅，用面积方法求解平面几何问题的例子，本书就不介绍了．

上面从 3 个方面介绍了面积法解题的例子．张景中院士在他的著作《从数学教育到教育数学》中，也提到了面积坐标的应用，还介绍了面积与自然对数的问题，用面积引出函数 $\ln x$，并探讨它的基本性质．这又展示了面积法在数学教学中的重要作用．张院士还指出：微积分里有两类重要函数，三角函数与反三角函数，对数函数与指数函数，都可以从面积出发引出来．

对于数学发展历史上，点缀着瑰丽几何园林的一些闪闪发光的珍珠，也可以用面积法处理，张院士就选取了五颗晶莹闪光的珍珠用“面积法”这一条金线串起来．这五颗珍珠是

题 1（托勒密不等式） 设 A、B、C、D 是平面上任意四点，求证：$AB\cdot CD+AD\cdot BC\geqslant AC\cdot BD$.

且其等号仅当 $ABCD$ 是圆内接四边形时成立．

题 2（费马点问题，或斯坦纳问题） 已知平面上 A、B、C 三点．求平面上这样一点 P，它到三点距离之和 $PA+PB+PC$ 最小．

题 3（从光行最速原理导出光折射定律）平面上 A、B 两点在直线 l 的两侧，C、D 两点在直线上．AC、BC 分别和 l 成锐角 θ_1、θ_2，且 θ_1 与 θ_2 不相邻. 求证：

$$\frac{AC}{\cos\theta_1}+\frac{BC}{\cos\theta_2}\leqslant\frac{AD}{\cos\theta_1}+\frac{BD}{\cos\theta_2},$$

其中等号仅当 C 与 D 重合时成立．

题 4（法格乃诺问题） 已知锐角三角形 ABC，求它的内接三角形中周长最小者．

题 5（厄尔多斯-莫代尔不等式）设 P 为 $\triangle ABC$ 内或周界上的一点，P 到三边之距离分别为 x，y，z. 求证：

$$PA+PB+PC\geqslant 2(x+y+z),$$

等号仅当$\triangle ABC$为正三角形，且 P 是$\triangle ABC$中心时成立．

这五颗珍珠，张院士运用面积法简捷地给出了证明(张景中和曹培生,2005).

从上述各例，可以看出：面积方法的起点低，落脚点高．面积法可以大大简化许多基本几何定理的证明，简化三角和解析几何中的许多推理论证．面积法已经实现为计算机程序、为计算机辅助教学提供了丰富的内容和厚实的基础．

面积在空间的推广是体积，抓住体积，对立体几何的学习会有帮助．

由面积可以引出极限概念，引出定积分概念．

利用面积，可以建立面积坐标，自然地进入解析几何．而面积坐标，本质上已包含了笛卡儿坐标、仿射坐标、射影坐标．这为学习更高深的几何留下了伏笔．

在高等数学中，面积以各种形式出现．面积是积分、是测度、是外微分形式、是向量的叉积、是行列式．

抓住面积，从小学、初中，到高中、大学，数学的内容可以一线相串．

4. 13. 2　消点法——几何证题路上的里程碑，以定法应万变的好模式

在研究几何定理的机器证明中，张景中院士以他多年来发展的几何新方法（面积法）为基本工具，提出了消点思想，和周咸山、高小山合作，于 1992 年突破了这项难题，实现了几何定理可读性证明的自动生成．这一新方法既不以坐标为基础，也不同于传统的综合方法，而是一个以几何不变量为工具，把几何、代数逻辑和人工智能方法结合起来所形成的开发系统．它选择几个基本的几何不变量和一套作图规则并且建立一系列与这些不变量和作图规则有关的消点公式．当命题的前提以作图语句的形式输入时，程序可调用适当的消点公式把结论中的约束关系逐个消去，最后水落石出．消点的过程记录与消点公式相结合，就是一个具有几何意义的证明过程．

基于此法所编的程序，已在计算机上对数以百计的困难的几何定理完全自动生成了简短的可读证明，其效率比其他方法高得多．这一成果被国际同行誉为使计算机能像处理算术那样处理几何的发展路上的里程碑，是自动推理领域 30 年来最重要的成果．

更值得一提的是，这种方法也可以不用计算机而由人用笔在纸上执行．这种方法称为证明几何问题的消点法．消点法把证明与作图联系起来，把几何推理与代数演算联系起来，使几何解题的逻辑性更强了，它结束了两千年

来几何证题无定法的局面，把初等几何解题法从只运用四则运算的层次推进到代数方法的阶段．从此，几何证题有了以不变应万变的模式．

【例6】 求证：平行四边形对角线相互平分（张景中，1995）．

分析 做几何题必先画图，画图的过程就体现了题目中的假设条件．如图4-51，它可以这样画出来：

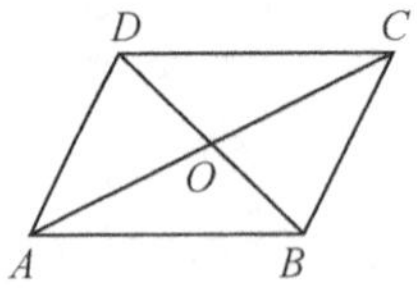

图4-51

（1）任取不共线三点 A，B，C；

（2）取点 D 使 $AD/\!/BC$，$DC/\!/AB$；

（3）取 AC 与 BD 的交点 O.

由此，图中五个点的关系就很清楚：先得有 A，B，C，然后才有 D. 有了这四点后才能有 O. 这种点之间的制约关系，对解题至关重要．

要证明的结论是 $AO=OC$，即 $AO:CO=1$. 因而解题思路是：要证明的等式左端有三个几何点 A，C，O 出现，右端却只有数字1. 若想办法把字母 A，C，O 统统消掉，不就水落石出了吗？首先着手从式子 $AO:CO$ 中消去最晚出现的点 O，用什么办法消去一个点，这要看此点的来历，和它出现在什么样的几何量之中．点 O 是由 AC 与 BD 相交而产生的，可用共边比例定理消去点 O. 下一步轮到消去点 D，根据 D 的来历：$AD/\!/BC$，故 $S_{\triangle CBD}=S_{\triangle ABC}$，$DC/\!/AB$，故 $S_{\triangle ABD}=S_{\triangle ABC}$. 于是得证法．

证明 由 $\dfrac{AO}{CO}=\dfrac{S_{\triangle ABD}}{S_{\triangle CBD}}=\dfrac{S_{\triangle ABC}}{S_{\triangle ABC}}=1$，即证．

【例7】 如图4-52，设 $\triangle ABC$ 的两条中线 AM，BN 相交于点 G. 求证：$AG=2GM$.

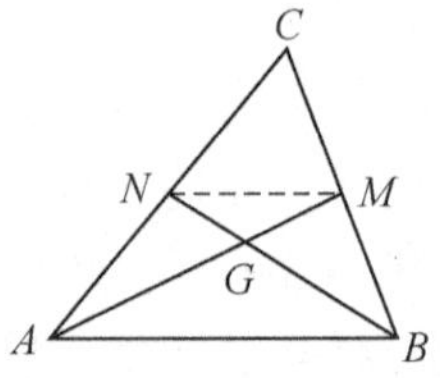

图4-52

分析 先弄清作图过程．

（1）任取不共线三点 A，B，C；

（2）取 AC 中点 N，取 BC 中点 M；

（3）取 AM 与 BN 交点 G.

要证明 $AG=2GM$，即 $AG:GM=2$. 为此应当顺次消去待证结论式左端的点 G，M 和 A.

证明 由 $\dfrac{AG}{GM}=\dfrac{S_{\triangle ABN}}{S_{\triangle BMN}}=\dfrac{S_{\triangle ABN}}{\frac{1}{2}S_{\triangle BCN}}=2\cdot\dfrac{\frac{1}{2}S_{\triangle ABC}}{\frac{1}{2}S_{\triangle ABC}}=2$，即证．

【例8】 如图4-53所示，已知 $\triangle ABC$ 的两条高 BD，CE 交于 H.

求证：$\dfrac{AC}{AB}=\dfrac{\cos\angle BAH}{\cos\angle CAH}$.

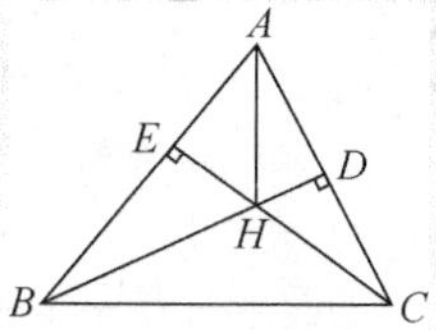

图 4-53

分析　所证结论可写成 $AC\cdot\cos\angle CAH=AB\cdot\cos\angle BAH$，即，$AB$，$AC$ 在直线 AH 上的投影相等，即 $AH\perp BC$，这和证三角形三高线交于一点等价．上式又可写成

$$\frac{AC\cdot\cos\angle CAH}{AB\cdot\cos\angle BAH}=1.$$

作图顺序是（1）A，B，C；（2）D，E；（3）H.

证明　由 $\cos\angle CAH=\frac{AD}{AH}$，$\cos\angle BAH=\frac{AE}{AH}$，有

$$\frac{AC\cdot\cos\angle CAH}{AB\cdot\cos\angle BAH}=\frac{AC\cdot AD\cdot AH}{AB\cdot AE\cdot AH}=\frac{AC\cdot AD}{AB\cdot AE}$$
$$=\frac{AC\cdot AB\cdot\cos\angle BAC}{AB\cdot AC\cdot\cos\angle BAC}=1.$$

由此即证．

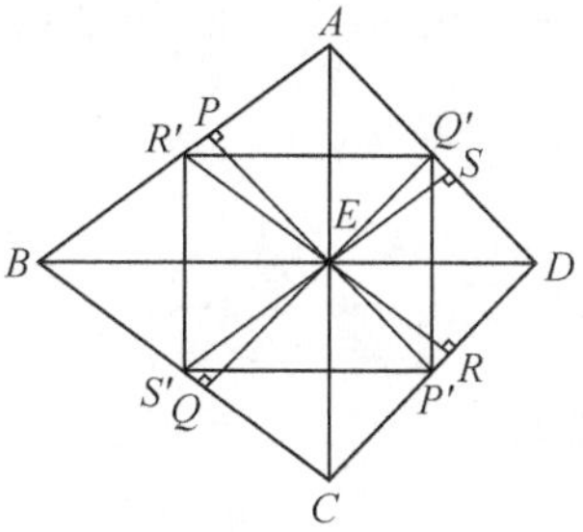

图 4-54

注　此例依次消去 H，D，E，消点时也不是用面积方法．

【例 9】　如图 4-54 所示，若凸四边形 $ABCD$ 的对角线 AC 与 BD 互相垂直，且相交于 E，过 E 点分别作边 AB，BC，CD，DA 的垂线，垂足依次为 P，Q，R，S，并分别交 CD，DA，AB，BC 边于 P'、Q'、R'、S'，再顺次连接 $P'Q'$、$Q'R'$、$R'S'$、$S'P'$．求证：$R'S'\parallel Q'P'\parallel AC$，$R'Q'\parallel S'P'\parallel BD$.

分析　要证 $P'Q\parallel AC$，需证 $\frac{AQ'}{DQ'}=\frac{CP'}{DP'}$，即证 $\frac{AQ'}{DQ'}\cdot\frac{DP'}{CP'}=1$．同理，要证 $R'S\parallel AC$，需证 $\frac{AR'}{BR'}\cdot\frac{BS'}{GS'}=1$．其余类似．

作图顺序是（1）A，B，C，D；（2）P，Q，R，S；（3）P'，Q'，R'，S'.

证明　由

$$\frac{AQ'}{DQ'}\cdot\frac{DP'}{CP'}=\frac{S_{\triangle AQ'E}}{S_{\triangle DQ'E}}\cdot\frac{S_{\triangle DP'E}}{S_{\triangle CP'E}}=\frac{AE\cdot BE\cdot S_{\triangle CQE}}{CE\cdot DE\cdot S_{\triangle BQE}}\cdot\frac{DE\cdot AE\cdot S_{\triangle BPE}}{BE\cdot CE\cdot S_{\triangle APE}}$$
$$=\frac{AE\cdot BE\cdot CE^2}{CE\cdot DE\cdot BE^2}\cdot\frac{DE\cdot AE\cdot BE^2}{BE\cdot CE\cdot AE^2}=1,$$

即证得 $P'Q'\parallel AC$.

在上述过程中，首先用共边比例定理消去 P'，Q'，再利用共角比例定理，有

$$\frac{S_{\triangle AQ'E}}{S_{\triangle CQE}}=\frac{AE\cdot Q'E}{CE\cdot QE},\ \frac{S_{\triangle DQ'E}}{S_{\triangle BQE}}=\frac{DE\cdot Q'E}{BF\cdot QE},$$
$$\frac{S_{\triangle DP'E}}{S_{\triangle BPE}}=\frac{DE\cdot P'E}{BE\cdot PE},\ \frac{S_{\triangle CP'E}}{S_{\triangle APE}}=\frac{CE\cdot P'E}{AE\cdot PE}.$$

进行转化，最后用相似三角形的面积比等于相似比的平方消去 P，Q.

同样可用消点法证得$\frac{AP'}{BR'}\cdot\frac{BS'}{CS'}=1$. 故 $R'S'/\!/Q'P'/\!/AC$.

同理亦可证得 $R'Q'/\!/P'S'/\!/BD$.

注 此例消点是分组进行的.

从上述诸例可以看出：只要题目中的条件可以用尺规作图表示出，并且结论可以表示成常用几何量（包括面积、线段及角的三角函数）的多项式等式，总可以用消点法一步一步地写出解答. 当要消去某点 P 时，一看 P 是怎么产生的，即与其他点的关系；二是 P 处在哪种几何量之中. 由于作图法只有有限种（设为 n 种），几何量也只有有限个（设为 m 个），故消点方式至多不外乎 $m\times n$ 种. 这就是消点法解几何题以定法应万变模式的基本依据（实际上是几何证题可以机械化的基本依据）.

4.13.3 消数法——数学解题中的重要技巧，特法提升为通法的典型

求解有关代数问题时，先将题设条件中的有关常数巧妙地消去，然后根据消去常数后的式子的特点，分解变形、推演等方式获得所求的结果的方法，称为消数法（罗增儒，2006）.

代数问题中，相对地说，字母抽象，常数具体. 抽象隐含丰富、广泛，具体呈现特别，带有局限. 消去常数，排除数字的局限性，发掘字母式的丰富性与广泛性，为后续的变形、推演提供了灵活性和简捷性.

这里的消去，可以是加、减消去，也可以乘、除消去.

下面看一些例子：

【例 10】 设 x，y 为实数，且满足 $x^3-3x^2+2000x=1997$，$y^3-3y^2+2000y=1999$，则 $x+y=$__________.

（此题为笔者提供的 1997 年高中数学联赛题的原型题）

上述条件式可变形为

$$(x-1)^3+1997(x-1)=-1, \tag{4-82}$$
$$(y-1)^3+1997(y-1)=1, \tag{4-83}$$

分析题目条件与结论的差异，觉得有两个主要的目标差：

（1）条件式的字母含有 3 次方，结论式的字母只含 1 次方，消除差异的初步方案是降次，具体操作可以是分解．

（2）条件有两个等式，结论是一个等式，消除差异的方案是条件合并；当然，加、减、乘、除等运算都可以达到合并的目的，考虑到消除第 1 个目标差的需要，我们选择“加减消元法”，但不是消去字母，而是消去常数．

解　(4-82) + (4-83) 消去常数 1，有

$$\begin{aligned}0&=[(x-1)^3+(y-1)^3]+1997(x+y-2)\\&=(x+y-2)[(x-1)^2-(x-1)(y-1)+(y-1)^2]+1997(x+y-2)\\&=(x+y-2)\left\{\left[(x-1)-\frac{1}{2}(y-1)\right]^2+\frac{3}{4}(y-1)^2+1997\right\}.\end{aligned}$$

由于大括号内的式子不小于 1997，故得 $x+y-2=0$，有 $x+y=2$.

这里的运算，初中生都可以进行．

类似地可求解下述问题：设 $f(x)=x^3-3x^2+6x-6$，若 $f(a)=1$，$f(b)=-5$，则 $a+b=$(　　).

A. −2　　B. 0　　C. 1　　D. 2

【例 11】　已知 x，$y\in\left[-\frac{\pi}{4},\ \frac{\pi}{4}\right]$，$a\in\mathbf{R}$，且

$$x^3+\sin x-2a=0, \tag{4-84}$$

$$4y^3+\sin y\cos y+a=0, \tag{4-85}$$

则 $\cos(x+2y)=$ ____________ .

解　(4-84)+2×(4-85) 消去 a，得 $x^3+(2y)^3+(\sin x+\sin 2y)=0$. 移项并变形，有

$$(x+2y)[(x-y)^2+3y^2]=\sin(-2y)-\sin x. \tag{4-86}$$

由正弦函数在 $\left[-\frac{\pi}{2},\ \frac{\pi}{2}\right]$ 上为增函数知，

（1）若 $x>-2y$，则 $\sin(-2y)<\sin x$，代入 (4-86)，得 0<左边=右边<0，矛盾；

（2）若 $x<-2y$，则又可由 (4-86) 推出 0>左边=右边>0，矛盾．

综上得，只有 $x=-2y$，从而 $\cos(x+2y)=\cos 0=1$.

这几个题目原先的解法都是利用函数的单调性，这里的解法的共同特点是消去常数．

这个方法不仅能用来处理以单调性为背景的题目，而且可以用来处理更广泛的等式组问题，这样就从特殊的小巧上升为具有一点通用性的中巧了．

【例 12】　设 $a^2-a+1=0$，$b^4+b^2-1=0$，且 $1-ab^2\neq 0$，求 $\left(\frac{ab^2+1}{a}\right)^{2015}$ 的值．

解 由条件知 $a\neq0$，已知两等式可变为

$$\left(\frac{1}{a}\right)^2+\frac{1}{a}-1=0,\quad b^4+b^2-1=0.$$

相减消去常数，得

$$0=\left[\left(\frac{1}{a}\right)^2-b^4\right]+\frac{1}{a}-b^2=\left(\frac{1}{a}-b^2\right)\left(\frac{1}{a}+b^2+1\right).$$

但由 $1-ab^2\neq0$ 知，$\frac{1}{a}-b^2\neq0$，故得$\frac{1}{a}+b^2+1=0$. 从而$\frac{1}{a}+b^2=-1$，得

$$\left(\frac{ab^2+1}{a}\right)^{2015}=\left(b^2+\frac{1}{a}\right)^{2015}=-1.$$

注 此处的方法实质上就是不解二次方程而求两根之和．设 $x_1\neq x_2$，有

$$ax_1^2+bx_1+c=0,\quad ax_2^2+bx_2+c=0.$$

相减消去 c，可得

$$(x_1-x_2)[a(x_1+x_2)+b]=0.$$

约去 $x_1-x_2\neq0$，使得 $x_1+x_2=-\frac{b}{a}$.

【例 13】 解方程组

$$\begin{cases}x^2-2xy+3y^3-9=0, & (4\text{-}87)\\ 4x^2-5xy+6y^2-30=0. & (4\text{-}88)\end{cases}$$

解 （4-88）×3-（4-87）×10 消去常数，得

$$2x^2+5xy-12y^2=0.$$

分解因式，

$$(2x-3y)(x+4y)=0,$$

得

$$2x-3y=0 \tag{4-89}$$

或

$$x+4y=0. \tag{4-90}$$

把式（4-89）代入式（4-87），消去 x 有 $y^2=4$，解得$\begin{cases}x_1=3,\\ y_1=2,\end{cases}\begin{cases}x_2=-3,\\ y_2=-2.\end{cases}$

再把式（4-90）代入式（4-88），消去 x 有 $3y^2=1$.

解得$\begin{cases}x_3=-\dfrac{4\sqrt{3}}{3},\\ y_3=\dfrac{\sqrt{3}}{3},\end{cases}\begin{cases}x_4=\dfrac{4\sqrt{3}}{3},\\ y_4=-\dfrac{\sqrt{3}}{3}.\end{cases}$

所以，方程组的解为

$$\begin{cases}x_1=3,\\y_1=2,\end{cases}\quad\begin{cases}x_2=-3,\\y_2=-2,\end{cases}\quad\begin{cases}x_3=-\dfrac{4\sqrt{3}}{3},\\y_3=\dfrac{\sqrt{3}}{3},\end{cases}\quad\begin{cases}x_4=\dfrac{4\sqrt{3}}{3},\\y_4=-\dfrac{\sqrt{3}}{3}.\end{cases}$$

注　此处根据已知两方程缺一次项的特点，消去常数项，得出二次齐次式；再分解（或解二次方程）便可达到降次的目的．

【例 14】　求方程的实数解

$$\begin{cases}x^2y+x^2+y-3=0, & (4\text{-}91)\\xy^2+y^2+x-3=0. & (4\text{-}92)\end{cases}$$

解　两式相减，消去常数，得

$$(y-x)(1-x-y-xy)=0.$$

分别有

$$y-x=0,\quad 1-x-y-xy=0.$$

与原方程中（4-91）联立，有

$$\begin{cases}x^2y+x^2+y-3=0,\\y=x\end{cases}\tag{4-93}$$

或

$$\begin{cases}x^2y+x^2+y-3=0,\\1-x-y-xy=0.\end{cases}\tag{4-94}$$

解（4-93）得

$$\begin{cases}(x-1)(x^2+2x+3)=0,\\y=x,\end{cases}$$

有

$$\begin{cases}x_1=1,\\y_1=1.\end{cases}\tag{4-95}$$

解（4-94）有

$$\begin{cases}y=\dfrac{3-x^2}{1+x^2},\\y=\dfrac{1-x}{1+x}(\text{显然 }1+x\neq 0).\end{cases}$$

消去 y，得

$$\begin{cases}x^2-2x-1=0.\\y=\dfrac{1-x}{1+x}.\end{cases}$$

有

$$\begin{cases}x_2=1-\sqrt{2},\\ y_2=1+\sqrt{2},\end{cases}\quad \begin{cases}x_3=1+\sqrt{2},\\ y_3=1-\sqrt{2}.\end{cases} \tag{4-96}$$

所以，方程组的解为（4-95）、（4-96）中的3个．

注 此处提供了一类特殊方程组

$$\begin{cases}F(x,\ y)=0,\\ F(y,\ x)=0\end{cases}$$

的一般解法．因为曲线 $F(x,\ y)=0$，$F(y,\ x)=0$ 关于 $y=x$ 对称，所以，通过相减析出因式 $y-x$，达到降次的目的．其中交点（4-95）在 $y=x$ 上，交点（4-96）不在其上．

【例15】 解方程组

$$\begin{cases}x+y+z=3, & (4\text{-}97)\\ x^2+y^2+z^2=3, & (4\text{-}98)\\ x^3+y^3+z^3=3. & (4\text{-}99)\end{cases}$$

解 由于（4-97）=（4-98），对于（4-97）、（4-98）两边分别除以3，有

$$1=\frac{x+y+z}{3}=\frac{x^2+y^2+z^2}{3}. \tag{4-100}$$

将$\frac{x^2+y^2+z^2}{3}$开平方得

$$\sqrt{\frac{x^2+y^2+z^2}{3}}=1=\frac{x+y+z}{3}.$$

而由平均值不等式，得

$$\sqrt{\frac{x^2+y^2+z^2}{3}}\geqslant\frac{x+y+z}{3},$$

其中等号当且仅当 $x=y=z$ 时成立．

从而有 $x=y=z$. (4-101)

由（4-97）、（4-101）知 $x=y=z=1$.

这也满足式（4-97）～（4-99），故方程组的解为 $x=y=z=1$.

在求解数列的有关问题中，消数法也有应用．

【例16】 定义“等和数列”：在一个数列中，如果每一项与它的后一项的和都为同一个常数，那么这个数列叫做等和数列，这个常数叫做该数列的公和．已知数列 $\{a_n\}$ 是等和数列，且 $a_1=2$，公和为5，求 a_{18}；设这个数列的前几项和为 S_n，求 S_n.

解 由已知 $a_1+a_2=5$，$a_2+a_3=5$，…，$a_{n-1}+a_n=5$.

消去常数5，当 n 为奇数时，$a_3-a_1=0$，$a_5-a_3=0$，…，$a_n-a_{n-2}=0$；当 n 为偶数时，$a_3-a_1=0$，$a_5-a_3=0$，…，$a_{n+1}-a_{n-1}=0$. 因此，

$$a_n=a_1(n\text{ 为奇数}),\ a_{n+1}=a_1(n\text{ 为偶数}),$$

从而

$$a_{18}=5-a_{17}=5-a_1=3.$$

当 n 为奇数时，

$$S_n=a_1+a_2+\cdots+a_n=\frac{n+1}{2}a_1+\frac{n-1}{2}(5-a_1)=\frac{5}{2}n-\frac{1}{2};$$

当 n 为偶数时，

$$S_n=a_1+a_2+\cdots+a_n=\frac{n}{2}a_1+\frac{n}{2}(5-a_1)=\frac{5}{2}n.$$

故

$$S_n=\begin{cases}\frac{5}{2}n-\frac{1}{2} & \text{当 } n \text{ 为奇数时},\\ \frac{5}{2}n, & \text{当 } n \text{ 为偶数时}.\end{cases}$$

【例 17】 设数列 $\{a_n\}$ 满足 $a_1=0$，且 $a_n-2a_{n-1}=n^2-3$（$n=2, 3, \cdots$），求 a_n.

解 由 $a_n-2a_{n-1}=n^2-3$，有 $a_{n-1}-2a_{n-2}=(n-1)^2-3$，将上述两式相减，不仅消去了常数3，还消去了 n^2，得

$$a_n-3a_{n-1}+2a_{n-2}=2n-1. \tag{4-102}$$

又有

$$a_{n-1}-3a_{n-2}+2a_{n-3}=2(n-1)-1. \tag{4-103}$$

(4-102) − (4-103) 得

$$a_n-4a_{n-1}+5a_{n-2}-2a_{n-3}=2. \tag{4-104}$$

再有

$$a_{n-1}-4a_{n-2}+5a_{n-3}-2a_{n-4}=2. \tag{4-105}$$

(4-104) − (4-105) 得

$$a_n-5a_{n-1}+9a_{n-2}-7a_{n-3}+2a_{n-4}=0. \tag{4-106}$$

其特征方程为 $x^4-5x^3+9x^2-7x-2=0$. 特征根为

$$x_1=x_2=x_3=1,\ x_4=2.$$

于是，可设

$$a_n=(c_1+c_2\cdot n+c_3\cdot n^2)\cdot 1^n+c_4\cdot 2^n.$$

而由 $a_1=0$，$a_n-2a_{n-1}=n^3-3$ 可求得 $a_2=1$，$a_3=8$，$a_4=29$.

由方程组$\begin{cases}c_1+c_2+c_3+2c_4=0,\\c_1+2c_2+4c_3+4c_4=1,\\c_1+3c_2+9c_3+8c_4=8,\\c_1+4c_2+16c_3+16c_4=29,\end{cases}$ 求得$\begin{cases}c_1=-1,\\c_2=-4,\\c_3=-3,\\c_4=4.\end{cases}$

故

$$a_n=-11^2-4n-3+4\cdot 2^n=2^{n+2}-n^2-4n-3.$$

在求解平面解析几何的问题中，消数法也有应用.

【例 18】 设双曲线的顶点是椭圆$\frac{x^2}{3}+\frac{y^2}{4}=1$的焦点，该双曲线又与直线$\sqrt{15}x-3y+6=0$交于$A$，$B$两点，且$OA\perp OB$（$O$为原点），求此双曲线的方程.

解 易知椭圆的焦点为（0，±1），以此为顶点的双曲线方程可设为

$$y^2-mx^2=1. \tag{4-107}$$

已知直线的方程为

$$\sqrt{15}x-3y=-6. \tag{4-108}$$

由（4-107）×36-（4-108）^{2}，消去常数，得

$$9y^2+2\sqrt{15}xy-(12m+5)x^2=0. \tag{4-109}$$

设双曲线与直线的交点坐标为$A(x_1, y_1)$，$B(x_2, y_2)$，则其坐标是方程（4-109）的解，从而$\frac{y_1}{x_1}$，$\frac{y_2}{x_2}$是方程$9\left(\frac{y}{x}\right)^2+2\sqrt{15}\frac{y}{x}-(12m+5)=0$的两个解.

又由$OA\perp OB$及韦达定理得

$$-1=\frac{y_1}{x_1}\cdot\frac{y_2}{x_2}=-\frac{12m+5}{9},$$

解得$m=\frac{1}{3}$.

代入（4-107）得所求的双曲线为$y^2-\frac{x^2}{3}=1$.

注 由（4-107）、（4-108）消去常数得出齐次式（4-109）后，既便于使用垂直的条件（斜率成负倒数），又便于用两根之积的表达式，建立起待定未知数m的方程.

【例 19】 已知椭圆$\frac{x^2}{24}+\frac{y^2}{16}=1$，直线$l$：$\frac{x}{12}+\frac{y}{8}=1$，$P$是$l$上的点，射线$OP$交椭圆于点$R$，又点$Q$在$OP$上且满足$|OQ|\cdot|OP|=|OR|^2$，当点$P$在$l$上移动时，求点$Q$的轨迹方程，并说明轨迹是什么曲线.

解　设 $P(x_p,\ y_p)$，$Q(x,\ y)$，$R(x_r,\ y_r)$，由 $|OQ|\cdot|OP|=|OR|^2$，知

$$\frac{OQ}{OR}=\frac{OR}{OP}=\lambda\in(0,\ 1),$$

即

$$OR=\frac{OQ}{\lambda},\ OP=\frac{OR}{\lambda}=\frac{OQ}{\lambda^2}.$$

将其向两轴投影，得

$$R:\begin{cases}x_r=\dfrac{x}{\lambda},\\ y_r=\dfrac{y}{\lambda},\end{cases}\quad P:\begin{cases}x_p=\dfrac{x}{\lambda^2},\\ y_p=\dfrac{y}{\lambda^2}.\end{cases}$$

但 R 在椭圆上，P 在直线 l 上，得点 Q 的坐标同时满足

$$\begin{cases}\dfrac{x^2}{24}+\dfrac{y^2}{16}=\lambda^2, & (4\text{-}110)\\ \dfrac{x}{12}+\dfrac{y}{8}=\lambda^2. & (4\text{-}111)\end{cases}$$

相减，消去 λ^2，得

$$\frac{x^2}{24}+\frac{y^2}{16}=\frac{x}{12}+\frac{y}{8}. \tag{4-112}$$

但 $(x,\ y)\neq(0,\ 0)$，整理得点 Q 所在的轨迹方程为

$$\frac{(x-1)^2}{5/2}+\frac{(y-1)^2}{5/3}=1. \tag{4-113}$$

这是以 $(1,\ 1)$ 为中心，长半轴为 $\dfrac{\sqrt{10}}{2}$，短半轴为 $\dfrac{\sqrt{15}}{3}$，且长轴平行于 x 轴的椭圆．但要去掉原点．

注　(4-110) − (4-111) 得出 (4-112) 的结果，相当于已知两曲线相减．由于 $\lambda>0$，(4-110)，(4-111) 均不包括原点，相减得出 (4-113) 扩大了范围，故应在 (4-113) 中去掉原点．

上面的例子基本上都是对等式组用加减法消去常数．当题目未直接给出等式组，或用加减法不便消去时，要根据题目的特点灵活处理．

【例 20】　在 $\triangle ABC$ 中，已知 $a^2-a-2b-2c=0$，$a+2b-2c+3=0$．求 $\triangle ABC$ 最大角的度数．

解　将已知式变形为

$$(a+2b)+2c=a^2,\qquad (a+2b)-2c=-3.$$

相乘，消去第 2 式中的常数，得出 a，b，c 的齐次式

$$(a+2b)^2-4c^2=-3a^2.$$

变形

$$a^2+b^2-c^2=-ab<0.$$

可见，△ABC 为钝角三角形，且∠C 为最大角，再用余弦定理，有

$$\cos\angle C=\frac{a^2+b^2-c^2}{2ab}=-\frac{1}{2},$$

所以，最大角为∠C=120°.

【例 21】（数学通报 1979（12）问题解答 26） 在实数范围内解方程

$$\frac{11x^2-6}{7-12x^2}=\sqrt{\frac{7x+6}{12x+11}}.$$

解 设

$$y=\frac{11x^2-6}{7-12x^2}=\sqrt{\frac{7x+6}{12x+11}}\geqslant 0,$$

有

$$\begin{cases}12x^2y+11x^2-7y-6=0,\\12xy^2+11y^2-7x-6=0.\end{cases}$$

相减消去常数，得

$$(y-x)(12xy+11x+11y+7)=0,$$

有 $y-x=0$ 或 $12xy+11x+11y+7=0$，得

$$\begin{cases}12x^2y+11x^2-7y-6=0,\\y=x\end{cases}$$

或

$$\begin{cases}12x^2y+11x^2-7y-6=0,\\12xy+11x+11y+7=0,\end{cases}$$

消去 y，分别得

$$\begin{cases}12x^3+11x^2-7x-6=0,\\x\geqslant 0\end{cases}\tag{4-114}$$

或

$$\begin{cases}37x^2+5x-17=0,\\x=-\dfrac{11y+7}{12y+11}<0(\text{因 } y\geqslant 0).\end{cases}\tag{4-115}$$

解（4-114）取正值，得

$$x_1=\frac{3}{4}.\tag{4-116}$$

解（4-115）取负值，得

$$x_2 = -\frac{5 + 11\sqrt{21}}{74}. \tag{4-117}$$

注　这是一类 $f(x)=f^{-1}(x)$ 型的方程，通过变换 $y=f(x)=f^{-1}(x)$ 可转化为（例 21 一般情形）

$$\begin{cases} F(x, y)=0, \\ F(y, x)=0. \end{cases}$$

原来的解答误认为方程的解在 $y=x$ 上，只求出正根（4-116），漏了负根（4-117）（不在 $y=x$ 上）.

4.13.4　函数法——处理数学问题的重要思路，将静态转化为动态的有效途径

运用函数方法可以处理各类问题，在这里，我们仅介绍运用函数方法处理不等式问题（沈文选，2012a）.

利用一元连续函数 $y=f(x)$ 在其存在且无根的区间内保号，可以给出关于一元的高次不等式、分式不等式、无理不等式、指数不等式、对数不等式、三角不等式、绝对值不等式等的一种简单易行的统一解法. 该方法的具体步骤是

（1）构造函数 $f(x)$：由所解不等式两边作差即得 $f(x)$；

（2）求函数 $f(x)$ 的定义域；

（3）解方程 $f(x)=0$；

（4）在其根（偶重根舍去，若原不等式中有等号则不舍，注意具体问题具体处置）依次将定义域分成的各个区间内取一值代入 $f(x)$，看其值的正负，从而求得原不等式的解.

这种解法步骤清晰，既复习了函数概念，也学习了处理问题的辩证思想方法. 从下面的例子将看出这种解法，确实是一元不等式的一种简单易行的统一解法.

【例 22】　解不等式 $\frac{x^2-3x+2}{x^2-2x-3}<0$.

解　令 $f(x)=\frac{x^2-3x+2}{x^2-2x-3}$. 其定义域是 $x\neq 3$，$x\neq -1$ 的全体实数，由 $f(x)=0$ 解得 $x_1=1, x_2=2$. 在区间 $(-\infty,-1),(-1,1),(1,2),(2,3),(3,\infty)$ 中有 $f(0)<0, f(2.5)<0$，故原不等式的解集为 $\{x \mid -1<x<1$ 或 $2<x<3\}$.

【例 23】　解不等式 $\sqrt{x^2-3x-10}<8-x$.

解 令 $f(x)=\sqrt{x^2-3x-10}-(8-x)$，其定义域为 $x\leqslant-2$ 或 $x\geqslant5$. 由 $f(x)=0$ 解得 $x=5\frac{9}{13}$. 在区间 $(-\infty,-2]$，$\left[5,5\frac{9}{13}\right)$，$(5\frac{9}{13},+\infty)$ 中 $f(-2)<0$，$f(5)<0$. 故原不等式的解集为 $\left\{x\,|\,x\leqslant-2\text{ 或 }5\leqslant x<5\frac{9}{13}\right\}$.

【例 24】 解不等式 $|3x-5|-|x+3|<2$. 令 $f(x)=|3x-5|-|x+3|-2$，其定域为 $(-\infty,+\infty)$. 由 $f(x)=0$ 解得 $x_1=0$，$x_2=5$. 在区间 $(-\infty,0)$，$(0,5)$，$(5,+\infty)$ 中有 $f\left(\frac{5}{3}\right)<0$，故原不等式的解集为 $\{x\,|\,0<x<5\}$.

由上面的例子，对于一元不等式的统一解法由此略见一斑. 关于在各区间取值的技巧，读者可从上述诸例的解法中去体会.

运用函数的单调性，也可以方便地处理不等式问题.

【例 25】 设函数 $f(x)=ax+\frac{1-x}{a}(a>0)$，记 $f(x)$ 在 $0\leqslant x\leqslant1$ 的最小值为 $g(a)$. 求证：$g(a)\leqslant1$，并说明等号取得的条件.

解 因 $a\neq1$ 时，$f(x)=\left(a-\frac{1}{a}\right)x+\frac{1}{a}$ 为 x 的一次函数，则

(1) 当 $a-\frac{1}{a}>0$，即 $a>1$ 时，$f(x)$ 为 $[0,1]$ 上的增函数，因此，在 $x=0$ 处取得最小值 $f(0)=\frac{1}{a}$.

(2) 当 $a-\frac{1}{a}<0$，即 $0<a<1$ 时，$f(x)$ 为 $[0,1]$ 上的减函数，这时，$f(x)$ 在 $x=1$ 处取得最小值 $f(1)=a$.

于是

$$g(a)=\begin{cases}\dfrac{1}{a}, & a\geqslant1,\\ a, & 0<a<1.\end{cases}$$

易见 $g(a)$ 在 $a=1$ 处取得最大值 $g(1)=1$.

【例 26】 求证：$\sqrt{3}+\sqrt{7}<2\sqrt{5}$.

证法 1 考虑函数 $f(x)=\sqrt{x+2}-\sqrt{x}=\frac{2}{\sqrt{x+2}+\sqrt{x}}(x\geqslant0)$，显然当 $x\geqslant0$ 时，函数 $f(x)$ 为减函数. 从而 $f(3)>f(6)$，即 $\sqrt{4}-\sqrt{3}>\sqrt{7}-\sqrt{6}$，亦即 $\sqrt{3}+\sqrt{7}<\sqrt{4}+\sqrt{6}$.

又 $f(4)>f(5)$，即 $\sqrt{5}-\sqrt{4}>\sqrt{6}-\sqrt{5}$. 亦即 $\sqrt{4}+\sqrt{6}<\sqrt{5}+\sqrt{5}=2\sqrt{5}$. 故

$$\sqrt{3}+\sqrt{7}<\sqrt{4}+\sqrt{6}<2\sqrt{5}.$$

证法 2　考虑函数 $f(x)=\sqrt{10-x}+\sqrt{x}\,(x\geqslant 0)$，则 $f(x)=\sqrt{(\sqrt{10-x}+\sqrt{x})^2}=\sqrt{10+2\sqrt{-(x-5)^2+25}}$，在区间 $[0,5]$ 上递增，由 $f(3)<f(5)$，即有 $\sqrt{3}+\sqrt{7}<2\sqrt{5}$.

注　(1) 由证法 1 有 $f(1)>f(8)$，$f(2)>f(7)$，$f(3)>f(6)$，$f(4)>f(5)$，或由证法 2 有 $f(1)<f(2)<f(3)<f(4)<f(5)$，均证得有

$$\sqrt{9}+\sqrt{1}<\sqrt{8}+\sqrt{2}<\sqrt{7}+\sqrt{3}<\sqrt{6}+\sqrt{4}<\sqrt{5}+\sqrt{5}.$$

(2) 一般地，若 a_1，a_2，a_3，$a_4\in\mathbf{R}_+$，且满足 $a_1<a_2\leqslant a_3<a_4$，$a_1+a_4=a_2+a_3=A$，则由函数 $\sqrt{A-x}+\sqrt{x}=\sqrt{A+2\sqrt{-\left(x-\frac{A}{2}\right)^2+\frac{1}{4}A^2}}$ $(x\geqslant 0)$ 在区间 $\left[0,\ \frac{A}{2}\right]$ 上递增，显然 a_1，$a_2\in\left[0,\ \frac{A}{2}\right]$，从而有 $f(a_1)<f(a_2)$.

【例 27】　设 x，y，$z\in\mathbf{R}_+$，求证：

$$\frac{x}{2x+y+z}+\frac{y}{x+2y+z}+\frac{z}{x+y+2z}\leqslant\frac{3}{4}.$$

证明　令 $x+y+z=A$，则原不等式变形为

$$\frac{x}{A+x}+\frac{y}{A+y}+\frac{z}{A+z}\leqslant\frac{3}{4}.$$

考虑函数 $F(t)=\frac{t}{A+t}$，则

$$F(t)=\frac{t+A-A}{A+t}=1-\frac{A}{A+t}=1-A\cdot f(t),$$

其中，$f(t)=\frac{1}{A+t}$ 在区间 $(0,+\infty)$ 上单调递减，取 $t_1=x$，$t_2=\frac{A}{3}$，从而有

$$\left(x-\frac{A}{3}\right)\cdot\left[f(x)-f\left(\frac{A}{3}\right)\right]\leqslant 0,$$

即

$$\left(x-\frac{A}{3}\right)\left(\frac{1}{A+x}-\frac{3}{4A}\right)\leqslant 0,$$

亦即

$$\frac{3x-A}{3(A+x)}-\frac{3x-A}{4A}\leqslant 0.$$

于是

$$\frac{x}{A+x}\leqslant\frac{A}{3(A+x)}+\frac{3x-A}{4A}.$$

同理，

$$\frac{y}{A+y}\leqslant\frac{A}{3(A+y)}+\frac{3y-A}{4A},\qquad \frac{z}{A+z}\leqslant\frac{A}{3(A+z)}+\frac{3z-A}{4A}.$$

以上三式相加，并注意 $3x+3y+3z=3A$，有

$$\frac{x}{A+x}+\frac{y}{A+y}+\frac{z}{A+z}\leqslant\frac{1}{3}\left(\frac{A}{A+x}+\frac{A}{A+y}+\frac{A}{A+z}\right)+\frac{3A-3A}{4A}$$

$$=\frac{1}{3}\left[3-\left(\frac{x}{A+x}+\frac{y}{A+y}+\frac{z}{A+z}\right)\right].$$

故

$$\frac{x}{A+x}+\frac{y}{A+y}+\frac{z}{A+z}\leqslant\frac{3}{4}.$$

对于二次函数 $f(x)=ax^2+bx+c(a\neq0)$，有

（1）若 $a>0$，且 $\Delta=b^2-4ac\leqslant0$，则 $f(x)\geqslant0$ 恒成立；

（2）若 $a>0$，且 $f(x)\geqslant0$ 恒成立，则 $\Delta=b^2-4ac\leqslant0$；

（3）若 $a>0$，且存在 x_0 使 $f(x_0)\leqslant0$，则 $\Delta=b^2-4ac\geqslant0$；

（4）若 $a>0$，且 $\Delta=b^2-4ac>0$，由 $f(0)=0$ 有 $x_1<x_2$，当 $x_1<x_0<x_2$，则 $f(x_0)<0$.

【例 28】 设 a，b，c 为 $\triangle ABC$ 的三条边．求证：

$$a^2+b^2+c^2<2(ab+bc+ca).$$

证明 设函数 $f(x)=x^2-2(b+c)x+b^2+c^2-2bc$，则

$$\Delta=[-2(b+c)]^2-4\cdot1\cdot(b^2+c^2-2bc)$$
$$=4b^2+4c^2+8bc-4b^2-4c^2+8bc=16bc>0.$$

又由 $f(x)=0$，解得 $x_1=b+c-2\sqrt{bc}$，$x_2=b+c+2\sqrt{bc}$.

在边长为 a，b，c 的三角形中，$|b-c|<a<b+c$.

因当 $b>c$ 时，有 $\sqrt{bc}>c$，故 $b-c>b+c-2\sqrt{bc}$；

当 $b<c$ 时，有 $\sqrt{bc}>b$，故 $c-b>b+c-2\sqrt{bc}$.

从而，当 $x_1<a<x_2$ 时，有 $f(a)<0$，故 $a^2+b^2+c^2<2(ab+bc+ca)$.

【例 29】 设 a_i，$b_i\in\mathbf{R}$（$i=1$，2，…，n），且 $a_1^2-a_2^2-\cdots-a_n^2>0$. 试证：$(a_1^2-a_2^2-\cdots-a_n^2)(b_1^2-b_2^2-\cdots-b_n^2)\leqslant(a_1b_1-a_2b_2-\cdots a_nb_n)^2$，其中等号当且仅当 $\frac{b_1}{a_1}=\frac{b_2}{a_2}=\cdots=\frac{b_n}{a_n}$ 时成立．

证明 若 n 个比 $\frac{b_1}{a_1}$，$\frac{b_2}{a_2}$，…，$\frac{b_n}{a_n}$ 都相等时，则原不等式中的等号成立．

若上述 n 个比不全相等，且满足 $a_1^2-a_2^2-\cdots-a_n^2>0$，则有 $\frac{b_1}{a_1}\neq\frac{b_i}{a_i}$（$i=2$，…，

n)，不妨设$\frac{b_1}{a_1}\neq\frac{b_2}{a_2}$，即有$\frac{b_1}{a_1}\cdot a_2-b_2\neq 0$.

令$A=a_1^2-a_2^2-\cdots-a_n^2$，$B=a_1b_1-a_2b_2-\cdots-a_nb_n$，$C=b_1^2-b_2^2-\cdots-b_n^2$，则欲证不等式变为$B^2-AC>0$.

构造二次函数

$$f(x)=Ax^2-2Bx+C=(a_1x+b_1)^2-(a_2x-b_2)^2-\cdots-(a_nx-b_n)^2.$$

由于$f(x)$的二次项系数$A>0$，若能找到某个x_0，使得$f(x_0)<0$，则知$f(x)$的图像是开口向上的抛物线，且必与x轴相交，从而$\Delta>0$，即$4B^2-4AC>0$.

取$x_0=\frac{b_1}{a_1}$，则

$$f\left(\frac{b_1}{a_1}\right)=-\left(a_2\cdot\frac{b_1}{a_1}-b_2\right)^2-\cdots<0,$$

即有$B^2-AC>0$. 故

$$(a_1^2-a_2^2-\cdots-a_n^2)(b_1^2-b_2^2-\cdots-b_n^2)^2\leqslant(a_1b_1-\cdots-a_nb_n)^2,$$

其中等号当且仅当$\frac{b_1}{a_1}=\frac{b_2}{a_2}\cdots=\frac{b_n}{a_n}$时取得．

对于三次函数$f(x)=x^3+Ax^2+Bx+C=(x-x_1)(x-x_2)(x-x_3)$，有

$$f(x_0)=(x_0-x_1)(x_0-x_2)(x_0-x_3).$$

利用如上的形式，也可以处理不等式问题．

【例30】 在$\triangle ABC$中，若a，b，c分别表示三边之长，令$a+b+c=s$，则

(1) $\frac{s^2}{4}<ab+bc+ca-\frac{2}{s}abc\leqslant\frac{7}{27}s^2$；

(2) $\frac{13}{27}s^2\leqslant a^2+b^2+c^2+\frac{4}{s}abc<\frac{s^2}{2}$.

证明 考虑函数$f(t)=(t-a)(t-b)(t-c)$.

注意到$a+b+c=s$，以及三角形任两边之和大于第三边，有$0<a$，b，$c<\frac{s}{2}$．于是

$$f\left(\frac{s}{2}\right)=\left(\frac{s}{2}-a\right)\left(\frac{s}{2}-b\right)\left(\frac{s}{2}-c\right)$$
$$=-\frac{1}{8}s^3+\frac{s}{2}\left[(ab+bc+ca)-\frac{2abc}{s}\right]>0.$$

从而

$$ab+bc+ca-\frac{2}{s}abc>\frac{s^2}{4}. \qquad (4\text{-}118)$$

又由

$$f\left(\frac{s}{2}\right)=\left(\frac{s}{2}-a\right)\left(\frac{s}{2}-b\right)\left(\frac{s}{2}-c\right)\leqslant\left[\frac{3s/2-(a+b+c)}{3}\right]^3=\frac{1}{216}s^3,$$

有

$$ab+bc+ca-\frac{2}{s}abc\leqslant\frac{7}{27}s^3. \tag{4-119}$$

由 $a+b+c=s$ 平方有 $ab+bc+ca=\frac{1}{2}[s^2-(a^2+b^2+c^2)]$ 代入式（4-118），有

$$a^2+b^2+c^2+\frac{4}{s}abc<\frac{s^2}{2}.$$

再由 $a+b+c=s$ 两边平方后代入式（4-119），有

$$\frac{13}{27}s^2\leqslant a^2+b^2+c^2+\frac{4}{s}abc.$$

故

$$\frac{s^2}{4}<ab+bc+ca-\frac{2}{3}abc\leqslant\frac{7s^2}{27},\ \frac{13}{27}s^2\leqslant a^2+b^2+c^2+\frac{4}{s}abc<\frac{s^2}{2}.$$

注 当 $s=1$ 时，由（1）可得 IMO-25 试题的一种特殊情形：

$$0<ab+bc+ca-2abc\leqslant\frac{7}{27}.$$

凸函数（其定义参见 4.1 节例 2）有下述重要性质：

詹生（Jensen）不等式 若连续函数 $f(x)$ 在区间 I 内下凸或上凸，则对任意的 $x_1, x_2, \cdots, x_n\in I$，以及任意 $\lambda_1, \lambda_2, \cdots, \lambda_n\in\mathbf{R}_+$，且 $\lambda_1+\lambda_2+\cdots+\lambda_n=1$，必有

$$f(\lambda_1x_1+\lambda_2x_2+\cdots+\lambda_nx_n)\leqslant\lambda_1f(x_1)+\lambda_2f(x_2)+\cdots+\lambda_nf(x_n), \tag{4-120}$$

其中等号当且仅当 $x_1=x_2=\cdots=x_n$ 时取得.

或

$$f(\lambda_1x_1+\lambda_2x_2+\cdots+\lambda_nx_n)\geqslant\lambda_1f(x_1)+\lambda_2f(x_2)+\cdots+\lambda_nf(x_n). \tag{4-121}$$

其中等号当且仅当 $x_1=x_2=\cdots=x_n$ 时取得.

上述不等式可运用数学归纳法来证（略）.

上述不等式还有如下推论：

推论 $f(x)$ 在区间 I 内下凸或上凸，则对 $x_1, x_2, \cdots, x_n\in I$，分别有

$$f\left(\frac{x_1+x_2+\cdots+x_n}{n}\right)\leqslant\frac{f(x_1)+f(x_2)+\cdots+f(x_n)}{n} \tag{4-122}$$

或

$$f\left(\frac{x_1+x_2+\cdots+x_n}{n}\right) \geqslant \frac{f(x_1)+f(x_2)+\cdots+f(x_n)}{n}. \tag{4-123}$$

上述两不等式中等号成立的充要条件均为 $x_1=x_2=\cdots=x_n$.

【例 31】（算术–几何平均值不等式）　设 $x_1, x_2, \cdots, x_n \in \mathbf{R}_+$，则

$$\frac{x_1+x_2+\cdots+x_n}{n} \geqslant \sqrt[n]{x_1x_2\cdots x_n}, \tag{4-124}$$

其中等号当且仅当 $x_1=x_2=\cdots=x_n$ 时成立.

证明　考虑函数 $f(x)=\log_a x$（$a>1$，$x>0$），则在 $f(x)$ 在（0，∞）上为上凸函数，于是由式（4-122）有

$$\frac{\log_a x_1+\log_a x_2+\cdots+\log_a x_n}{n} \leqslant \log_a \frac{x_1+x_2+\cdots+x_n}{n}, \tag{4-125}$$

即

$$\log_a (x_1x_2\cdots x_n)^{\frac{1}{n}} \leqslant \log_a \frac{x_1+x_2+\cdots+x_n}{n}.$$

故

$$\frac{x_1+x_2+\cdots+x_n}{n} \geqslant \sqrt[n]{x_1x_2\cdots x_n}.$$

式（4-125）中等号成立条件即为式（4-122）中等号成立的条件，即 $x_1=x_2=\cdots=x_n$.

注　（1）若 $x_1, x_2, \cdots, x_n \in \mathbf{R}_+$，且对于 $p_i>0$ 满足 $\lambda_i = p_i \Big/ \sum\limits_{i=1}^{n} p_i$（$i=1, 2, \cdots, n$），则由式（4-121）有加权平均值不等式：

$$\frac{\sum\limits_{i=1}^{n} p_i x_i}{\sum\limits_{i=1}^{n} p_i} \geqslant \left(\prod_{i=1}^{n} x_i^{p_i}\right)^{\frac{1}{\sum\limits_{i=1}^{n} p_i}}. \tag{4-126}$$

（2）若令 $|x_i| = \dfrac{|a_i|}{\sqrt{\sum\limits_{k=1}^{n} a_k^2}}$，$|y_i| = \dfrac{|b_i|}{\sqrt{\sum\limits_{k=1}^{n} a_k^2}}$. 由 $|x_i|\cdot|y_i| \leqslant \dfrac{1}{2}(x_i^2+y_i^2)$（$i=1, 2, \cdots, n$）. 对这 n 个不等式相加，即得柯西不等式：设 $a_i, b_i \in \mathbf{R}$，$i=1, 2, \cdots, n$，则

$$\left(\sum_{k=1}^{n} a_k^2\right)\left(\sum_{k=1}^{n} b_k^2\right) \geqslant \left(\sum_{k=1}^{n} a_k b_k\right)^2,$$

其中等号成立的充要条件为：$\dfrac{a_1}{b_1}=\dfrac{a_2}{b_2}=\cdots=\dfrac{a_n}{b_n}$.

【例 32】（幂平均不等式）　设 $x_1, x_2, \cdots, x_n \in \mathbf{R}_+$，$\alpha<\beta$，则

$$\left(\frac{x_1^{\alpha}+x_2^{\alpha}+\cdots+x_n^{\alpha}}{n}\right)^{\frac{1}{\alpha}}\leqslant\left(\frac{x_1^{\beta}+x_2^{\beta}+\cdots+x_n^{\beta}}{n}\right)^{\frac{1}{\beta}},\tag{4-127}$$

其中等号当且仅当 $x_1=x_2=\cdots=x_n$ 时成立.

证明 当$0<\alpha<\beta$，令 $\mu=\dfrac{\alpha}{\beta}$，则 $0<\mu<1$. 考虑幂函数 $f(y)=y^{\mu}$（$0<\mu<1$，$y>0$）,则知 $f(y)$ 在区间（$0+\infty$）为上凸函数，则由式（4-122），有

$$\frac{y_1^{\mu}+y_2^{\mu}+\cdots+y_n^{\mu}}{n}\leqslant\left(\frac{y_1+y_2+\cdots+y_n}{n}\right)^{\mu},\tag{4-128}$$

即

$$\frac{y_1^{\frac{\alpha}{\beta}}+y_2^{\frac{\alpha}{\beta}}+\cdots+y_n^{\frac{\alpha}{\beta}}}{n}\leqslant\left(\frac{y_1+y_2+\cdots+y_n}{n}\right)^{\frac{\alpha}{\beta}}.\tag{4-129}$$

令 $x_1^{\beta}=y_1$，$x_2^{\beta}=y_2$，…，$x_n^{\beta}=y_n$，则

$$\frac{x_1^{\alpha}+x_2^{\alpha}+\cdots+x_n^{\alpha}}{n}\leqslant\left(\frac{x_1^{\beta}+x_2^{\beta}+\cdots+x_n^{\beta}}{n}\right)^{\frac{\alpha}{\beta}}.\tag{4-130}$$

因 $\alpha>0$，上述不等式两边开 α 次方，有

$$\left(\frac{x_1^{\alpha}+x_2^{\alpha}+\cdots+x_n^{\alpha}}{n}\right)^{\frac{1}{\alpha}}\leqslant\left(\frac{x_1^{\beta}+x_2^{\beta}+\cdots+x_n^{\beta}}{n}\right)^{\frac{1}{\beta}}.\tag{4-131}$$

当 $\alpha<\beta<0$ 或 $\alpha<0<\beta$ 时，令 $\mu=\dfrac{\alpha}{\beta}$，则 $\mu>1$ 或 $\mu<0$，考虑幂函数 $f(y)=y^{\mu}$（$\mu>1$ 或 $\mu<0$，$y>0$），则知 $f(y)$ 在（0，$+\infty$）上为下凸函数，则由式（4-122），知（4-128）中不等号反向，由此在（4-129）、（4-130）中不等号均反向，由于此时 $\alpha<0$，不等式两边形 α 次方时，不等号又反过来，从而亦有式（4-131）成立.（4-131）中等号成立条件由（4-128）与(4-122）中等号成立条件推知为 $x_1=x_2=\cdots=x_n$.

注 由式（4-121）可得加权幂平均不等式：设 a_i，$p_i\in\mathbf{R}_+$（$i=1$，2，…，n）,$\alpha<\beta$，则

$$\left(\frac{\sum_{i=1}^{n}p_ia_i^{a}}{\sum_{i=1}^{n}p_i}\right)^{\frac{1}{n}}\leqslant\left(\frac{\sum_{i=1}^{n}p_ia_i^{\beta}}{\sum_{i=1}^{n}p_i}\right)^{\frac{1}{\beta}}.$$

【例 33】（权方和不等式） 设 a_i，$b_i\in\mathbf{R}_+$（$i=1$，2，…，n），则

（1）当 $m>0$ 或 $m<-1$ 时，有

$$\sum_{i=1}^{n}\frac{a_i^{m+1}}{b_i^m}\geqslant\frac{\left(\sum\limits_{i=1}^{n}a_i\right)^{m+1}}{\left(\sum\limits_{i=1}^{n}b_i\right)^{m}};\tag{4-132}$$

（2）当$-1<m<0$时，有

$$\sum_{i=1}^{n}\frac{a_i^{m+1}}{b_i^m}\leqslant\frac{\left(\sum\limits_{i=1}^{n}a_i\right)^{m+1}}{\left(\sum\limits_{i=1}^{n}b_i\right)^{m}}.\tag{4-133}$$

上述两不等式中等号且仅当$\frac{a_1}{b_1}=\frac{a_2}{b_2}=\cdots=\frac{a_n}{b_n}$时成立．

证明　注意到

$$\begin{aligned}\left(\sum_{i=1}^{n}\frac{a_i^{m+1}}{b_i^m}\right)\cdot\left(\sum_{i=1}^{n}b_i\right)^m&=\sum_{i=1}^{n}\left(\frac{\sum\limits_{i=1}^{n}b_i}{b_i}\right)^m\cdot a_i^{m+1}\\&=\sum_{i=1}^{n}\left[\frac{b_i}{\sum\limits_{i=1}^{n}b_i}\left(\frac{\sum\limits_{i=1}^{n}b_i}{b_i}\cdot a_i\right)^{m+1}\right].\end{aligned}\tag{4-134}$$

（1）当$m>0$或$m<-1$时，考虑到幂函数$y=x^{m+1}$在区间（0，$+\infty$）内为下凸函数，将式（4-134）中的$\frac{b_i}{\sum\limits_{i=1}^{n}b_i}$视为$\lambda_i$，$\frac{\sum\limits_{i=1}^{n}b_i}{b_i}\cdot a_i$视为$x_i$，则由式(4-120)，有

$$式(4\text{-}134)\geqslant\left[\sum_{i=1}^{n}\frac{b_i}{\sum\limits_{i=1}^{n}b_i}\left(\frac{\sum\limits_{i=1}^{n}b_i}{b_i}\cdot a_i\right)\right]^{m+1}=\left(\sum_{i=1}^{n}a_i\right)^{m+1}.$$

从而式（4-132）获证．

（2）当$-1<m<0$时，考虑到幂函数$y=x^{m+1}$在区间（0，$+\infty$）内为上凸函数，同（1），由式（4-121）有

$$式(4\text{-}134)\leqslant\left[\sum_{i=1}^{n}\frac{b_i}{\sum\limits_{i=1}^{n}b_i}\left(\frac{\sum\limits_{i=1}^{n}b_i}{b_i}\cdot a_i\right)\right]^{m+1}=\left(\sum_{i=1}^{n}a_i\right)^{m+1}.$$

从而式（4-133）获证．

两不等式中等号成立条件由（4-120）与（4-121）中等号成立条件推导，即由$\frac{\sum_{i=1}^{n} b_i}{b_1}\cdot a_1=\frac{\sum_{i=1}^{n} b_i}{b_2}\cdot a_2=\cdots=\frac{\sum_{i=1}^{n} b_i}{b_n}\cdot a_n$，得

$$\frac{a_1}{b_1}=\frac{a_2}{b_2}=\cdots=\frac{a_n}{b_n}.$$

【例 34】 设 a_i，$b_i\in\mathbf{R}_+$（$i=1$，2，…，n），且 $a_1+\cdots+a_n=k$，$b_1+\cdots+b_n=h$.

（1）对于实数 $m\geqslant 2$ 或 $m<0$，则

$$\sum_{i=1}^{n}\frac{a_i^m}{b_i}\geqslant\frac{n^{2-m}\cdot k^m}{h}. \tag{4-135}$$

（2）对于实数 $0<m<2$ 时，则

$$\sum_{i=1}^{n}\frac{a_i^m}{b_i}\leqslant\frac{n^{2-m}\cdot k^m}{h}. \tag{4-136}$$

证明 （1）由柯西不等式或权方和不等式，有

$$\sum_{i=1}^{n}\frac{a_i^m}{b_i}=\sum_{i=1}^{n}\frac{(a_i^{\frac{m}{2}})^2}{b_i}\geqslant\frac{(\sum_{i=1}^{n}a_i^{\frac{m}{2}})^2}{h}. \tag{4-137}$$

记$\sum=\sum_{i=1}^{n}$，有

$$\begin{aligned}(\sum a_i^{\frac{m}{2}})\cdot(\sum 1)^{\frac{m}{2}-1}&=\sum\frac{a_i^{\frac{m}{2}}}{1^{\frac{m}{2}-1}}\cdot(\sum 1)^{\frac{m}{2}-1}\\&=\sum\left(\frac{\sum 1}{1}\right)^{\frac{m}{2}-1}\cdot a_i^{\frac{m}{2}}=\sum\frac{1}{\sum 1}\left(\frac{\sum 1}{1}\cdot a_i\right)^{\frac{m}{2}}.\end{aligned} \tag{4-138}$$

考虑幂函数$f(x)=x^{\frac{m}{2}}$（$x\in\mathbf{R}_+$），当 $m\geqslant 2$ 或 $m<0$ 时为下凸函数，由下凸函数性质，注意到$\sum\frac{1}{\sum 1}=1$，有

$$\text{式}(4\text{-}137)\geqslant\left(\sum\frac{1}{\sum 1}\cdot\sum\frac{\sum 1}{1}a_i\right)^{\frac{m}{2}}=(\sum a_i)^{\frac{m}{2}}.$$

故

$$\sum a_i^{\frac{m}{2}}\geqslant\frac{(\sum a_i)^{\frac{m}{2}}}{(\sum 1)^{\frac{m}{2}-1}}=\frac{(\sum a_i)^{\frac{m}{2}}}{n^{\frac{m}{2}-1}},$$

代入式（4-137）得

$$\sum \frac{a_i^m}{b^i} \geqslant \frac{\left(\sum a_i^{\frac{m}{2}}\right)^2}{h} \geqslant \frac{\left[\frac{\left(\sum a_i\right)^{\frac{m}{2}}}{n^{\frac{m}{2}-1}}\right]^2}{h} = \frac{\frac{\left(\sum a_i\right)^m}{n^{m-2}}}{h} = \frac{n^{2-m}\cdot k^m}{h}.$$

(2) 只需注意到 $f(x)=x^{\frac{m}{2}}$ ($x\in\mathbf{R}_+$) 当 $0<m<2$ 时为上凸函数，则式(4-138) $\leqslant\left(\sum\frac{1}{\sum 1}\cdot\frac{\sum 1}{1}a_i\right)^{\frac{m}{2}}=\left(\sum a_i\right)^{\frac{m}{2}}$，即证.

【例 35】 设 $x_i>0$ ($i=1, 2, \cdots, n$)，且 $\sum\limits_{i=1}^n x_i=1$，$n\geqslant 3$，则

$$\prod_{i=1}^n\left(\frac{1}{x_i}-x_i\right)\geqslant\left(n-\frac{1}{n}\right)^n. \tag{4-139}$$

证明 令 $f(x)=\ln\left(\frac{1}{x}-x\right)$，则 $f''(x)=\frac{5-(x^2+2)^2}{x^2(1-x^2)^2}$.

不难发现，当 $0<x<\sqrt{\sqrt{5}-2}$ 时，$f''(x)>0$，即 $f(x)$ 严格下凸. 因 $n\geqslant 3$，取 $x_i=\frac{1}{n}$，则 $\frac{1}{n}<\sqrt{\sqrt{5}-2}$ 且

$$\ln\left(\prod_{i=1}^n\left(\frac{1}{x_i}-x_i\right)\right)\geqslant n\cdot\ln\left(n-\frac{1}{n}\right)=\ln\left(n-\frac{1}{n}\right)^n.$$

故

$$\prod_{i=1}^n\left(\frac{1}{x_i}-x_i\right)\geqslant\left(n-\frac{1}{n}\right)^n.$$

注 同样可得：设 $x_i>0$ ($i=1, 2, \cdots, n$)，且 $\sum\limits_{i=1}^n x_i=1$，则

$$\prod_{i=1}^n\left(\frac{1}{x_i}+x_i\right)\geqslant\left(n+\frac{1}{n}\right)^n. \tag{4-140}$$

事实上，令 $f(x)=\ln\left(x+\frac{1}{x}\right)$，由 $0<x<1$ 知 $f''(x)=\frac{5-(x^2-2)^2}{x^2(1+x^2)^2}>0$，则 $f(x)$ 在 $(0,1)$ 内严格下凸，从而

$$\ln\left(\prod_{i=1}^n\left(\frac{1}{x_i}+x_i\right)\right)\geqslant\ln\left(n+\frac{1}{n}\right)^n.$$

故

$$\prod_{i=1}^n\left(\frac{1}{x_i}+x_i\right)\geqslant\left(n+\frac{1}{n}\right)^n.$$

许多高难度的不等式的证明可对原不等式的等价局部中的一个代表采用构造一元函数，通过求导，找出其在某特殊点的切线函数，再判断这切线函

数是否为构造的一元函数的界函数来讨论证明的.

【例 36】 已知 a、b、$c\geqslant -\frac{3}{4}$，且 $a+b+c=1$，求证：

$$\frac{a}{a^2+1}+\frac{b}{b^2+1}+\frac{c}{c^2+1}\leqslant\frac{9}{10}.$$

证明 由于所证不等式左端三项是等价的，所以可设函数 $f(x)=\frac{x}{x^2+1}$，$x\geqslant -\frac{3}{4}$，则 $f'(x)=\frac{1-x^2}{(x^2+1)^2}$.

注意到条件式 $a+b+c=1$，且有 $f\left(\frac{1}{3}\right)=\frac{3}{10}$，$f'\left(\frac{1}{3}\right)=\frac{18}{25}$.

考虑 $f(x)$ 在 $x=\frac{1}{3}$ 处的切线函数

$$g(x)=f'\left(\frac{1}{3}\right)\left(x-\frac{1}{3}\right)+f\left(\frac{1}{3}\right)=\frac{18}{25}\left(x-\frac{1}{3}\right)+\frac{3}{10}=\frac{18}{25}x+\frac{3}{50}.$$

当 $x\geqslant -\frac{3}{4}$ 时，

$$f(x)-g(x)=\frac{-(36x^3+3x^2-14x+3)}{50(x^2+1)}=\frac{-(3x-1)^2(4x+3)}{50(x^2+1)}\leqslant 0,$$

从而 $$f(x)\leqslant g(x).$$

故 $f(a)+f(b)+f(c)\leqslant g(a)+g(b)+g(c)=\frac{18}{25}(a+b+c)+\frac{3}{50}\cdot 3=\frac{9}{10}$，

即 $\frac{a}{a^2+1}+\frac{b}{b^2+1}+\frac{c}{c^2+1}\leqslant\frac{9}{10}$.

【例 37】 已知 a、b、$c>0$，且 $a^2+b^2+c^2=3$，求证：

$$\frac{1}{1+ab}+\frac{1}{1+bc}+\frac{1}{1+ca}\geqslant\frac{3}{2}.$$

证明 注意到 $ab+bc+ca\leqslant a^2+b^2+c^2=3$. 设 $ab=x$，$bc=y$，$ca=z$，则 $x+y+z\leqslant 3$，原不等式变为 $\frac{1}{1+x}+\frac{1}{1+y}+\frac{1}{1+z}\geqslant\frac{3}{2}$.

设函数 $f(t)=\frac{1}{1+t}$，$0<t<3$，则 $f'(t)=-\frac{1}{(1+t)^2}$.

考虑 $f(t)$ 在 $t=1$ 处的切线函数

$$g(t)=f'(1)(x-1)+f(1)=-\frac{1}{4}(t-1)+\frac{1}{2}=\frac{3-t}{4}.$$

当 $0<t<3$ 时，$f(t)-g(t)=\frac{t^2-2t+1}{4(1+t)}=\frac{(t-1)^2}{4(1+t)}\geqslant 0$，从而 $f(t)\geqslant g(t)$，即有

$$f(x)+f(y)+f(z)\geqslant g(x)+g(y)+g(z).$$

亦即 $\frac{1}{1+x}+\frac{1}{1+y}+\frac{1}{1+z}\geqslant\frac{3\cdot 3-(x+y+z)}{4}=\frac{3}{2}$. 故原不等式获证.

参考文献

曹凤山 . 2012. 从课本例（习）题到高考题的若干途径 . 中学教研，(4)：7 ~ 10
陈重穆，宋乃庆 . 1993. 淡化形式，注重实质 . 数学教育学报，(2)：21 ~ 23
弗赖登塔尔 . 1999. 作为教育任务的教学 . 陈昌平等译 . 上海：上海教育出版社
蒋文蔚 . 1993. 数学发现与成就 . 桂林：广西师范大学出版社
金兔 . 2004. 一道解析几何题的三种解题思维层次的展示 . 数学教学，(1)：13 ~ 15
康武 . 1998. 让数学变容易些——张景中院士访谈录 . 数学教育学报，(3)：1 ~ 5
李金平，苏淳 . 1988. 生物数学趣谈 . 上海：上海教育出版社
刘云章 . 1999. 试论数学的求简精神 . 数学通报，(7)：5
吕松军，沈文选 . 2005. 把数学变得容易一些——教育数学思想及其启示探讨 . 中学数学，(1)：5 ~ 7
罗增儒 . 2001. 数学竞赛导论 . 西安：陕西师范大学出版社
罗增儒 . 2006. 常数消去法——从实践方法的提升 . 中学教研（数学），(2)：13 ~ 16
欧阳维诚 . 1998. 文学中的数学 . 长沙：湖南人民出版社
欧阳维诚 . 2000. 数学——科学与人文的共同基因 . 长沙：湖南师范大学出版社
欧阳维诚 . 2001. 寓言与数学 . 长沙：湖南教育出版社
欧阳维诚 . 2002. 唐诗与数学 . 长沙：湖南教育出版社
沈文选 . 1989a. 发掘例题的智能因素 . 教学研究，(4)：26 ~ 30
沈文选 . 1989b. 一道平面几何命题的再推广及应用 . 数学通讯，(1)：8 ~ 9
沈文选 . 1996. 初等数学解题研究 . 长沙：湖南科学技术出版社
沈文选 . 2003. 奥林匹克数学研究与数学奥林匹克教育 . 数学教育学报，11（3）：21 ~ 25
沈文选 . 2005a. 平面几何证明方法全书 . 哈尔滨：哈尔滨工业大学出版社
沈文选 . 2005b. 数学教育与教育数学 . 数学通报，(9)：27 ~ 31
沈文选 . 2006. 关于两个著名定理联系的探讨 . 中学数学，(10)：44 ~ 46
沈文选 . 2007a. 走向国际数学奥林匹克的平面几何试题诠释 . 哈尔滨：哈尔滨工业大学出版社
沈文选 . 2007b. 二谈数学教育与教育数学 . 中学数学研究，(11)：6 ~ 8
沈文选 . 2009a. 善用平台，揭示性质 . 中学生数学，(5)：45 ~ 46
沈文选 . 2009b. 从课本例、习题到各类测试题的制作探究 . 中学教研，(1)：13 ~ 18
沈文选 . 2009c. 线段调和分割的性质及应用 . 中学教研，(9)：28 ~ 33
沈文选 . 2009d. 三角形内切圆的一条性质及应用 . 中学数学教学，(4)：54 ~ 55
沈文选 . 2009e. 走进教育数学 . 数学教育学报，(3)：19 ~ 22
沈文选 . 2011. 从数学测评到测评数学的研究 . 湖南教育，(6)：27 ~ 29

沈文选. 2012a. 高中数学竞赛解题策略代数分册. 杭州：浙江大学出版社
沈文选. 2012b. 高中数学竞赛解题策略几何分册. 杭州：浙江大学出版社
沈文选. 2014. 高中数学竞赛中的秘密. 长沙：湖南师范大学出版社
沈文选. 2016a. 从 Stewart 定理地的表示谈起——向量理论漫谈. 哈尔滨：哈尔滨工业大学出版社
沈文选. 2016b. 从 Cramer 法则谈起——矩阵论漫谈. 哈尔滨：哈尔滨工业大学出版社
沈文选，冷岗松. 2003. 关于 2003 年中国数学奥林匹克第一题. 中等数学，(6)：9 ~ 14
沈文选，等. 1996. 初等数学研究教程. 长沙：湖南教育出版社
沈文选，吴仁芳，孔璐璐，等. 2008. 三议数学教育与教育数学. 中学数学研究，(3)：封二 ~ 2
史宁中. 2007.《数学课程标准》的若干思考. 数学通报，(5)：1 ~ 5
萧振纲. 1991. 涉及四个三角形的一个几何定理. 中学数学，(5)：34 ~ 36
许承厚. 2004. 用类比法发现多面体的面角和欧拉定理. 数学教学，(1)：5 ~ 7
张楚廷. 2000. 数学文化. 北京：高等教育出版社
张奠宙. 2005. 教育数学是具有教育形态的数学. 数学教育学报，(3)：1 ~ 4
张奠宙，林永伟. 2008. 关于“现实数学”和“数学现实”. 数学教育学报，(2)：1 ~ 4
张奠宙，王振辉. 2002. 关于数学的学术形态和教育形态. 数学教育学报，(2)：1 ~ 4
张景中. 1995. 消点法浅淡. 数学教师，(1)：6 ~ 10
张景中. 2002. 新概念几何. 北京：中国少年儿童出版社
张景中. 2007. 三角下放，全局皆活. 数学通报，(2)：4 ~ 8
张景中，曹培生. 2005. 从数学教育到教育数学. 北京：中国少年儿童出版社
张青. 2006. 广义局部调整法. 中学教学月刊，(2)：35 ~ 36
赵小平. 2002. 现代数学大观. 上海：华东师范大学出版社